矩 阵 分 析

玄祖兴　编著

科 学 出 版 社

北 京

内 容 简 介

本书介绍了矩阵的基本理论、方法及应用. 在选材上力求做到科学、严谨、简洁表述. 全书共分八章，系统介绍矩阵的 Jordan 标准形、线性空间与线性变换、内积空间、矩阵的分解、范数及其应用、矩阵微积分、广义逆矩阵、特征值的估计. 内容由浅入深，尽量使读者在较短时间内能够掌握近现代矩阵理论的相关基本内容. 学过线性代数课程的读者均具有阅读此书的基础.

本书可作为理工类本科生、研究生的教材，也可作为相关领域科技工作者的参考用书.

图书在版编目(CIP)数据

矩阵分析 / 玄祖兴编著.—北京: 科学出版社, 2021.1
ISBN 978-7-03-066672-7

Ⅰ. ① 矩… Ⅱ. ① 玄… Ⅲ. ① 矩阵分析-高等学校-教材
Ⅳ. ① O151.21

中国版本图书馆 CIP 数据核字 (2020) 第 215041号

责任编辑: 张中兴 梁 清 孙翠勤 / 责任校对: 杨聪敏
责任印制: 张 伟 / 封面设计: 蓝正设计

科学出版社出版
北京东黄城根北街 16 号
邮政编码: 100717
http://www.sciencep.com

北京华宇信诺印刷有限公司印刷
科学出版社发行 各地新华书店经销
*
2021 年 1 月第 一 版 开本: 720 × 1000 1/16
2024 年 7 月第七次印刷 印张: 13 3/4
字数: 277 000

定价: 59.00 元
(如有印装质量问题，我社负责调换)

前　言

当前，随着大数据、人工智能、数学与信息交叉科学研究的快速发展，矩阵分析的作用及重要性也愈发显著. 矩阵理论在优化、数值分析、物理、黎曼-希尔伯特问题、力学、电子、通信、图像处理、系统科学、控制论、模式识别、航空和航天等众多学科中扮演着重要的角色，已成为相关领域内不可替代的重要研究工具.

编著者多年来一直给理工科硕士、博士研究生讲授矩阵分析课程，并在大学本科高年级学生中多次开设相应的选修课，本书是作者在多年研究和教学的基础上完成的，同时参考了大量的文献资料，突出理论与实践并重的特点.

本书系统介绍了矩阵的基本理论、方法及应用. 在选材上力求做到科学、严谨，简洁表述，能够与本科阶段“线性代数”课程的内容衔接好. 以矩阵理论为主线，内容包括矩阵的 Jordan 标准形、线性空间与线性变换、内积空间、矩阵的分解、范数及其应用、矩阵微积分、广义逆矩阵、特征值的估计.

本书可作为理工类本科生、研究生的教材，也可作为相关领域科技工作者的参考用书.

限于作者水平，书中难免有疏漏与不妥之处，敬请广大读者批评指正.

作　者

2020 年 10 月于北京

前　言

目　　录

前言

第 1 章　矩阵的 Jordan 标准形 ········ 1
1.1　特征值与特征向量 ········ 1
1.1.1　矩阵的特征值 ········ 1
1.1.2　矩阵的迹与行列式 ········ 3
1.2　矩阵的对角化 ········ 4
1.2.1　对角化的定义 ········ 4
1.2.2　正规矩阵及其对角化 ········ 10
1.3　λ-矩阵 ········ 14
1.3.1　λ-矩阵的定义 ········ 14
1.3.2　λ-矩阵的 Smith 标准形 ········ 19
1.3.3　行列式因子和不变因子 ········ 23
1.4　Jordan 标准形 ········ 30
1.5　矩阵多项式及最小多项式 ········ 39
习题 1 ········ 44

第 2 章　线性空间与线性变换 ········ 45
2.1　线性空间 ········ 45
2.2　基与维数 ········ 50
2.3　线性子空间 ········ 56
2.4　子空间的交与和 ········ 59
2.5　线性空间的同构 ········ 64
2.6　线性变换及其矩阵 ········ 67
2.7　不变子空间 ········ 71
习题 2 ········ 74

第 3 章 内积空间 …… 77
3.1 内积空间的定义 …… 77
3.2 正交变换与酉变换 …… 86
3.3 内积空间的同构 …… 88
3.4 投影定理与最小二乘法 …… 89
习题 3 …… 92

第 4 章 矩阵的分解 …… 94
4.1 三角分解 …… 94
4.2 矩阵的 QR 分解 …… 102
4.3 矩阵的满秩分解 …… 118
4.4 矩阵的奇异值分解 …… 120
习题 4 …… 125

第 5 章 范数及其应用 …… 127
5.1 向量范数 …… 127
5.2 矩阵范数 …… 134
5.3 常用的几种矩阵范数 …… 142
5.4 范数的应用实例 …… 147
5.5 线性方程组的摄动 …… 152
习题 5 …… 153

第 6 章 矩阵微积分 …… 154
6.1 矩阵序列 …… 154
6.2 矩阵级数 …… 157
6.3 矩阵函数 …… 162
6.4 矩阵函数值的计算方法 …… 165
6.5 矩阵的微分和积分 …… 170
6.6 矩阵函数的几个应用 …… 174
6.7 一阶常系数非齐次线性微分方程组的解 …… 178
习题 6 …… 180

第 7 章　广义逆矩阵……181
7.1　Moore-Penrose 广义逆矩阵……181
7.2　广义逆矩阵 A^-……186
7.3　广义逆 $A^{(1,4)}$ 与线性方程组的极小范数解……190
7.4　广义逆 $A^{(1,3)}$ 与矛盾方程组的最小二乘解……194
习题 7……198

第 8 章　特征值的估计……199
8.1　特征值界的估计……199
8.2　特征值的包含区域……203
习题 8……209

参考文献……210

第 1 章　矩阵的 Jordan 标准形

本章将给出矩阵 Jordan 标准形的定义、基本性质及求解方法, 揭示出矩阵的一些本质特征.

1.1　特征值与特征向量

1.1.1　矩阵的特征值

矩阵的特征值与特征向量在数学、物理、化学、计算机、经济管理等领域有着广泛的应用, 如工程技术中的稳定性和振动问题, 最终可归结为计算某个方阵的特征值和特征向量.

定义 1.1　设 $A \in \mathbb{C}^{n\times n}$, 如果存在向量 $\boldsymbol{\alpha}(\neq \mathbf{0}) \in \mathbb{C}^n$ 以及数 $\lambda \in \mathbb{C}$(复数集), 使

$$A\boldsymbol{\alpha} = \lambda\boldsymbol{\alpha} \tag{1.1}$$

成立, 则称 λ 为 A 的特征值, 称 $\boldsymbol{\alpha}$ 为 A 的对应特征值 λ 的特征向量.

(1.1) 式等价于

$$(\lambda E - A)\boldsymbol{\alpha} = \mathbf{0}, \quad \boldsymbol{\alpha} \neq \mathbf{0}.$$

该齐次线性方程组有非零解的充要条件是系数矩阵行列式为零, 即

$$\begin{aligned}\det(\lambda E - A) &= |\lambda E - A| \\ &= \begin{vmatrix} \lambda - a_{11} & -a_{12} & \cdots & -a_{1n} \\ -a_{21} & \lambda - a_{22} & \cdots & -a_{2n} \\ \vdots & \vdots & & \vdots \\ -a_{n1} & -a_{n2} & \cdots & \lambda - a_{nn} \end{vmatrix} = 0.\end{aligned}$$

定义 1.2　设 $A \in \mathbb{C}^{n\times n}$, 行列式

$$|\lambda E - A| = \begin{vmatrix} \lambda - a_{11} & -a_{12} & \cdots & -a_{1n} \\ -a_{21} & \lambda - a_{22} & \cdots & -a_{2n} \\ \vdots & \vdots & & \vdots \\ -a_{n1} & -a_{n2} & \cdots & \lambda - a_{nn} \end{vmatrix}$$

称为 A 的特征多项式, 方程 $|\lambda E - A| = 0$ 称为 A 的特征方程.

A 的特征值就是特征方程的根. 根据代数学基本定理, 特征方程在复数范围内恒有解, 其个数为方程的次数 (重根按重数计算), 故 n 阶方阵 A 有 n 个特征值. 求 n 阶方阵 A 的特征值及特征向量的步骤如下:

第一步: 求 $\det(\lambda E - A) = 0$ 的 n 个根 $\lambda_1, \lambda_2, \cdots, \lambda_n$, 它们是 A 的全部特征值;

第二步: 分别求解 $(\lambda_i E - A)\boldsymbol{x} = \mathbf{0}(i = 1, 2, \cdots, n)$, 其非零解向量即为 A 的对应特征值 λ_i 的特征向量.

例 1.1　求矩阵 $A = \begin{pmatrix} 0 & 1 & 1 \\ 1 & 0 & 1 \\ 1 & 1 & 0 \end{pmatrix}$ 的特征值与特征向量.

解　A 的特征多项式为

$$\det(\lambda E - A) = \begin{vmatrix} \lambda & -1 & -1 \\ -1 & \lambda & -1 \\ -1 & -1 & \lambda \end{vmatrix} = (\lambda - 2)(\lambda + 1)^2,$$

所以 A 的特征值为 $\lambda_1 = \lambda_2 = -1, \lambda_3 = 2$.

当 $\lambda_1 = \lambda_2 = -1$ 时, 解方程组 $(-E - A)\boldsymbol{x} = \mathbf{0}$. 由

$$-E - A = \begin{pmatrix} -1 & -1 & -1 \\ -1 & -1 & -1 \\ -1 & -1 & -1 \end{pmatrix} \overset{r}{\sim} \begin{pmatrix} 1 & 1 & 1 \\ 0 & 0 & 0 \\ 0 & 0 & 0 \end{pmatrix}$$

得上述方程组的基础解系为

$$\boldsymbol{p}_1 = (-1, 1, 0)^{\mathrm{T}}, \quad \boldsymbol{p}_2 = (-1, 0, 1)^{\mathrm{T}},$$

所以对应 $\lambda_1=\lambda_2=-1$ 的全部特征向量为 $k_1\boldsymbol{p}_1+k_2\boldsymbol{p}_2$ (k_1,k_2 不同时为 0).

当 $\lambda_3=2$ 时, 解方程组 $(2E-A)\boldsymbol{x}=\boldsymbol{0}$. 由

$$2E-A=\begin{pmatrix}2&-1&-1\\-1&2&-1\\-1&-1&2\end{pmatrix}\overset{r}{\sim}\begin{pmatrix}1&0&-1\\0&1&-1\\0&0&0\end{pmatrix}$$

得此方程组的基础解系为

$$\boldsymbol{p}_3=(1,1,1)^{\mathrm{T}},$$

故对应 $\lambda_3=2$ 的全部特征向量为 $k_3\boldsymbol{p}_3\,(k_3\neq 0)$.

1.1.2 矩阵的迹与行列式

设 $A=(a_{ij})_{n\times n}$ 是 n 阶矩阵,

$$|\lambda E-A|=\begin{vmatrix}\lambda-a_{11}&-a_{12}&\cdots&-a_{1n}\\-a_{21}&\lambda-a_{22}&\cdots&-a_{2n}\\\vdots&\vdots&&\vdots\\-a_{n1}&-a_{n2}&\cdots&\lambda-a_{nn}\end{vmatrix}.$$

记 $f(\lambda)=|\lambda E-A|$, 则

$$f(\lambda)=\lambda^n-(a_{11}+a_{22}+\cdots+a_{nn})\,\lambda^{n-1}+\cdots+(-1)^n|A|.$$

另一方面, 设 A 的特征值为 $\lambda_1,\lambda_2,\cdots,\lambda_n$, 则

$$\begin{aligned}f(\lambda)&=(\lambda-\lambda_1)\,(\lambda-\lambda_2)\cdots(\lambda-\lambda_n)\\&=\lambda^n-(\lambda_1+\lambda_2+\cdots+\lambda_n)\,\lambda^{n-1}+\cdots+(-1)^n\lambda_1\lambda_2\lambda_3\cdots\lambda_n.\end{aligned}$$

比较上述两式可得

$$\sum_{i=1}^{n}a_{ii}=\sum_{i=1}^{n}\lambda_i,\quad |A|=\prod_{i=1}^{n}\lambda_i.$$

定义 1.3 A 的所有对角元素之和 $\sum\limits_{i=1}^{n}a_{ii}$ 称为矩阵 A 的迹或追迹, 记为 $\mathrm{tr}(A)$, 即

$$\mathrm{tr}(A)=\sum_{i=1}^{n}a_{ii}.$$

下面给出特征值与特征向量的一些重要性质.

(1) 属于不同特征值的特征向量是线性无关的, 即, 设 $\lambda_1, \lambda_2, \cdots, \lambda_m$ 是方阵 A 的 m 个特征值, $\boldsymbol{\alpha}_1, \boldsymbol{\alpha}_2, \cdots, \boldsymbol{\alpha}_m$ 依次是与之对应的特征向量, 如果 $\lambda_1, \lambda_2, \cdots, \lambda_m$ 各不相等, 则 $\boldsymbol{\alpha}_1, \boldsymbol{\alpha}_2, \cdots, \boldsymbol{\alpha}_m$ 线性无关;

(2) 设 λ 是 A 的特征值, 则 kA, A^2, A^m(m 是正整数), $aA + bE$ 分别有特征值 $k\lambda$, λ^2, λ^m, $a\lambda + b$. 一般地, 设 λ 是 A 的特征值, $\boldsymbol{\alpha}$ 是 A 的属于 λ 的特征向量, $f(x)$ 是 x 的多项式, 则 $f(\lambda)$ 是 $f(A)$ 的一个特征值, $\boldsymbol{\alpha}$ 是 $f(A)$ 的属于 $f(\lambda)$ 的特征向量.

(3) A 可逆的充要条件是 A 的特征值均不为 0.

关于矩阵的迹有以下结论.

定理 1.1　设 $A, B \in \mathbb{C}^{n\times n}$, 则 $\mathrm{tr}(AB) = \mathrm{tr}(BA)$.

证　设 $A = (a_{ij})_{n\times n}$, $B = (b_{ij})_{n\times n}$, 则 AB 的对角线元素为 $\sum\limits_{k=1}^{n} a_{ik}b_{ki}(i = 1, 2, \cdots, n)$. 而 BA 的对角线元素为 $\sum\limits_{i=1}^{n} b_{ki}a_{ik}(k = 1, 2, \cdots, n)$, 于是有

$$\mathrm{tr}(AB) = \sum_{i=1}^{n}\left(\sum_{k=1}^{n} a_{ik}b_{ki}\right) = \sum_{k=1}^{n}\left(\sum_{i=1}^{n} b_{ki}a_{ik}\right) = \mathrm{tr}(BA).$$

1.2　矩阵的对角化

1.2.1　对角化的定义

定义 1.4　设 A, B 都是 n 阶矩阵, 若有可逆矩阵 P, 使

$$P^{-1}AP = B,$$

则称 B 是 A 的相似矩阵, 或说矩阵 A 与 B 相似, 记作 $A \sim B$. 对 A 进行运算 $P^{-1}AP$, 称为对 A 进行相似变换, 可逆矩阵 P 称为把 A 变成 B 的相似变换矩阵.

利用定义可以证明矩阵的相似满足以下性质.

(1) 自反性: $A \sim A$, $\forall A \in \mathbb{C}^{n\times n}$;

(2) 对称性: 若 $A \sim B$, 则 $B \sim A$;

(3) 传递性: 若 $A \sim B, B \sim C$, 则 $A \sim C$.

这表明矩阵的相似是一种等价关系.

可以证明如下结论.

定理 1.2 设 A, B 是两个 n 阶矩阵, $f(\lambda)$ 是一多项式, 若 $A \sim B$, 则

(1) $|A| = |B|$;

(2) $|\lambda E - A| = |\lambda E - B|$;

(3) A, B 有相同的特征值;

(4) $\mathrm{tr}(A) = \mathrm{tr}(B)$;

(5) $f(A) \sim f(B)$.

定义 1.5 若 n 阶矩阵 A 能与一个对角矩阵相似, 则称 A 可对角化.

定理 1.3 n 阶方阵 A 可对角化的充要条件是它具有 n 个线性无关的特征向量.

证 必要性 设 $P^{-1}AP = \Lambda = \begin{pmatrix} \lambda_1 & & & \\ & \lambda_2 & & \\ & & \ddots & \\ & & & \lambda_n \end{pmatrix}$.

若记 $P = (\boldsymbol{p}_1, \boldsymbol{p}_2, \cdots, \boldsymbol{p}_n)$, 则由 $AP = P\Lambda$ 得

$$A\boldsymbol{p}_i = \lambda_i \boldsymbol{p}_i \quad (i = 1, 2, \cdots, n).$$

由 P 可逆知 $\boldsymbol{p}_i \neq \mathbf{0} (i = 1, 2, \cdots, n)$. 因此, λ_i 是 A 的特征值, $\boldsymbol{p}_i (i = 1, 2, \cdots, n)$ 为 A 的属于特征值 $\lambda_i (i = 1, 2, \cdots, n)$ 的特征向量. 由 P 可逆知 $\boldsymbol{p}_1, \boldsymbol{p}_2, \cdots, \boldsymbol{p}_n$ 线性无关.

充分性 若 A 有 n 个线性无关的特征向量 $\boldsymbol{p}_1, \boldsymbol{p}_2, \cdots, \boldsymbol{p}_n$, 即

$$A\boldsymbol{p}_i = \lambda_i \boldsymbol{p}_i \quad (i = 1, 2, \cdots, n),$$

记 $P = (\boldsymbol{p}_1, \boldsymbol{p}_2, \cdots, \boldsymbol{p}_n)$, 则 P 可逆, 且有

$$\begin{aligned} AP &= (A\boldsymbol{p}_1, A\boldsymbol{p}_2, \cdots, A\boldsymbol{p}_n) = (\lambda_1\boldsymbol{p}_1, \lambda_2\boldsymbol{p}_2, \cdots, \lambda_n\boldsymbol{p}_n) \\ &= (\boldsymbol{p}_1, \boldsymbol{p}_2, \cdots, \boldsymbol{p}_n) \begin{pmatrix} \lambda_1 & & & \\ & \lambda_2 & & \\ & & \ddots & \\ & & & \lambda_n \end{pmatrix}. \end{aligned}$$

即

$$P^{-1}AP = \begin{pmatrix} \lambda_1 & & & \\ & \lambda_2 & & \\ & & \ddots & \\ & & & \lambda_n \end{pmatrix}.$$

从而 A 可对角化.

推论 1.1　若 n 阶方阵 A 有 n 个互异的特征值, 则 A 可对角化 (充分条件).

推论 1.2　n 阶方阵 A 可对角化的充要条件是对 A 的任意一个 k 重特征值 λ, 均有 $\operatorname{rank}(\lambda E - A) = n - k$, 从而对应于 k 重特征值 λ 恰有 k 个线性无关的特征向量.

注　(1) 若 A 可对角化, 则对角化矩阵 P 的列向量是 A 的特征向量, 且 Λ 的对角元素是 A 的特征值.

(2) 若 A 可对角化, 则 $A = P\Lambda P^{-1}$.

$$\begin{aligned} A^2 &= \left(P\Lambda P^{-1}\right)\left(P\Lambda P^{-1}\right) \\ &= P\Lambda\left(P^{-1}P\right)\Lambda P^{-1} \\ &= P\Lambda^2 P^{-1}. \end{aligned}$$

一般地,

$$\begin{aligned} A^k &= P\Lambda^k P^{-1} \\ &= P\begin{pmatrix} \lambda_1^k & & & \\ & \lambda_2^k & & \\ & & \ddots & \\ & & & \lambda_n^k \end{pmatrix}P^{-1}. \end{aligned}$$

(3) P 不唯一, 即把给定对角化矩阵 P 的各列重新排列, 或将它乘以同一非零标量, 将得到一个新的对角化矩阵.

例 1.2　判断下列矩阵是否可对角化, 若可以, 求出 P, 使 $P^{-1}AP$ 为对角阵.

(1) $A = \begin{pmatrix} 3 & 1 & 0 \\ -4 & -1 & 0 \\ 4 & -8 & -2 \end{pmatrix}$;　　(2) $A = \begin{pmatrix} 3 & 2 & -1 \\ -2 & -2 & 2 \\ 3 & 6 & -1 \end{pmatrix}$.

解　(1) 由 $|\lambda E-A|=\begin{vmatrix}\lambda-3 & -1 & 0\\ 4 & \lambda+1 & 0\\ -4 & 8 & \lambda+2\end{vmatrix}=(\lambda+2)(\lambda-1)^2$, 得 A 的特征值 $\lambda_1=-2,\lambda_2=\lambda_3=1$.

由于矩阵

$$1\cdot E-A=\begin{pmatrix}-2 & -1 & 0\\ 4 & 2 & 0\\ -4 & 8 & 3\end{pmatrix}\overset{r}{\sim}\begin{pmatrix}2 & 1 & 0\\ 0 & 10 & 3\\ 0 & 0 & 0\end{pmatrix},$$

$\operatorname{rank}(1\cdot E-A)=2\neq 3-2$, 从而由推论 1.2 知, A 不可对角化.

(2) 由

$$|\lambda E-A|=\begin{vmatrix}\lambda-3 & -2 & 1\\ 2 & \lambda+2 & -2\\ -3 & -6 & \lambda+1\end{vmatrix}=(\lambda+4)(\lambda-2)^2$$

得 A 的特征值为 $\lambda_1=-4,\lambda_2=\lambda_3=2$.

当 $\lambda_1=-4$ 时, 解方程组

$$\begin{pmatrix}-7 & -2 & 1\\ 2 & -2 & -2\\ -3 & -6 & -3\end{pmatrix}\begin{pmatrix}x_1\\ x_2\\ x_3\end{pmatrix}=\begin{pmatrix}0\\ 0\\ 0\end{pmatrix},$$

求得 A 的属于特征值 -4 的特征向量为

$$\boldsymbol{p}_1=\begin{pmatrix}\dfrac{1}{3}\\ -\dfrac{2}{3}\\ 1\end{pmatrix}.$$

当 $\lambda_2=\lambda_3=2$ 时, 解方程组

$$\begin{pmatrix}-1 & -2 & 1\\ 2 & 4 & -2\\ -3 & -6 & 3\end{pmatrix}\begin{pmatrix}x_1\\ x_2\\ x_3\end{pmatrix}=\begin{pmatrix}0\\ 0\\ 0\end{pmatrix},$$

求得 A 的属于特征值 2 的线性无关的特征向量为

$$\boldsymbol{p}_2=\begin{pmatrix}-2\\1\\0\end{pmatrix},\quad \boldsymbol{p}_3=\begin{pmatrix}1\\0\\1\end{pmatrix}.$$

故 A 可对角化, 且

$$P=(\boldsymbol{p}_1,\boldsymbol{p}_2,\boldsymbol{p}_3)=\begin{pmatrix}\frac{1}{3}&-2&1\\-\frac{2}{3}&1&0\\1&0&1\end{pmatrix}.$$

从而

$$P^{-1}AP=\begin{pmatrix}-4&0&0\\0&2&0\\0&0&2\end{pmatrix}.$$

例 1.3　设 $A=\begin{pmatrix}4&6&0\\-3&-5&0\\-3&-6&1\end{pmatrix}$, 求 A 的相似对角形以及 A^{2020}.

解　由 $|\lambda E-A|=\begin{vmatrix}\lambda-4&-6&0\\3&\lambda+5&0\\3&6&\lambda-1\end{vmatrix}=(\lambda+2)(\lambda-1)^2$ 知, A 的特征值为 $\lambda_1=-2$, $\lambda_2=\lambda_3=1$.

当 $\lambda_1=-2$ 时, 解方程组

$$(-2E-A)\boldsymbol{x}=\boldsymbol{0},$$

得 A 的属于特征值 -2 的线性无关的特征向量为 $\boldsymbol{p}_1=\begin{pmatrix}-1\\1\\1\end{pmatrix}$;

当 $\lambda_2=\lambda_3=1$ 时, 解方程组

$$(1\cdot E-A)\boldsymbol{x}=\boldsymbol{0},$$

得 A 的属于特征值 1 的线性无关的特征向量为 $\boldsymbol{p}_2=\begin{pmatrix}-2\\1\\0\end{pmatrix}$, $\boldsymbol{p}_3=\begin{pmatrix}0\\0\\1\end{pmatrix}$.

令 $P=\begin{pmatrix}-1&-2&0\\1&1&0\\1&0&1\end{pmatrix}$, 则 $P^{-1}=\begin{pmatrix}1&2&0\\-1&-1&0\\-1&-2&1\end{pmatrix}$. 从而

$$P^{-1}AP=\begin{pmatrix}-2&0&0\\0&1&0\\0&0&1\end{pmatrix}.$$

故

$$A=P\begin{pmatrix}-2&0&0\\0&1&0\\0&0&1\end{pmatrix}P^{-1},$$

$$\begin{aligned}A^{2020}&=P\begin{pmatrix}-2&0&0\\0&1&0\\0&0&1\end{pmatrix}^{2020}P^{-1}\\&=\begin{pmatrix}-1&-2&0\\1&1&0\\1&0&1\end{pmatrix}\begin{pmatrix}2^{2020}&0&0\\0&1&0\\0&0&1\end{pmatrix}\begin{pmatrix}1&2&0\\-1&-1&0\\-1&-2&1\end{pmatrix}\\&=\begin{pmatrix}-2^{2020}+2&-2^{2021}+2&0\\2^{2020}-1&2^{2021}-1&0\\2^{2020}-1&2^{2021}-2&1\end{pmatrix}.\end{aligned}$$

综上, 矩阵 A 对角化的步骤如下:

(1) 求出 A 的特征值;

(2) 对每个特征值 λ_i (重数为 m_i), 求出 $(\lambda_i E-A)\boldsymbol{x}=\boldsymbol{0}$ 的基础解系 $\boldsymbol{\alpha}_{i1}$, $\cdots$, $\boldsymbol{\alpha}_{in_i}(n_i\leqslant m_i)$;

(3) 验证 A 是否可对角化, 若可对角化, 将所有的特征值对应的基础解系合在

一起, 令 $P=(\boldsymbol{\alpha}_1,\cdots,\boldsymbol{\alpha}_n)$, 则有

$$P^{-1}AP=\begin{pmatrix}\lambda_1 & & & \\ & \lambda_2 & & \\ & & \ddots & \\ & & & \lambda_n\end{pmatrix}.$$

1.2.2　正规矩阵及其对角化

本节主要给出一类特殊的矩阵——正规矩阵的定义、相关性质及对角化的相关结论.

设 $z\in\mathbb{C}$, $\overline{z}$ 为其共轭复数, 记 z^{H} 为 $\overline{z}$ 的转置, 即

$$\overline{z}^{\mathrm{T}}=z^{\mathrm{H}}.$$

令 $M=(m_{ij})_{m\times n}$ 为一 $m\times n$ 矩阵, 且每一对 (i,j), $m_{ij}=a_{ij}+\mathrm{i}b_{ij}$, 故

$$M=A+\mathrm{i}B,$$

其中 $A=(a_{ij})_{m\times n}$ 和 $B=(b_{ij})_{m\times n}$ 均为实矩阵, 定义矩阵 M 的共轭为

$$\overline{M}=A-\mathrm{i}B.$$

即 $\overline{M}$ 为一个将 M 的每一个元素取共轭得到的矩阵, $\overline{M}$ 的转置记为 M^{H}, 可以验证

$$\begin{aligned}&\left(A^{\mathrm{H}}\right)^{\mathrm{H}}=A,\\&(\alpha A+\beta B)^{\mathrm{H}}=\overline{\alpha}A^{\mathrm{H}}+\overline{\beta}B^{\mathrm{H}},\\&(AC)^{\mathrm{H}}=C^{\mathrm{H}}A^{\mathrm{H}},\end{aligned}$$

若 A 可逆, 则

$$(A^{\mathrm{H}})^{-1}=(A^{-1})^{\mathrm{H}}.$$

定义 1.6　若 A 满足 $A^{\mathrm{H}}=A$, 则称 A 是 Hermite 矩阵. 若 A 满足 $A^{\mathrm{H}}=-A$, 则称 A 是反 Hermite 矩阵.

实方阵 $Q\in\mathbb{R}^{n\times n}$ 称为正交矩阵, 若

$$QQ^{\mathrm{T}}=Q^{\mathrm{T}}Q=E.$$

复方阵 $U\in\mathbb{C}^{n\times n}$ 称为酉矩阵, 若

$$UU^{\mathrm{H}}=U^{\mathrm{H}}U=E.$$

定义 1.7 对复矩阵 A, 若有 $A^{\mathrm{H}}A = AA^{\mathrm{H}}$, 则称 A 是正规矩阵.

注 所有的 n 阶实对称矩阵、实反对称矩阵、正交矩阵都是实正规矩阵; 所有的 n 阶 Hermite 矩阵、反 Hermite 矩阵、酉矩阵都是复正规矩阵.

我们先从 Schur 引理看起.

Schur 引理 设 A 为 n 阶复矩阵, 则存在酉矩阵 U, 使

$$U^{\mathrm{H}}AU = B,$$

其中 B 为一个上三角矩阵.

证 对阶数 n 用数学归纳法证明. 当 $n=1$ 时, 结论成立. 假设 $n>1$ 且结论对 $n-1$ 成立, 对 n 阶复矩阵 A, 设 $\boldsymbol{p}_1$ 是 A 属于特征值 λ_1 的特征向量, 即 $A\boldsymbol{p}_1 = \lambda_1\boldsymbol{p}_1$.

取 $\boldsymbol{u}_1 = \dfrac{\boldsymbol{p}_1}{\|\boldsymbol{p}_1\|}$, 将其扩充为 $\mathbb{C}^n$ 的一组标准正交基 $\boldsymbol{u}_1, \boldsymbol{u}_2, \cdots, \boldsymbol{u}_n$, 即

$$\boldsymbol{u}_i^{\mathrm{H}} \cdot \boldsymbol{u}_j = \begin{cases} 0, & i \neq j, \\ 1, & i = j. \end{cases}$$

令 $U_0 = (\boldsymbol{u}_1, \boldsymbol{u}_2, \cdots, \boldsymbol{u}_n)$, 则 U_0 为酉矩阵

$$\begin{aligned} AU_0 &= (A\boldsymbol{u}_1, A\boldsymbol{u}_2, \cdots, A\boldsymbol{u}_n) \\ &= (\lambda_1\boldsymbol{u}_1, A\boldsymbol{u}_2, \cdots, A\boldsymbol{u}_n). \end{aligned}$$

记

$$A = (a_{ij})_{n\times n} = \begin{pmatrix} a_{11} & a_{12} & \cdots & a_{1n} \\ a_{21} & a_{22} & \cdots & a_{2n} \\ \vdots & \vdots & & \vdots \\ a_{n1} & a_{n2} & \cdots & a_{nn} \end{pmatrix},$$

则 $A\boldsymbol{u}_i = \sum\limits_{j=1}^{n} a_{ji}\boldsymbol{u}_j (i = 1, 2, \cdots, n)$. 因此

$$AU_0 = (\boldsymbol{u}_1, \boldsymbol{u}_2, \cdots, \boldsymbol{u}_n) \begin{pmatrix} \lambda_1 & a_{21} & a_{31} & \cdots & a_{n1} \\ 0 & & & & \\ \vdots & & A_1 & & \\ 0 & & & & \end{pmatrix},$$

其中 A_1 是 $n-1$ 阶矩阵, 由归纳假设, 存在 $n-1$ 阶酉矩阵 W 满足 $W^{\mathrm{H}}A_1W=R_1$ (R_1 为上三角矩阵, 且对角线上的元素为 A_1 的特征值).

令 $U_2=\begin{pmatrix}1 & \\ & W\end{pmatrix}\in\mathbb{C}^{n\times n}$, 则有

$$U_2^{\mathrm{H}}U_1^{\mathrm{H}}AU_1U_2=\begin{pmatrix}\lambda_1 & b_{21} & \cdots & b_{n1}\\ 0 & & & \\ \vdots & & R_1 & \\ 0 & & & \end{pmatrix}.$$

取 $U=U_1U_2$, 故有

$$U^{-1}AU=\begin{pmatrix}\lambda_1 & & & *\\ & \lambda_2 & & \\ & & \ddots & \\ 0 & & & \lambda_n\end{pmatrix}.$$

由归纳法原理知结论成立.

上述公式可变形为

$$A=UBU^{\mathrm{H}},$$

称该公式为 A 的 Schur 分解.

下面给出方阵 $A\in\mathbb{C}^{n\times n}$ 的酉相似对角分解的定义.

定义 1.8　设 $A\in\mathbb{C}^{n\times n}$, 若存在 n 阶酉矩阵 U 及 n 阶对角矩阵 $\Lambda=\operatorname{diag}(\lambda_1,\lambda_2,\cdots,\lambda_n)$, 使得

$$A=U\Lambda U^{\mathrm{H}},$$

则称 A 可酉相似对角化, $U\Lambda U^{\mathrm{H}}$ 称为 A 的酉相似对角分解.

至此, 我们可以给出正规矩阵的如下重要性质.

定理 1.4　设 $A\in\mathbb{C}^{n\times n}$, 则 A 可酉相似对角化的充要条件是 A 为正规矩阵.

证 必要性 设 A 酉相似于对角矩阵 Λ, 即存在酉矩阵 U 使得 $A=U\Lambda U^{\mathrm{H}}$, 则

$$A^{\mathrm{H}}=U\Lambda^{\mathrm{H}}U^{\mathrm{H}}=U\overline{\Lambda}U^{\mathrm{H}},$$

故

$$\begin{aligned}A^{\mathrm{H}}A&=\left(U\overline{\Lambda}U^{\mathrm{H}}\right)\left(U\Lambda U^{\mathrm{H}}\right)=U\overline{\Lambda}\Lambda U^{\mathrm{H}}\\&=U\Lambda\overline{\Lambda}U^{\mathrm{H}}=AA^{\mathrm{H}}.\end{aligned}$$

这表明 A 是正规矩阵.

充分性 设 A 为正规矩阵, 则

$$A^{\mathrm{H}}A=AA^{\mathrm{H}}.$$

由 Schur 引理知, 存在酉矩阵 $U\in\mathbb{C}^{n\times n}$, 使得

$$U^{\mathrm{H}}AU=\begin{pmatrix}t_{11}&t_{12}&\cdots&t_{1n}\\&t_{22}&\cdots&t_{2n}\\&&\ddots&\vdots\\&&&t_{nn}\end{pmatrix}=T,$$

于是可推出

$$\begin{aligned}T^{\mathrm{H}}T&=\left(U^{\mathrm{H}}A^{\mathrm{H}}U\right)\left(U^{\mathrm{H}}AU\right)\\&=U^{\mathrm{H}}A^{\mathrm{H}}AU\\&=U^{\mathrm{H}}AA^{\mathrm{H}}U\\&=TT^{\mathrm{H}}.\end{aligned}$$

比较等式两边乘积的主对角线上元素, 得

$$\begin{cases}|t_{11}|^2=\sum\limits_{i=1}^{n}|t_{1i}|^2,\\|t_{12}|^2+|t_{22}|^2=\sum\limits_{i=2}^{n}|t_{2i}|^2,\\\qquad\cdots\cdots\\\sum\limits_{i=1}^{n-1}|t_{i,n-1}|^2=|t_{n-1,n-1}|^2+|t_{n-1,n}|^2,\\\sum\limits_{i=1}^{n}|t_{in}|^2=|t_{nn}|^2.\end{cases}$$

计算可得

$$\begin{cases} t_{12} = t_{13} = \cdots = t_{1n} = 0, \\ t_{23} = \cdots = t_{2n} = 0, \\ \qquad \cdots\cdots \\ t_{n-1,n} = 0. \end{cases}$$

这说明 T 是一个对角矩阵, 即

$$U^{\mathrm{H}}AU = T = \operatorname{diag}(\lambda_1, \lambda_2, \cdots, \lambda_n).$$

1.3 λ-矩阵

1.3.1 λ-矩阵的定义

首先给出数域的概念.

定义 1.9 设 F 是包含 0 和 1 在内的数集, 若 F 中任意两个数的和、差、积、商 (除数不为零) 仍属于 F, 则称为一个数域.

可以验证有理数集 $\mathbb{Q}$ 、实数集 $\mathbb{R}$ 和复数集 $\mathbb{C}$ 都是数域, 分别称为有理数域、实数域及复数域. 数集

$$\mathbb{Q}(\sqrt{2}) = \{a + b\sqrt{2} | a, b \in \mathbb{Q}\}$$

也是一个数域.

设 F 为一数域, $a_i \in F(i = 0, 1, \cdots, n)$ 且 $a_n \neq 0$, λ 表示一变量, λ 的 n 次多项式表示为

$$a(\lambda) = \sum_{i=0}^{n} a_i \lambda^i = a_n \lambda^n + a_{n-1}\lambda^{n-1} + \cdots + a_1\lambda + a_0.$$

将系数为 $a_i\,(a_i \in F)$ 的多项式全体记为 $F[\lambda]$, 如复系数多项式之集合记为 $\mathbb{C}[\lambda]$, 实系数多项式集合记为 $\mathbb{R}[\lambda]$, 特别说明零次多项式是常数, 零多项式是 0.

定义 1.10 设 $a_{ij}(\lambda)(i = 1, 2, \cdots, m; j = 1, 2, \cdots, n)$ 是数域 F 上的多项

式, 以 $a_{ij}(\lambda)$ 为元素的 $m\times n$ 矩阵

$$A(\lambda)=\begin{pmatrix} a_{11}(\lambda) & a_{12}(\lambda) & \cdots & a_{1n}(\lambda)\\ a_{21}(\lambda) & a_{22}(\lambda) & \cdots & a_{2n}(\lambda)\\ \vdots & \vdots & & \vdots\\ a_{m1}(\lambda) & a_{m2}(\lambda) & \cdots & a_{mn}(\lambda)\end{pmatrix}$$

称为多项式矩阵或 λ-矩阵, 多项式 $a_{ij}(\lambda)(i=1,2,\cdots,m;j=1,2,\cdots,n)$ 中的最高次数称为 $A(\lambda)$ 的次数, 数域 F 上 $m\times n$ 的 λ-矩阵的集合记为 $F[\lambda]^{m\times n}$.

例如, $\begin{pmatrix} \lambda^2-2\lambda+1 & \lambda^4+3\lambda^3+2\lambda+4\\ 0 & 5\lambda^2+1\end{pmatrix}$ 是 λ-矩阵, 而 $\begin{pmatrix} \mathrm{e}^{\lambda} & \sin\lambda\\ \cos\lambda & \mathrm{e}^{-\lambda}\end{pmatrix}$ 不是 λ-矩阵.

为与 λ-矩阵相区别, 把以数域 F 中的数为元素的矩阵称为数字矩阵, 它是以零次多项式为元素的 λ-矩阵, 因此数字矩阵是 λ-矩阵的特例, 数字矩阵 A 的特征矩阵 $\lambda E-A$ 就是 1 次 λ-矩阵.

因为 λ 的多项式的和、差、积仍是 λ 的多项式, 并且它们与数的运算规律相同, 因此可以仿照数字矩阵一样的方式来定义两个 λ-矩阵的加法、减法、乘法和数乘运算.

λ-矩阵的这些运算与数字矩阵的相应运算具有相同的运算规律.

方阵的行列式定义中只用到元素之间的加法、减法、乘法, 故而可以定义一个 n 阶 λ-矩阵的行列式, 且与数字矩阵的行列式具有相同的性质. 在此基础上, 可以定义 λ-矩阵的子式、代数余子式. 如 $|A(\lambda)|$ 的各个元素的代数余子式构成伴随矩阵

$$A^*(\lambda)=\begin{pmatrix} A_{11}(\lambda) & A_{21}(\lambda) & \cdots & A_{n1}(\lambda)\\ A_{12}(\lambda) & A_{22}(\lambda) & \cdots & A_{n2}(\lambda)\\ \vdots & \vdots & & \vdots\\ A_{1n}(\lambda) & A_{2n}(\lambda) & \cdots & A_{nn}(\lambda)\end{pmatrix}.$$

定义 1.11 设 $A(\lambda)\in F[\lambda]^{m\times n}$, 如果 $A(\lambda)$ 中存在一个非零的 $r(1\leqslant r\leqslant\min\{m,n\})$ 阶子式, 而所有 $r+1$ 阶子式 (如果有的话) 全为零, 则称 $A(\lambda)$ 的秩为 r, 记为 $\mathrm{rank}(A(\lambda))=r$, 规定零矩阵的秩为 0.

如果 n 阶 λ-矩阵的行列式 $|A(\lambda)|\neq 0$, 则秩为 n, 称 $A(\lambda)$ 为非奇异 λ-矩阵 (或满秩的); 若 $|A(\lambda)|=0$, 则称 $A(\lambda)$ 为奇异矩阵 (或降秩的).

定义 1.12　设 $A(\lambda) \in F[\lambda]^{n\times n}$, 若存在一个 n 阶 λ-矩阵 $B(\lambda)$, 使得

$$A(\lambda)B(\lambda) = B(\lambda)A(\lambda) = E,$$

则称 λ-矩阵 $A(\lambda)$ 可逆, 并把矩阵 $B(\lambda)$ 称为 $A(\lambda)$ 的逆矩阵, 简称逆阵. 可以证明如果 $A(\lambda)$ 可逆, 则 $A(\lambda)$ 的逆矩阵是唯一的, 记为 $A^{-1}(\lambda)$.

对于数字方阵, 满秩一定可逆, 而对于 λ-矩阵, 则不然.

然而, 我们有如下判定 $A(\lambda)$ 可逆的定理.

定理 1.5　n 阶 λ-矩阵 $A(\lambda)$ 可逆的充要条件是 $|A(\lambda)| = d$, 其中 d 为非零常数.

证　必要性　设 $A(\lambda)$ 可逆, 则

$$A(\lambda)B(\lambda) = E.$$

故

$$|A(\lambda)||B(\lambda)| = |E| = 1.$$

而 $|A(\lambda)|$ 与 $|B(\lambda)|$ 都是 λ 的多项式, 故只能是零次多项式, 即 $|A(\lambda)| = d \neq 0$.

充分性　若 $|A(\lambda)| = d \neq 0$, 设 $A^*(\lambda)$ 是 $A(\lambda)$ 的伴随矩阵, 它是一个λ-矩阵, 此时

$$\frac{1}{d}A^*(\lambda) = \frac{1}{d}\begin{pmatrix} A_{11}(\lambda) & A_{21}(\lambda) & \cdots & A_{n1}(\lambda) \\ A_{12}(\lambda) & A_{22}(\lambda) & \cdots & A_{n2}(\lambda) \\ \vdots & \vdots & & \vdots \\ A_{1n}(\lambda) & A_{2n}(\lambda) & \cdots & A_{nn}(\lambda) \end{pmatrix}$$

也是一个λ-矩阵, 且

$$A(\lambda)\frac{1}{d}A^*(\lambda) = \frac{1}{d}A^*(\lambda)A(\lambda) = \frac{1}{d}\begin{pmatrix} d & & & \\ & d & & \\ & & \ddots & \\ & & & d \end{pmatrix} = E.$$

故 $A(\lambda)$ 可逆, 且逆矩阵为 $\dfrac{1}{d}A^*(\lambda)$.

注 对 $A(\lambda)=\begin{pmatrix}1&0\\0&\lambda\end{pmatrix}$, 由定义 1.11 知 $\mathrm{rank}[A(\lambda)]=2$, 表明 $A(\lambda)$ 满秩, 但 $|A(\lambda)|=\lambda$ 不是非零常数, 故 $A(\lambda)$ 不可逆.

类比数字矩阵, 可对 λ-矩阵引入初等变换.

定义 1.13 λ-矩阵的初等变换是指

(1) 互换 λ-矩阵的两行 (列);

(2) 用非零常数 k 乘以 λ-矩阵的某一行 (列);

(3) 将 λ-矩阵的某一行 (列) 的 $\varphi(\lambda)$ 倍加到另一行 (列)(其中 $\varphi(\lambda)$ 是 λ 的多项式).

对单位矩阵进行一次上述三种初等变换便得相应的三种 λ-矩阵的初等变换 $P(i,j)$, $P(j(k))$, $P(i,j(\varphi))$, 即

$$P(i,j)=\begin{pmatrix}1&&&&&&&&&\\&\ddots&&&&&&&&\\&&1&&&&&&&\\&&&0&\cdots&\cdots&\cdots&1&&\\&&&\vdots&1&\cdots&\cdots&\vdots&&\\&&&\vdots&\vdots&\ddots&\vdots&\vdots&&\\&&&\vdots&\cdots&\cdots&1&\vdots&&\\&&&1&\cdots&\cdots&\cdots&0&&\\&&&&&&&&1&\\&&&&&&&&&\ddots&\\&&&&&&&&&&1\end{pmatrix}\begin{matrix}\\\\\\i\\\\\\\\j\\\\\\\\\end{matrix},$$

$$P(j(k))=\begin{pmatrix}1&&&&&&\\&\ddots&&&&&\\&&1&&&&\\&&&k&&&\\&&&&1&&\\&&&&&\ddots&\\&&&&&&1\end{pmatrix}j,$$

$$P(i,j(\varphi)) = \begin{pmatrix} 1 & & & & & & \\ & \ddots & & & & & \\ & & 1 & \cdots & \varphi(\lambda) & & \\ & & & \ddots & \vdots & & \\ & & & & 1 & & \\ & & & & & \ddots & \\ & & & & & & 1 \end{pmatrix} \begin{matrix} \\ \\ i \\ \\ j \\ \\ \\ \end{matrix}.$$

可以证明, 初等矩阵都是可逆的, 且

$$P(i,j)^{-1} = P(i,j), \quad P(j(k))^{-1} = P\left(j\left(k^{-1}\right)\right), \quad P(i,j(\varphi))^{-1} = P(i,j(-\varphi)).$$

类似于数字矩阵情形, 对一个 $m \times n$ 的矩阵 $A(\lambda)$ 作一次初等行变换相当于在 $A(\lambda)$ 左边乘以相应的 m 阶初等矩阵; 对 $A(\lambda)$ 进行一次初等列变换相当于在 $A(\lambda)$ 的右边乘上相应的 n 阶初等矩阵.

定义 1.14　设 $A(\lambda), B(\lambda) \in F[\lambda]^{m\times n}$, 如果 $A(\lambda)$ 可以经过有限次初等变换变为 $B(\lambda)$, 则称 $A(\lambda)$ 与 $B(\lambda)$ 等价, 记为 $A(\lambda) \cong B(\lambda)$.

由初等变换的可逆性知, 等价满足自反性、对称性、传递性, 它是 λ-矩阵之间的一种等价关系.

根据以上讨论, 有以下定理.

定理 1.6　设 $A(\lambda), B(\lambda) \in F[\lambda]^{m\times n}$, 则 $A(\lambda) \cong B(\lambda)$ 的充要条件是存在一系列 m 阶初等矩阵 $P_1(\lambda), P_2(\lambda), \cdots, P_s(\lambda)$ 及 n 阶初等矩阵 $Q_1(\lambda), Q_2(\lambda), \cdots, Q_t(\lambda)$, 使得

$$B(\lambda) = P_s(\lambda)\cdots P_2(\lambda)P_1(\lambda)A(\lambda)Q_1(\lambda)Q_2(\lambda)\cdots Q_t(\lambda).$$

区别于数字矩阵, λ-矩阵有以下结论.

定理 1.7　若矩阵 $A(\lambda)$ 与 $B(\lambda)$ 等价, 则 $\operatorname{rank}(A(\lambda)) = \operatorname{rank}(B(\lambda))$, 反之不对.

例如,

$$A(\lambda) = \begin{pmatrix} \lambda & 0 \\ 1 & \lambda \end{pmatrix}, \quad B(\lambda) = \begin{pmatrix} \lambda & 0 \\ 0 & 1 \end{pmatrix},$$

因为 $|A(\lambda)|=\lambda^2\neq 0, |B(\lambda)|=\lambda\neq 0$, 故 $\operatorname{rank}(A(\lambda))=2=\operatorname{rank}(B(\lambda))$.

若 $A(\lambda)\cong B(\lambda)$, 则 $|A(\lambda)|$ 与 $|B(\lambda)|$ 之间只能相差一个不为零的常数因子, 而 $A(\lambda)$ 与 $B(\lambda)$ 不满足这一条件, 所以 $B(\lambda)$ 与 $A(\lambda)$ 不等价.

1.3.2 λ-矩阵的 Smith 标准形

对于数字矩阵 $A_{m\times n}$, 若其秩为 r, 那么经有限次初等变换可化为标准形

$$\begin{pmatrix} E_{r\times r} & O \\ O & O \end{pmatrix},$$

其中 $E_{r\times r}$ 为 r 阶单位阵.

本节我们讨论 λ-矩阵在初等变换下的标准形.

定义 1.15 若λ-矩阵

$$D(\lambda)=\begin{pmatrix} d_1(\lambda) & 0 & \cdots & 0 & 0 & \cdots & 0 \\ 0 & d_2(\lambda) & \cdots & 0 & 0 & \cdots & 0 \\ \vdots & \vdots & \ddots & \vdots & \vdots & & \vdots \\ 0 & 0 & \cdots & d_r(\lambda) & 0 & \cdots & 0 \\ 0 & 0 & \cdots & 0 & 0 & \cdots & 0 \\ \vdots & \vdots & & \vdots & \vdots & \ddots & \vdots \\ 0 & 0 & \cdots & 0 & 0 & \cdots & 0 \end{pmatrix}_{m\times n} \quad (r\geqslant 1)$$

满足: (1) $d_i(\lambda)(i=1,2,\cdots,r)$ 是首项系数为 1 的 λ-多项式;

(2) $d_i(\lambda)$ 整除 $d_{i+1}(\lambda)$, 记为 $d_i(\lambda)\mid d_{i+1}(\lambda)(i=1,2,\cdots,r-1)$.

则称 $D(\lambda)$ 为 Smith 标准形, 简称标准形.

类似于数字矩阵, 有以下结论.

定理 1.8 设 $A(\lambda)$ 是 $m\times n$ 的秩为 $r(r\geqslant 1)$ 的 λ-矩阵, 则 $A(\lambda)$ 经有限次初等变换可化为 Smith 标准形 $D(\lambda)$.

证 若 $\operatorname{rank}(A(\lambda))=0$, 结论显然, 现假设 $\operatorname{rank}(A(\lambda))>0$.

不妨设 $a_{11}(\lambda)\neq 0$, 且 $a_{11}(\lambda)$ 是 $A(\lambda)$ 中次数最低的非零元素, 否则可以将 $A(\lambda)$ 适当调换行或列, 使得调换后的矩阵中左上角的元素不为零且次数最低, 作为新的 $a_{11}(\lambda)$.

先证如下结论.

如果 $A(\lambda)$ 中的元素 $a_{11}(\lambda) \neq 0$, 并且 $A(\lambda)$ 中至少有一个元素不能被其整除, 则必存在一个与 $A(\lambda)$ 等价的 λ-矩阵 $B(\lambda)$, 并且 $B(\lambda)$ 中的元素 $b_{11}(\lambda) \neq 0$, 同时多项式 $b_{11}(\lambda)$ 的次数小于 $a_{11}(\lambda)$ 的次数.

不妨假设 $A(\lambda)$ 中第一行上有元素 $a_{1j}(\lambda)$ 不能被 $a_{11}(\lambda)$ 整除, 即 $a_{1j}(\lambda) = a_{11}(\lambda)\varphi(\lambda) + b_{11}(\lambda)$, $b_{11}(\lambda) \neq 0$ 且 $b_{11}(\lambda)$ 的次数小于 $a_{11}(\lambda)$ 的次数; 将 $A(\lambda)$ 中第一列的元素乘以 $-\varphi(\lambda)$ 之后, 加到第 j 列上, 并将第一列与第 j 列互换, 得

$$B(\lambda) = \begin{pmatrix} b_{11}(\lambda) & * & \cdots & * \\ * & * & \cdots & * \\ \vdots & \vdots & & \vdots \\ * & * & \cdots & * \end{pmatrix}.$$

则 $A(\lambda) \cong B(\lambda)$, 且 $b_{11}(\lambda) \neq 0$, $b_{11}(\lambda)$ 的次数小于 $a_{11}(\lambda)$ 的次数. 相同的处理, 若 $A(\lambda)$ 中第一列上有元素 $a_{i1}(\lambda)$ 不能被 $a_{11}(\lambda)$ 整除, 也可得到 $B_1(\lambda)$ 满足条件.

如果 $A(\lambda)$ 中第一行或第一列上的所有元素 $a_{i1}(\lambda)$ 都能被 $a_{11}(\lambda)$ 整除, 由已知条件可知, 至少有一个元素 $a_{ij}(\lambda)$ 不能被 $a_{11}(\lambda)$ 整除, 并且 $i, j \neq 1$, 则有 $a_{i1}(\lambda) = a_{11}(\lambda)\varphi(\lambda)$, 将 $A(\lambda)$ 中第一行乘以 $-\varphi(\lambda)$ 后, 加到第 i 行上, 得到 $A'(\lambda)$, 其中 $a'_{i1}(\lambda) = 0$, $a'_{ij}(\lambda) = a_{ij}(\lambda) - a_{1j}(\lambda)\varphi(\lambda)$, 所以 $a_{11}(\lambda)$ 不能整除 $a_{ij}(\lambda)$, 再将第 i 行加到第一行上, 此时 $a_{11}(\lambda)$ 没有变化, 而第一行、第 j 列上的元素变为 $[1-\varphi(\lambda)]a_{1j}(\lambda) + a_{ij}(\lambda)$, 也不能被 $a_{11}(\lambda)$ 整除, 这就回到了 $A(\lambda)$ 中第一行上有元素 $a_{ij}(\lambda)$ 不能被 $a_{11}(\lambda)$ 整除的情形.

从而知如果 $A(\lambda)$ 中的元素不能全部被 $a_{11}(\lambda)$ 整除, 则必存在一个矩阵 $B^{(1)}(\lambda) \cong A(\lambda)$, 并且 $b_{11}^{(1)}(\lambda)$ 的次数小于 $a_{11}(\lambda)$ 的次数.

如果 $b_{11}^{(1)}(\lambda)$ 仍然不能整除 $B^{(1)}(\lambda)$ 中的所有元素, 再据上述结论, 逐步降低矩阵 $B^{(1)}(\lambda)$ 中左上角元素 $b_{11}^{(k)}(\lambda)(k = 1, 2, \cdots)$ 的次数直到求得一个矩阵 $B^{(k)}(\lambda) \cong A(\lambda)$. 令 $B^{(k)}(\lambda) = B(\lambda)$, 则多项式 $b_{11}(\lambda)$ 可以整除 $B(\lambda)$ 中的所有元素, 并且 $b_{11}(\lambda)$ 是一个首项系数为 1 的多项式, 然后将 $B(\lambda)$ 中的第一行元素乘以恰当的多项式加到其他各行上, 使得第一列的元素中除 $b_{11}(\lambda)$ 外, 其余的元素均为零, 再将 $B(\lambda)$ 中的第一行 (列) 中除 $b_{11}(\lambda)$ 外的其余元素消为零, 则得

到一个与矩阵 $A(\lambda)$ 等价的矩阵

$$\begin{pmatrix} d_1(\lambda) & 0 & 0 & \cdots & 0 \\ 0 & C_{22}(\lambda) & C_{23}(\lambda) & \cdots & C_{2n}(\lambda) \\ 0 & C_{32}(\lambda) & C_{33}(\lambda) & \cdots & C_{3n}(\lambda) \\ \vdots & \vdots & \vdots & \ddots & \vdots \\ 0 & C_{m2}(\lambda) & C_{m3}(\lambda) & \cdots & C_{mn}(\lambda) \end{pmatrix},$$

其中 $d_1(\lambda) = b_{11}(\lambda)$ 可以整除 $C_{ij}(\lambda)(i = 2, 3, \cdots, m; j = 2, 3, \cdots, n)$.

同理, 对子矩阵

$$\begin{pmatrix} C_{22}(\lambda) & C_{23}(\lambda) & \cdots & C_{2n}(\lambda) \\ C_{32}(\lambda) & C_{33}(\lambda) & \cdots & C_{3n}(\lambda) \\ \vdots & \vdots & \ddots & \vdots \\ C_{m2}(\lambda) & C_{m3}(\lambda) & \cdots & C_{mn}(\lambda) \end{pmatrix}$$

进行类似的处理, 得到矩阵

$$\begin{pmatrix} d_1(\lambda) & 0 & 0 & \cdots & 0 \\ 0 & d_2(\lambda) & 0 & \cdots & 0 \\ 0 & 0 & h_{33}(\lambda) & \cdots & h_{3n}(\lambda) \\ \vdots & \vdots & \vdots & \ddots & \vdots \\ 0 & 0 & h_{m3}(\lambda) & \cdots & h_{mn}(\lambda) \end{pmatrix},$$

其中 $d_1(\lambda)\,|d_2(\lambda), d_2(\lambda)|\,h_{ij}(\lambda)(i = 3, 4, \cdots, m; j = 3, 4, \cdots, n)$.

如此继续下去, 可得

$$\begin{pmatrix} d_1(\lambda) & & & & & & \\ & d_2(\lambda) & & & & & \\ & & \ddots & & & & \\ & & & d_r(\lambda) & & & \\ & & & & 0 & & \\ & & & & & \ddots & \\ & & & & & & 0 \end{pmatrix},$$

其中 $d_i(\lambda) \mid d_{i+1}(\lambda)(i = 1, 2, \cdots, r-1)$.

例 1.4 求矩阵

$$A(\lambda)=\begin{pmatrix}-\lambda+1 & \lambda^2 & \lambda\\ \lambda & \lambda & -\lambda\\ \lambda^2+1 & \lambda^2 & -\lambda^2\end{pmatrix}$$

的 Smith 标准形.

解

$$A(\lambda)\underset{\sim}{\xrightarrow{c_1+c_3}}\begin{pmatrix}1 & \lambda^2 & \lambda\\ 0 & \lambda & -\lambda\\ 1 & \lambda^2 & -\lambda^2\end{pmatrix}\underset{\sim}{\xrightarrow{r_3-r_1}}\begin{pmatrix}1 & \lambda^2 & \lambda\\ 0 & \lambda & -\lambda\\ 0 & 0 & -\lambda^2-\lambda\end{pmatrix}$$

$$\underset{c_3-\lambda c_1}{\overset{c_2-\lambda^2 c_1}{\sim}}\begin{pmatrix}1 & 0 & 0\\ 0 & \lambda & -\lambda\\ 0 & 0 & -\lambda^2-\lambda\end{pmatrix}\underset{\sim}{\xrightarrow{c_3+c_2}}\begin{pmatrix}1 & 0 & 0\\ 0 & \lambda & 0\\ 0 & 0 & -\lambda^2-\lambda\end{pmatrix}$$

$$\underset{\sim}{\xrightarrow{-r_3}}\begin{pmatrix}1 & 0 & 0\\ 0 & \lambda & 0\\ 0 & 0 & \lambda(\lambda+1)\end{pmatrix}.$$

故 $A(\lambda)$ 的 Smith 标准形为 $\begin{pmatrix}1 & 0 & 0\\ 0 & \lambda & 0\\ 0 & 0 & \lambda(\lambda+1)\end{pmatrix}$.

当 $A(\lambda)$ 可逆时, 其 Smith 标准形是何情形呢?

$$A(\lambda)\cong\begin{pmatrix}d_1(\lambda) & & & & & & \\ & d_2(\lambda) & & & & & \\ & & \ddots & & & & \\ & & & d_r(\lambda) & & & \\ & & & & 0 & & \\ & & & & & \ddots & \\ & & & & & & 0\end{pmatrix}=D(\lambda),$$

其中 $d_i(\lambda)\mid d_{i+1}(\lambda)(i=1,2,\cdots,r-1)$, 且 $d_i(\lambda)(i=1,2,\cdots,r)$ 为首项系数为 1 的 λ 多项式.

由初等变换的定义知两个等价的矩阵的行列式只能相差一个非零的常数, 且秩相同, 故由 $A(\lambda)$ 可逆知

$$\begin{aligned}&\operatorname{rank}(D(\lambda))=r=n,\\&|D(\lambda)|=d_1(\lambda)d_2(\lambda)\cdots d_n(\lambda)=d\neq 0.\end{aligned}$$

由于 $d_i(\lambda)(i=1,2,\cdots,n)$ 首项系数为 1, 故 $d_i(\lambda)=1(i=1,2,3,\cdots,n)$. 即 $A(\lambda)$ 的 Smith 标准形为 E.

1.3.3 行列式因子和不变因子

本部分讨论 λ-矩阵的 Smith 标准形的唯一性, 同时给出两个 λ-矩阵等价的条件. 首先, 引进 λ-矩阵的行列式因子.

定义 1.16 设 $A(\lambda)\in F[\lambda]^{m\times n}, \operatorname{rank}(A(\lambda))=r$, 对于正整数 $k(1\leqslant k\leqslant r)$, $A(\lambda)$ 的全部首项系数为 1 的非零 k 阶子式的最大公因式称为 $A(\lambda)$ 的 k 阶行列式因子, 记为 $D_k(\lambda)$.

定理 1.9 等价的矩阵具有相同的秩和相同的各阶行列式因子.

证 为此, 仅需证明 λ-矩阵经过一次初等变换后, 其秩与行列式因子是不变的.

设 $A(\lambda)$ 经过一次初等变换后变为 $B(\lambda)$, $\varphi(\lambda)$ 和 $\psi(\lambda)$ 分别是 $A(\lambda)$ 和 $B(\lambda)$ 的 k 阶行列式因子, 分三种情况来证明 $\varphi(\lambda)=\psi(\lambda)$.

(1) $A(\lambda)$ 经过互换两行 (列) 得到 $B(\lambda)$. 此时, $B(\lambda)$ 的每个 k 阶子式或者等于 $A(\lambda)$ 的某个 k 阶子式, 或者是 $A(\lambda)$ 的某个 k 阶子式的 -1 倍, 因此 $\varphi(\lambda)$ 是 $B(\lambda)$ 的 k 阶子式的公因式, 从而 $\varphi(\lambda)\mid\psi(\lambda)$.

(2) $A(\lambda)$ 经过以一个不为零的常数 c 乘某行 (列) 的初等变换变为 $B(\lambda)$. 这时 $B(\lambda)$ 的每个 k 阶子式或等于 $A(\lambda)$ 的某个 k 阶子式, 或者是 $A(\lambda)$ 的某个 k 阶子式的 c 倍, 因此 $\varphi(\lambda)$ 是 $B(\lambda)$ 的 k 阶子式的公因式, 从而 $\varphi(\lambda)\mid\psi(\lambda)$.

(3) 将 $A(\lambda)$ 第 j 行 (列) 的 $f(\lambda)$ 倍加到第 i 行 (列) 得到 $B(\lambda)$. 这时, $B(\lambda)$ 中那些包含第 i 行 (列) 与第 j 行 (列) 的 k 阶子式和那些不包含第 i 行 (列) 的 k 阶子式都等于 $A(\lambda)$ 中对应的 k 阶子式; $B(\lambda)$ 中那些包含第 i 行 (列) 但不包含第 j 行 (列) 的 k 阶子式等于 $A(\lambda)$ 中对应的一个 k 阶子式与另一个 k 阶子式的 $\pm f(\lambda)$ 倍之和, 也就是 $A(\lambda)$ 的两个 k 阶子式组合, 因此 $\varphi(\lambda)$ 是 $B(\lambda)$ 的 k 阶子式的公因式, 从而 $\varphi(\lambda)\mid\psi(\lambda)$.

据初等变换的可逆性, $B(\lambda)$ 也可以经过一次初等变换, 变为 $A(\lambda)$, 类似于上述讨论, 有 $\psi(\lambda) \mid \varphi(\lambda)$, 所以 $\varphi(\lambda)=\psi(\lambda)$.

如果 $A(\lambda)$ 的全部阶子式均为零, 则 $\varphi(\lambda)=0$, 有 $\psi(\lambda)=0$, 说明 $B(\lambda)$ 的全部 k 阶子式亦为零, 反之亦然. 所以 $A(\lambda)$ 与 $B(\lambda)$ 既有相同的行列式因子, 也有相同的秩.

由定理 1.9 得, 任意 λ-矩阵与其 Smith 标准形具有相同的秩和行列式因子.

不妨设 $A(\lambda)$ 的 Smith 标准形为

$$\begin{pmatrix} d_1(\lambda) & & & & & & \\ & d_2(\lambda) & & & & & \\ & & \ddots & & & & \\ & & & d_r(\lambda) & & & \\ & & & & 0 & & \\ & & & & & \ddots & \\ & & & & & & 0 \end{pmatrix},$$

其中 $d_i(\lambda)(i=1,2,\cdots,r)$ 是首项系数为 1 的多项式, 并且

$$d_i(\lambda) \mid d_{i+1}(\lambda), \quad i=1,2,\cdots,r-1.$$

据定义 1.16 可求得 $A(\lambda)$ 的各阶行列式因子

$$\begin{cases} D_1(\lambda)=d_1(\lambda), \\ D_2(\lambda)=d_1(\lambda)d_2(\lambda), \\ \qquad\cdots\cdots \\ D_r(\lambda)=d_1(\lambda)d_2(\lambda)\cdots d_r(\lambda). \end{cases}$$

从而

$$D_1(\lambda) \mid D_2(\lambda), D_2(\lambda) \mid D_3(\lambda), \cdots, D_{r-1}(\lambda) \mid D_r(\lambda),$$

由于 $A(\lambda)$ 的各阶行列式因子是唯一的, 这就表明

$$d_1(\lambda)=D_1(\lambda), \quad d_2(\lambda)=\frac{D_2(\lambda)}{D_1(\lambda)}, \quad \cdots, \quad d_r(\lambda)=\frac{D_r(\lambda)}{D_{r-1}(\lambda)}.$$

定理 1.10　λ-矩阵 $A(\lambda)$ 的 Smith 标准形是唯一的.

定义 1.17 $A(\lambda)$ 的 Smith 标准形中的非零元素 $d_i(\lambda)(i=1,2,\cdots,r)$ 称为 $A(\lambda)$ 的第 i 个不变因子 (或不变因式).

由上述分析, 不变因子与行列式因子是相互确定的, 因而有如下结论.

定理 1.11 设 $A(\lambda), B(\lambda)\in F[\lambda]^{m\times n}$, 则 $A(\lambda)\cong B(\lambda)$ 的充要条件是 $A(\lambda)$ 与 $B(\lambda)$ 具有相同的行列式因子或具有相同的不变因子.

下面我们再引入另外一个重要的概念——初等因子.

由代数学基本定理可知, 任何复系数一元 n 次多项式在复数域内都可分解为一次因式的乘积. 据此, 将 $A(\lambda)$ 的各不变因子分解为

$$\begin{cases} d_1(\lambda)=(\lambda-\lambda_1)^{k_{11}}(\lambda-\lambda_2)^{k_{12}}\cdots(\lambda-\lambda_s)^{k_{1s}}, \\ d_2(\lambda)=(\lambda-\lambda_1)^{k_{21}}(\lambda-\lambda_2)^{k_{22}}\cdots(\lambda-\lambda_s)^{k_{2s}}, \\ \qquad\cdots\cdots \\ d_r(\lambda)=(\lambda-\lambda_1)^{k_{r1}}(\lambda-\lambda_2)^{k_{r2}}\cdots(\lambda-\lambda_s)^{k_{rs}}, \end{cases} \tag{1.2}$$

其中 $\lambda_1,\lambda_2,\cdots,\lambda_s$ 为互异复数, k_{ij} 是非负整数, 由 $d_i(\lambda)\mid d_{i+1}(\lambda)(i=1,2,\cdots,r-1)$ 知, k_{ij} 满足以下关系:

$$\begin{cases} 0\leqslant k_{11}\leqslant k_{21}\leqslant\cdots\leqslant k_{r1}, \\ 0\leqslant k_{12}\leqslant k_{22}\leqslant\cdots\leqslant k_{r2}, \\ \qquad\cdots\cdots \\ 0\leqslant k_{1s}\leqslant k_{2s}\leqslant\cdots\leqslant k_{rs}. \end{cases}$$

定义 1.18 在 $A(\lambda)$ 的不变因子的分解式 (1.2) 中, 若 $k_{ij}>0$, 则称相应的因式 $(\lambda-\lambda_j)^{k_{ij}}$ 为 $A(\lambda)$ 的一个初等因子 (相同的按出现次数计算).

该定义表明, 由 $A(\lambda)$ 的不变因子可以唯一确定其初等因子, 另一方面, 若知道 λ-矩阵的秩及初等因子, 也可唯一确定其不变因子. 以下例题给出了具体的操作方法.

例 1.5 设 $A(\lambda)\in\mathbb{C}[\lambda]^{6\times 7}, \operatorname{rank}(A(\lambda))=5$, 已知 $A(\lambda)$ 的所有初等因子为

$$(\lambda-1)^2, \lambda^4, (\lambda-1)^2, (\lambda-1)^5, (\lambda+\mathrm{i})^4, (\lambda-\mathrm{i})^4, (\lambda-1)^2, \lambda^4, \lambda^5, \lambda-2.$$

求 $A(\lambda)$ 的不变因子.

解　由 $r=5$, 故 $A(\lambda)$ 有 5 个不变因子, 从构造 $d_5(\lambda)$ 开始, 求得各个不变因子.

为方便起见, 将 $(\lambda-1)^2, (\lambda-1)^2, (\lambda-1)^5, (\lambda-1)^2$ 称为同类初等因子; $\lambda^4, \lambda^4, \lambda^5$ 称为同类初等因子, 求 $d_5(\lambda)$.

需在每种同类初等因子中取次数最高者, 取出后相乘即得 $d_5(\lambda)$,

$$d_5(\lambda)=(\lambda-1)^5\lambda^5(\lambda+\mathrm{i})^4(\lambda-\mathrm{i})^4(\lambda-2).$$

除去取出的因子, 还有初等因子

$$(\lambda-1)^2, \quad \lambda^4, \quad (\lambda-1)^2, \quad (\lambda-1)^2, \quad \lambda^4.$$

构造 $d_4(\lambda)$, 在所剩的每种同类初等因子中取次数最高者相乘即得

$$d_4(\lambda)=(\lambda-1)^2\lambda^4.$$

同理求得

$$\begin{aligned}d_3(\lambda)&=(\lambda-1)^2\lambda^4,\\ d_2(\lambda)&=(\lambda-1)^2.\end{aligned}$$

全部初等因子均已取完, 故 $d_1(\lambda)=1$.

进一步, $A(\lambda)$ 的 Smith 标准形为

$$\begin{pmatrix}1&0&0&0&0&0&0\\0&(\lambda-1)^2&0&0&0&0&0\\0&0&(\lambda-1)^2\lambda^4&0&0&0&0\\0&0&0&(\lambda-1)^2\lambda^4&0&0&0\\0&0&0&0&(\lambda-1)^5\lambda^5(\lambda+\mathrm{i})^4(\lambda-\mathrm{i})^4(\lambda-2)&0&0\\0&0&0&0&0&0&0\\0&0&0&0&0&0&0\end{pmatrix}.$$

由上述分析得如下定理.

定理 1.12　设 $A(\lambda), B(\lambda)\in F[\lambda]^{m\times n}$, 则 $A(\lambda)\cong B(\lambda)$ 的充要条件是它们具有相同的秩和相同的初等因子.

令 $A(\lambda)=\begin{pmatrix}1&0&0\\0&\lambda(\lambda-1)&0\\0&0&0\end{pmatrix}, B(\lambda)=\begin{pmatrix}1&0&0\\0&1&0\\0&0&\lambda(\lambda-1)\end{pmatrix}$, 则 $A(\lambda)$ 与 $B(\lambda)$ 有相同的初等因子, 然而 $\mathrm{rank}(A(\lambda))\neq\mathrm{rank}(B(\lambda))$, $A(\lambda)$ 与 $B(\lambda)$ 不等价.

当 λ-矩阵 $A(\lambda)$ 的阶数较高时, 若通过求其行列式因子来求不变因子, 其计算量会很大. 若能把 $A(\lambda)$ 通过初等变换化为分块对角阵并建立起子块与 $A(\lambda)$ 的初等因子的关系, 则会大大简化运算.

对此, 我们有以下结论.

定理 1.13 设 λ-矩阵 $A(\lambda)$ 可以通过初等变换化为分块对角矩阵

$$A(\lambda)\cong\begin{pmatrix}B(\lambda)&O\\O&C(\lambda)\end{pmatrix},$$

则 $B(\lambda), C(\lambda)$ 的初等因子的全体是 $A(\lambda)$ 的全部初等因子.

证 分别将 $B(\lambda)$ 与 $C(\lambda)$ 化为 Smith 标准形

$$B(\lambda)\cong\begin{pmatrix}b_1(\lambda)&&&&&&\\&b_2(\lambda)&&&&&\\&&\ddots&&&&\\&&&b_{r_B}(\lambda)&&&\\&&&&0&&\\&&&&&\ddots&\\&&&&&&0\end{pmatrix},$$

$$C(\lambda)\cong\begin{pmatrix}c_1(\lambda)&&&&&&\\&c_2(\lambda)&&&&&\\&&\ddots&&&&\\&&&c_{r_C}(\lambda)&&&\\&&&&0&&\\&&&&&\ddots&\\&&&&&&0\end{pmatrix},$$

其中 $r_B=\mathrm{rank}(B(\lambda))$, $r_C=\mathrm{rank}(C(\lambda))$, $b_1(\lambda),\cdots,b_{r_B}(\lambda)$ 与 $c_1(\lambda),\cdots,c_{r_C}(\lambda)$ 分别为 $B(\lambda)$ 与 $C(\lambda)$ 的不变因子, 则 $\mathrm{rank}(A(\lambda))=r=r_B+r_C$.

将 $b_i(\lambda)$ 和 $c_j(\lambda)$ 分解为不同的一次因式的方幂的乘积

$$\begin{aligned} b_i(\lambda) &= (\lambda-\lambda_1)^{b_{i1}}(\lambda-\lambda_2)^{b_{i2}}\cdots(\lambda-\lambda_s)^{b_{is}}, \quad i=1,2,\cdots,r_B; \\ c_j(\lambda) &= (\lambda-\lambda_1)^{c_{j1}}(\lambda-\lambda_2)^{c_{j2}}\cdots(\lambda-\lambda_s)^{c_{js}}, \quad j=1,2,\cdots,r_C. \end{aligned}$$

则 $B(\lambda)$ 与 $C(\lambda)$ 的初等因子分别为

$$(\lambda-\lambda_1)^{b_{i1}},(\lambda-\lambda_2)^{b_{i2}},\cdots,(\lambda-\lambda_s)^{b_{is}}, \quad i=1,2,\cdots,r_B$$

和

$$(\lambda-\lambda_1)^{c_{j1}},(\lambda-\lambda_2)^{c_{j2}},\cdots,(\lambda-\lambda_s)^{c_{js}}, \quad j=1,2,\cdots,r_C$$

中非常数的多项式.

先证 $B(\lambda)$ 与 $C(\lambda)$ 的全部初等因子都是 $A(\lambda)$ 的初等因子. 不失一般性, 只考虑 $B(\lambda)$ 与 $C(\lambda)$ 中只含 $\lambda-\lambda_1$ 的方幂的那些初等因子, 将 $\lambda-\lambda_1$ 的指数

$$b_{11},b_{21},\cdots,b_{r_B1},c_{11},c_{21},\cdots,c_{r_C1}$$

按由小到大的顺序排列, 记为 $0\leqslant j_1\leqslant j_2\leqslant\cdots\leqslant j_r$.

对 $B(\lambda)$ 与 $C(\lambda)$ 进行初等变换实际上是对 $A(\lambda)$ 进行初等变换, 于是

$$A\cong\begin{pmatrix} b_1(\lambda) &&&&&&&& \\ & \ddots &&&&&&& \\ && b_{r_B}(\lambda) &&&&&& \\ &&& c_1(\lambda) &&&&& \\ &&&& \ddots &&&& \\ &&&&& c_{r_C}(\lambda) &&& \\ &&&&&& 0 && \\ &&&&&&& \ddots & \\ &&&&&&&& 0 \end{pmatrix}$$

$$\cong \begin{pmatrix} (\lambda-\lambda_1)^{j_1}\varphi_1(\lambda) & & & & & & \\ & (\lambda-\lambda_1)^{j_2}\varphi_2(\lambda) & & & & & \\ & & \ddots & & & & \\ & & & (\lambda-\lambda_1)^{j_r}\varphi_r(\lambda) & & & \\ & & & & 0 & & \\ & & & & & \ddots & \\ & & & & & & 0 \end{pmatrix},$$

其中多项式 $\varphi_1(\lambda),\cdots,\varphi_r(\lambda)$ 都不含因式 $\lambda-\lambda_1$.

设 $A(\lambda)$ 的行列式因子和不变因子分别为 $D_1(\lambda),D_2(\lambda),\cdots,D_r(\lambda)$ 和 $d_1(\lambda)$, $d_2(\lambda)$, $\cdots$, $d_r(\lambda)$, 则在这些行列式因子中因子 $\lambda-\lambda_1$ 的幂指数分别为 j_1, j_1+j_2, $\cdots$, $\sum\limits_{i=1}^{r-1} j_i$, $\sum\limits_{i=1}^{r} j_i$, 而由行列式因子和不变因子的关系知, $d_1(\lambda)$, $d_2(\lambda)$, $\cdots$, $d_r(\lambda)$ 中因子 $\lambda-\lambda_1$ 的幂指数分别为 $j_1,j_2,\cdots,j_{r-1},j_r$, 故 $A(\lambda)$ 中与 $\lambda-\lambda_1$ 相应的初等因子是

$$(\lambda-\lambda_1)^{j_i},\quad j_i>0,\quad i=1,2,\cdots,r.$$

也就是 $B(\lambda)$, $C(\lambda)$ 中与 $\lambda-\lambda_1$ 相应的全部初等因子.

对 $\lambda-\lambda_2,\lambda-\lambda_3,\cdots,\lambda-\lambda_s$ 进行类似的讨论, 可得相同结论. 于是 $B(\lambda)$, $C(\lambda)$ 的全部初等因子都是 $A(\lambda)$ 的初等因子.

接下来证明, 除 $B(\lambda)$, $C(\lambda)$ 的初等因子外, $A(\lambda)$ 没有其他的初等因子.

由于 $D_r(\lambda)$ 是 $A(\lambda)$ 的所有初等因子的乘积, 而

$$D_r(\lambda)=b_1(\lambda)\cdots b_{r_B}(\lambda)c_1(\lambda)\cdots c_{r_C}(\lambda).$$

如果 $(\lambda-a)^k$ 是 $A(\lambda)$ 的初等因子, 则它必含在某个 $b_i(\lambda)\,(i=1,\cdots,r_B)$ 或 $c_j(\lambda)\,(j=1,2,\cdots,r_C)$ 中, 即 $A(\lambda)$ 的初等因子包含在 $B(\lambda)$ 与 $C(\lambda)$ 的初等因子中. 因此, 除 $B(\lambda)$ 与 $C(\lambda)$ 的全部初等因子外, $A(\lambda)$ 再没有别的初等因子.

应用数学归纳法, 可以将定理 1.13 推广为如下形式.

推论 1.3 设 λ-矩阵 $A(\lambda)$ 通过初等变换可化为分块对角矩阵

$$A(\lambda) \cong \begin{pmatrix} A_1(\lambda) & & & \\ & A_2(\lambda) & & \\ & & \ddots & \\ & & & A_t(\lambda) \end{pmatrix},$$

则 $A_1(\lambda), A_2(\lambda), \cdots, A_t(\lambda)$ 的全体初等因子是 $A(\lambda)$ 的全部初等因子.

例 1.6 求 $A(\lambda) = \begin{pmatrix} \lambda & 0 & 0 & 0 \\ 0 & (\lambda+1)^2 & \lambda+1 & 0 \\ 0 & -2 & \lambda-2 & 0 \\ 0 & 0 & 0 & \lambda^2+\lambda \end{pmatrix}$ 的初等因子、不变因子及 Smith 标准形.

解 令 $A_1(\lambda) = \lambda, A_2(\lambda) = \begin{pmatrix} (\lambda+1)^2 & \lambda+1 \\ -2 & \lambda-2 \end{pmatrix}, A_3(\lambda) = \lambda^2+\lambda$, 则

$$A(\lambda) = \begin{pmatrix} A_1(\lambda) & 0 & 0 \\ 0 & A_2(\lambda) & 0 \\ 0 & 0 & A_3(\lambda) \end{pmatrix}.$$

$A_1(\lambda)$ 的初等因子为 λ ; $A_2(\lambda)$ 的初等因子为 $\lambda, \lambda-1, \lambda+1$; $A_3(\lambda)$ 的初等因子为 $\lambda, \lambda+1$. 所以 $A(\lambda)$ 的所有初等因子为 $\lambda, \lambda, \lambda, \lambda-1, \lambda+1, \lambda+1$.

$A(\lambda)$ 的不变因子为

$$d_4(\lambda) = \lambda(\lambda-1)(\lambda+1), \quad d_3(\lambda) = \lambda(\lambda+1), \quad d_2(\lambda) = \lambda, \quad d_1(\lambda) = 1,$$

从而 $A(\lambda)$ 的 Smith 标准形为

$$\begin{pmatrix} 1 & 0 & 0 & 0 \\ 0 & \lambda & 0 & 0 \\ 0 & 0 & \lambda(\lambda+1) & 0 \\ 0 & 0 & 0 & \lambda(\lambda-1)(\lambda+1) \end{pmatrix}.$$

1.4 Jordan 标准形

本节重点讨论矩阵的 Jordan 标准形问题, 对后续部分起到至关重要的作用.

λ-矩阵 $A(\lambda)$ 与数字矩阵有着密切关联, 将λ-矩阵 $A(\lambda)$ 进行如下改写:

$$\begin{aligned} A(\lambda) &= \begin{pmatrix} \lambda^2+2\lambda & -\lambda \\ \lambda+1 & \lambda^3 \end{pmatrix} \\ &= \begin{pmatrix} 0 & 0 \\ 0 & 1 \end{pmatrix}\lambda^3 + \begin{pmatrix} 1 & 0 \\ 0 & 0 \end{pmatrix}\lambda^2 + \begin{pmatrix} 2 & -1 \\ 1 & 0 \end{pmatrix}\lambda + \begin{pmatrix} 0 & 0 \\ 1 & 0 \end{pmatrix} \\ &= B_0\lambda^3 + B_1\lambda^2 + B_2\lambda + B_3. \end{aligned}$$

该式称为 λ-矩阵的多项式表示, 它以 λ 为变量, “系数” 是同阶的数字矩阵.

现对两个 λ-矩阵 $A(\lambda)$ 及 $B(\lambda)$ 分别作多项式表示

$$\begin{aligned} A(\lambda) &= A_0\lambda^n + A_1\lambda^{n-1} + \cdots + A_{n-1}\lambda + A_n, \\ B(\lambda) &= B_0\lambda^n + B_1\lambda^{n-1} + \cdots + B_{n-1}\lambda + B_n. \end{aligned}$$

则

$$A(\lambda) = B(\lambda) \Leftrightarrow A_i = B_i, \quad i = 0, \cdots, n.$$

当数字矩阵 A 为方阵时, $\lambda E - A$ 称为它的特征矩阵, 该 λ-矩阵是研究 A 的重要工具, 如下结论充分表明了这一点.

定理 1.14 设 A, B 为两个 n 阶数字方阵, 则 A 与 B 相似的充要条件是它们的特征矩阵 $\lambda E - A$ 与 $\lambda E - B$ 等价, 即

$$A \sim B \Leftrightarrow \lambda E - A \cong \lambda E - B.$$

为证明此结果, 需要下述两个引理.

引理 1.1 设 A, B 为两个 n 阶数字方阵, 若存在 n 阶数字矩阵 P, Q, 使

$$\lambda E - A = P(\lambda E - B)Q,$$

则 A 与 B 相似.

证 由题意知

$$\lambda E - A = \lambda PQ - PBQ.$$

故有

$$PQ = E, \quad A = PBQ.$$

从而 P, Q 可逆, 且 $P=Q^{-1}, Q=P^{-1}$. 故

$$A=PBP^{-1},$$

即 A 与 B 相似.

引理 1.2 设 A 是 n 阶非零数字方阵, $U(\lambda)$ 和 $V(\lambda)$ 是 n 阶 λ-矩阵, 则存在 n 阶矩阵 $R(\lambda)$ 与 $S(\lambda)$ 以及 n 阶数字方阵 U_0 及 V_0, 使得

$$\begin{aligned}U(\lambda)&=(\lambda E-A)R(\lambda)+U_0,\\V(\lambda)&=S(\lambda)(\lambda E-A)+V_0.\end{aligned}$$

证 仅证第一个等式, 把 $U(\lambda)$ 改写为

$$U(\lambda)=D_0\lambda^m+D_1\lambda^{m-1}+\cdots+D_{m-1}\lambda+D_m,$$

其中 $D_0, D_1, \cdots, D_m$ 都是 n 阶数字方阵, 并且 $D_0\neq O$.

下面分两种情形证明.

(1) 若 $m=0$, 则取 $R(\lambda)=0$ 及 $U_0=D_0$ 即可.

(2) 若 $m>0$, 令

$$R(\lambda)=R_0\lambda^{m-1}+R_1\lambda^{m-2}+\cdots+R_{m-2}\lambda+R_{m-1},$$

其中 $R_0, R_1, \cdots, R_{m-1}$ 是待定的 n 阶数字方阵. 由

$$\begin{aligned}(\lambda E-A)R(\lambda)=&R_0\lambda^m+(R_1-AR_0)\lambda^{m-1}+\cdots\\&+(R_k-AR_{k-1})\lambda^{m-k}+\cdots+(R_{m-1}-AR_{m-2})\lambda-AR_{m-1},\end{aligned}$$

取 $R_0=D_0, R_1=D_1+AR_0$, $R_2=D_2+AR_1$, $\cdots$, $R_{m-1}=D_{m-1}+AR_{m-2}$, $U_0=D_m+AR_{m-1}$. 结论获证.

现在我们可以给出定理 1.14 的证明.

证 必要性 若 A 与 B 相似, 则存在可逆阵 P, 使

$$P^{-1}AP=B,$$

从而

$$P^{-1}(\lambda E-A)P=\lambda E-B.$$

由于 P, P^{-1} 是可逆的 λ-矩阵, 这说明 $\lambda E-A$ 与 $\lambda E-B$ 等价.

充分性 若 $\lambda E-A$ 与 $\lambda E-B$ 等价, 则存在可逆的 λ-矩阵 $U(\lambda), V(\lambda)$ 使

$$\lambda E-A=U(\lambda)(\lambda E-B)V(\lambda).$$

由引理 1.2 知, 存在 λ-矩阵 $R(\lambda)$ 与 $S(\lambda)$ 以及数字方阵 U_0 及 V_0 使得

$$\begin{aligned} U(\lambda)&=(\lambda E-A)R(\lambda)+U_0,\\ V(\lambda)&=S(\lambda)(\lambda E-A)+V_0. \end{aligned} \tag{1.3}$$

则

$$U(\lambda)^{-1}(\lambda E-A)=(\lambda E-B)V(\lambda), \tag{1.4}$$
$$(\lambda E-A)V(\lambda)^{-1}=U(\lambda)(\lambda E-B).$$

将 $V(\lambda)$ 的表达式 (1.3) 代入式 (1.4) 可得

$$\left[U(\lambda)^{-1}-(\lambda E-B)S(\lambda)\right](\lambda E-A)=(\lambda E-B)V_0.$$

因为上式右边 λ 的次数 $\leqslant 1$, 所以 $U(\lambda)^{-1}-(\lambda E-B)S(\lambda)$ 是数字矩阵, 记为 T, 即

$$T=U(\lambda)^{-1}-(\lambda E-B)S(\lambda).$$

综上分析

$$\begin{aligned} E&=U(\lambda)T+U(\lambda)(\lambda E-B)S(\lambda)\\ &=U(\lambda)T+(\lambda E-A)V(\lambda)^{-1}S(\lambda)\\ &=[(\lambda E-A)R(\lambda)+U_0]\,T+(\lambda E-A)V(\lambda)^{-1}S(\lambda)\\ &=U_0T+(\lambda E-A)\left[R(\lambda)T+V(\lambda)^{-1}S(\lambda)\right]. \end{aligned}$$

上式右边第二项必为零, 否则右边 λ 的次数至少是 1, 矛盾.

因此 $E=U_0T$, 从而 U_0, T 可逆且 $T^{-1}=U_0$. 从而

$$\lambda E-A=U_0(\lambda E-B)V_0.$$

由引理 1.1 得, A 与 B 相似.

基于此, 有如下定义.

定义 1.19 设 A 是 n 阶数字方阵，其特征矩阵 $\lambda E - A$ 的行列式因子、不变因子和初等因子分别称为矩阵 A 的行列式因子、不变因子和初等因子.

结合定理 1.11 和定理 1.14, 得定理 1.15.

定理 1.15 n 阶数字方阵 A 与 B 相似的充要条件是它们具有相同的行列式因子，或者它们有相同的不变因子.

该定理是 λ-矩阵、Jordan 标准形理论中的中心结果之一, 它将建立关系 $A = P^{-1}BP$ 这一困难问题转化为建立较易处理的 $\lambda E - A \cong \lambda E - B$.

定义 1.20 形如

$$J_i = \begin{pmatrix} \lambda_i & 1 & & & \\ & \lambda_i & 1 & & \\ & & \ddots & \ddots & \\ & & & \lambda_i & 1 \\ & & & & \lambda_i \end{pmatrix}_{m_i \times m_i}$$

的方阵称为以 λ_i 为特征值的 m_i 阶 Jordan 块，其中 $\lambda_i \in \mathbb{C}$, 1 阶 Jordan 块即任意复数.

例如, $\begin{pmatrix} 2 & 1 \\ 0 & 2 \end{pmatrix}$, (3), $\begin{pmatrix} \mathrm{i} & 1 & 0 \\ 0 & \mathrm{i} & 1 \\ 0 & 0 & \mathrm{i} \end{pmatrix}$ 分别为 2 阶, 1 阶和 3 阶 Jordan 块.

通过计算, m_i 阶 Jordan 块 J_i 具有如下性质:

(1) J_i 具有一个 m_i 重特征值 λ_i, 对应于特征值 λ_i 仅有一个线性无关的特征向量.

(2) J_i 的不变因子为

$$d_1(\lambda) = \cdots = d_{m_i-1}(\lambda) = 1, \quad d_{m_i}(\lambda) = (\lambda - \lambda_i)^{m_i},$$

从而 J_i 的初等因子为 $(\lambda - \lambda_i)^{m_i}$.

(3) J_i 的方幂表达式为

$$J_i^p = \begin{pmatrix} \lambda_i^p & p\lambda_i^{p-1} & \frac{p(p-1)}{2!}\lambda_i^{p-2} & \cdots & \frac{p(p-1)\cdots(p-m_i+2)}{(m_i-1)!}\lambda_i^{p-m_i+1} \\ 0 & \lambda_i^p & p\lambda_i^{p-1} & \ddots & \vdots \\ & & & \ddots & \frac{p(p-1)}{2!}\lambda_i^{p-2} \\ & & & \ddots & p\lambda_i^{p-1} \\ & & & & \lambda_i^p \end{pmatrix}, \quad p = 1, 2, \cdots.$$

定义 1.21 形如

$$J = \begin{pmatrix} J_1 & & & \\ & J_2 & & \\ & & \ddots & \\ & & & J_l \end{pmatrix}_{\sum\limits_{i=1}^{l} m_i \times \sum\limits_{i=1}^{l} m_i}$$

的方阵称为 $n = \sum\limits_{i=1}^{l} m_i$ 阶 Jordan 标准形, 其中 J_i 为以 λ_i 为特征值的 m_i 阶 Jordan 块, $i = 1, 2, \cdots, l$.

例如, 矩阵

$$\begin{pmatrix} 2 & 1 & 0 & 0 & 0 & 0 \\ 0 & 2 & 0 & 0 & 0 & 0 \\ 0 & 0 & 3 & 0 & 0 & 0 \\ 0 & 0 & 0 & \mathrm{i} & 1 & 0 \\ 0 & 0 & 0 & 0 & \mathrm{i} & 1 \\ 0 & 0 & 0 & 0 & 0 & \mathrm{i} \end{pmatrix}$$

是一个 6 阶 Jordan 标准形.

令

$$J = \begin{pmatrix} J_1 & & & \\ & J_2 & & \\ & & \ddots & \\ & & & J_l \end{pmatrix}$$

为 Jordan 标准形, 则 J 的特征矩阵为

$$\lambda E - J = \begin{pmatrix} \lambda E_{m_1} - J_1 & & & \\ & \lambda E_{m_2} - J_2 & & \\ & & \ddots & \\ & & & \lambda E_{m_l} - J_l \end{pmatrix}.$$

由推论 1.3 知, J 的初等因子为

$$(\lambda - \lambda_1)^{m_1}, \quad (\lambda - \lambda_2)^{m_2}, \quad \cdots, \quad (\lambda - \lambda_l)^{m_l}.$$

以上讨论表明, Jordan 形矩阵的全部初等因子由它的全部 Jordan 块的初等因子组成, 而 Jordan 块被它的初等因子唯一决定. 故 Jordan 形矩阵除去其中 Jordan 块排列的次序外被它的初等因子唯一决定.

定理 1.16 任一 n 阶复方阵 A 都与一个 Jordan 形矩阵相似, 这个 Jordan 形矩阵除去其中 Jordan 块的排列次序外是被 A 唯一决定的.

证 不妨设 A 的初等因子为

$$(\lambda - \lambda_1)^{m_1}, \quad (\lambda - \lambda_2)^{m_2}, \quad \cdots, \quad (\lambda - \lambda_l)^{m_l},$$

其中 $\lambda_1, \cdots, \lambda_l$ 可能有相同的, $m_1, \cdots, m_l$ 也可能有相同的, 每一个初等因子 $(\lambda-\lambda_i)^{m_i}$ 对应于一个 Jordan 块.

$$J_i = \begin{pmatrix} \lambda_i & 1 & & & \\ & \lambda_i & 1 & & \\ & & \ddots & \ddots & \\ & & & \ddots & 1 \\ & & & & \lambda_i \end{pmatrix}_{m_i \times m_i}, \quad i = 1, 2, \cdots, l.$$

这些 Jordan 块构成一个 Jordan 形矩阵.

$$J = \begin{pmatrix} J_1 & & & \\ & J_2 & & \\ & & \ddots & \\ & & & J_l \end{pmatrix}.$$

J 与 A 有相同的初等因子, 据定理 1.15 知 A 与 J 相似, 称 J 为矩阵 A 的 Jordan 标准形.

若有另外一个 Jordan 形矩阵 J' 与 A 相似, 则 J' 与 A 有相同的初等因子, 因此, J' 与 J 除去其中 Jordan 块排列的次序外是相同的, 唯一性获证.

如果 $m_i = 1$, 则 $J_i = (\lambda_i)$ 是一阶 Jordan 块. 当 A 的 Jordan 标准形中的 Jordan 块都是一阶块时, A 的 Jordan 标准形就是对角阵, 因为一阶 Jordan 块的初等因子是一次的, 所以对角阵的初等因子都是一次的, 由此得如下定理.

定理 1.17 设 $A \in \mathbb{C}^{n\times n}$, 则 A 与一个对角阵相似的充分必要条件是 A 的初等因子都是一次的.

应用 Jordan 标准形时, P 的作用不可忽略. 利用分块矩阵可以求得 P.

对 $A \in \mathbb{C}^{n\times n}$, 不妨设

$$P^{-1}AP = J = \begin{pmatrix} J_1 & & & \\ & J_2 & & \\ & & \ddots & \\ & & & J_s \end{pmatrix}, \tag{1.5}$$

其中 J_i 为 Jordan 块, 记

$$P = (P_1, P_2, \cdots, P_s), \tag{1.6}$$

其中 $P_i \in \mathbb{C}^{n\times n_i}$, 由式 (1.5) 和式 (1.6) 得

$$(AP_1, AP_2, \cdots, AP_s) = (P_1J_1, P_2J_2, \cdots, P_sJ_s).$$

因此

$$AP_i = P_iJ_i, \quad i = 1, 2, \cdots, s. \tag{1.7}$$

记 $P_i = \left(\boldsymbol{p}_1^{(i)}, \boldsymbol{p}_2^{(i)}, \cdots, \boldsymbol{p}_{n_i}^{(i)}\right)$, 由式 (1.7) 得

$$\begin{cases} A\boldsymbol{p}_1^{(i)} = \lambda_i \boldsymbol{p}_1^{(i)}, \\ A\boldsymbol{p}_2^{(i)} = \lambda_i \boldsymbol{p}_2^{(i)} + \boldsymbol{p}_1^{(i)}, \\ \qquad\cdots\cdots \\ A\boldsymbol{p}_{n_i}^{(i)} = \lambda_i \boldsymbol{p}_{n_i}^{(i)} + \boldsymbol{p}_{n_i-1}^{(i)}. \end{cases}$$

这表明 $\boldsymbol{p}_1^{(i)}$ 是矩阵 A 对应于特征值 λ_i 的特征向量, 且由 $\boldsymbol{p}_1^{(i)}$ 可依次求得 $\boldsymbol{p}_2^{(i)},\cdots,\boldsymbol{p}_{n_i}^{(i)}$, 结果不唯一, 但要求 $\boldsymbol{p}_1^{(i)},\boldsymbol{p}_2^{(i)},\cdots,\boldsymbol{p}_{n_i}^{(i)}$ 线性无关.

下面具体给出一例说明这一做法.

例 1.7 求 $A=\begin{pmatrix}3&0&8\\3&-1&6\\-2&0&-5\end{pmatrix}$ 的 Jordan 标准形及其相似变换矩阵 P.

解 先用初等变换法求 A 的 Jordan 标准形,

$$\lambda E-A=\begin{pmatrix}\lambda-3&0&-8\\-3&\lambda+1&-6\\2&0&\lambda+5\end{pmatrix}\sim\begin{pmatrix}1&0&0\\0&\lambda+1&0\\0&0&(\lambda+1)^2\end{pmatrix}.$$

所以 A 的初等因子为 $\lambda+1,(\lambda+1)^2$, 从而 A 的 Jordan 标准形为

$$J=\begin{pmatrix}-1&0&0\\0&-1&1\\0&0&-1\end{pmatrix}.$$

记相似变换矩阵为 $P=(\boldsymbol{p}_1,\boldsymbol{p}_2,\boldsymbol{p}_3)$, 则

$$P^{-1}AP=J,$$
$$AP=PJ.$$

即

$$(A\boldsymbol{p}_1,A\boldsymbol{p}_2,A\boldsymbol{p}_3)=PJ=(\boldsymbol{p}_1,\boldsymbol{p}_2,\boldsymbol{p}_3)\begin{pmatrix}-1&0&0\\0&-1&1\\0&0&-1\end{pmatrix}$$
$$=(-\boldsymbol{p}_1,-\boldsymbol{p}_2,\boldsymbol{p}_2-\boldsymbol{p}_3).$$

从而有

$$\begin{cases}A\boldsymbol{p}_1=-\boldsymbol{p}_1,\\A\boldsymbol{p}_2=-\boldsymbol{p}_2,\\A\boldsymbol{p}_3=\boldsymbol{p}_2-\boldsymbol{p}_3.\end{cases}$$

观察得 $\boldsymbol{p}_1,\boldsymbol{p}_2$ 为方程组 $(A+E)\boldsymbol{X}=\boldsymbol{0}$ 的两个线性无关的非零解. 可以求得一个基础解系

$$\boldsymbol{p}_1=(0,1,0)^{\mathrm{T}},\quad \boldsymbol{p}_2=(-2,0,1)^{\mathrm{T}}.$$

令 $\boldsymbol{\eta} = k_1\boldsymbol{p}_1 + k_2\boldsymbol{p}_2 = (-2k_2, k_1, k_2)^{\mathrm{T}}$, 代入第三个方程得

$$(E + A)\boldsymbol{p}_3 = k_1\boldsymbol{p}_1 + k_2\boldsymbol{p}_2. \tag{1.8}$$

增广矩阵为

$$(E + A, k_1\boldsymbol{p}_1 + k_2\boldsymbol{p}_2) = \begin{pmatrix} 4 & 0 & 8 & -2k_2 \\ 3 & 0 & 6 & k_1 \\ -2 & 0 & -4 & k_2 \end{pmatrix}.$$

当 $k_1 = 3, k_2 = -2$, 时, 方程组 (1.8) 有解, 于是可取 $\boldsymbol{\eta} = 3\boldsymbol{p}_1 - 2\boldsymbol{p}_2 = (4, 3, -2)^{\mathrm{T}}$, 进而求得式 (1.7) 的一个特解 $\boldsymbol{p}_3 = (1, 0, 0)^{\mathrm{T}}$, 故

$$P = (\boldsymbol{p}_1,\ \boldsymbol{\eta}, \boldsymbol{p}_3) = \begin{pmatrix} 0 & 4 & 1 \\ 1 & 3 & 0 \\ 0 & -2 & 0 \end{pmatrix}.$$

1.5 矩阵多项式及最小多项式

首先给出矩阵多项式的定义.

定义 1.22 设 $\varphi(\lambda) = a_n\lambda^n + a_{n-1}\lambda^{n-1} + \cdots + a_1\lambda + a_0, a_i \in F,\quad i = 0, 1, \cdots, n, a_n \neq 0$ 为 λ 的 n 次多项式, $A \in F^{n\times n}$, 则称矩阵

$$\varphi(A) = a_nA^n + a_{n-1}A^{n-1} + \cdots + a_1A + a_0E$$

为 A 的 n 次矩阵多项式.

设 A 为数域 F 上的 n 阶方阵, 其特征多项式为

$$f(\lambda) = |\lambda E - A| = \lambda^n + a_1\lambda^{n-1} + a_2\lambda^{n-2} + \cdots + a_{n-1}\lambda + a_n.$$

矩阵 A 与其特征多项式之间有如下重要结论.

定理 1.18 (Hamilton-Cayley 定理) 设 $A \in F^{n\times n}, f(\lambda)$ 是 A 的特征多项式, 则 $f(A) = O$.

证 令 $(\lambda E - A)^*$ 表示 $\lambda E - A$ 的伴随矩阵, 则其每个元素至多是 λ 的 $n-1$ 次多项式, 从而 $(\lambda E - A)^*$ 可表示为

$$(\lambda E - A)^* = C_1\lambda^{n-1} + C_2\lambda^{n-2} + \cdots + C_{n-1}\lambda + C_n,$$

其中 $C_1, C_2, \cdots, C_n$ 都是 n 阶数字方阵.

由 $(\lambda E-A)(\lambda E-A)^*=f(\lambda)E$ 得

$$\begin{aligned}&(\lambda E-A)\left(C_1\lambda^{n-1}+C_2\lambda^{n-2}+\cdots+C_{n-1}\lambda+C_n\right)\\=&E\lambda^n+a_1E\lambda^{n-1}+\cdots+a_{n-1}E\lambda+a_nE,\end{aligned}$$

对比两边 λ 的同次幂的系数矩阵, 得

$$\begin{cases}C_1=E,\\C_2-AC_1=a_1E,\\C_3-AC_2=a_2E,\\\qquad\cdots\cdots\\C_n-AC_{n-1}=a_{n-1}E,\\-AC_n=a_nE.\end{cases}$$

用 $A^n, A^{n-1}, \cdots, A, E$ 分别左乘上面各式的两端, 再求和得

$$\begin{aligned}&A^nC_1+A^{n-1}\left(C_2-AC_1\right)+A^{n-2}\left(C_3-AC_2\right)+\cdots+A\left(C_n-AC_{n-1}\right)-AC_n\\=&A^n+a_1A^{n-1}+\cdots+a_{n-1}A+a_nE=f(A).\end{aligned}$$

上式左边为零矩阵, 故 $f(A)=O$.

下例表明该定理可以简化矩阵计算.

例 1.8 $A=\begin{pmatrix}-1&1&0\\-4&3&0\\1&0&2\end{pmatrix}$, 计算 $A^7-A^5-19A^4+28A^3+6A-4E$.

解 $f(\lambda)=|\lambda E-A|=(\lambda-1)^2(\lambda-2)=\lambda^3-4\lambda^2+5\lambda-2$.

令 $g(\lambda)=\lambda^7-\lambda^5-19\lambda^4+28\lambda^3+6\lambda-4$, 需计算 $g(A)$, 用 $f(\lambda)$ 除 $g(\lambda)$, 得

$$g(\lambda)=\left(\lambda^4+4\lambda^3+10\lambda^2+3\lambda-2\right)f(\lambda)-3\lambda^2+22\lambda-8.$$

由 Hamilton-Cayley 定理知 $f(A)=O$, 于是

$$g(A)=-3A^2+22A-8E=\begin{pmatrix}-21&16&0\\-64&43&0\\19&-3&24\end{pmatrix}.$$

定义 1.23 设 $A\in F^{n\times n}$, $\varphi(\lambda)$ 是多项式, 如果有 $\varphi(A)=O$, 则称 $\varphi(\lambda)$ 为 A 的零化多项式.

对任意 $A \in F^{n\times n}, f(\lambda)$ 是 A 的特征多项式, 由定理 1.18 知 $f(\lambda)$ 为 A 的零化多项式, 则对任意多项式 $g(\lambda), g(\lambda)f(\lambda)$ 也是 A 的零化多项式. 这表明, A 的零化多项式总存在且有无穷多个. 那么, 是否存在比 A 的特征多项式次数更低的零化多项式呢?

定义 1.24 设 $A \in F^{n\times n}$, 在 A 的零化多项式中, 次数最低且前项系数为 1 的多项式称为 A 的最小多项式, 记为 $m_A(\lambda)$.

定理 1.19 设 $A \in F^{n\times n}$, 则

(1) $m_A(\lambda)$ 能整除 A 的任一零化多项式, 特别地, $m(\lambda)$ 能整除 A 的特征多项式 $f(\lambda)$;

(2) A 的最小多项式是唯一的;

(3) A 的最小多项式 $m_A(\lambda)$ 的零点是 A 的特征值; 反之, A 的特征值是 $m(\lambda)$ 的零点.

(4) 相似矩阵有相同的最小多项式.

证 (1) 记 $m_A(\lambda)$ 为 A 的最小多项式, $\varphi(\lambda)$ 是 A 的任一零化多项式, 由除法得

$$\varphi(\lambda) = q(\lambda)m_A(\lambda) + r(\lambda),$$

其中 $q(\lambda), r(\lambda)$ 是 λ 的多项式, 并且 $\mathrm{rank}(\lambda) = 0$ 或 $r(\lambda) \neq 0$ 但 $r(\lambda)$ 的次数小于 $m_A(\lambda)$ 的次数. 因此, $\mathrm{rank}(\lambda) = 0$, 否则与 $m_A(\lambda)$ 是 A 的最小多项式矛盾. 于是 $m_A(\lambda) \mid \varphi(\lambda)$.

(2) 若 $m(\lambda)$ 和 $n(\lambda)$ 都是 A 的最小多项式, 则 $m(\lambda)$ 与 $n(\lambda)$ 相互整除, 因此两者只相差一个常数, 而两者首项系数都是 1, 故 $m(\lambda) = n(\lambda)$.

(3) 由 Hamilton-Cayley 定理, $f(A) = O$, 即 $f(\lambda)$ 是 A 的零化多项式, 故 $m_A(\lambda) \mid f(\lambda)$, 所以 $m_A(\lambda)$ 的根都是 $f(\lambda)$ 的根.

反之, 设 λ_0 是 A 的任一特征值, 以 $\boldsymbol{\xi} \neq \mathbf{0}$ 为其特征向量, 即

$$A\boldsymbol{\xi} = \lambda_0\boldsymbol{\xi},$$

则

$$m_A(A)\boldsymbol{\xi} = m_A(\lambda_0)\boldsymbol{\xi}.$$

因为 $m_A(A)=O,\boldsymbol{\xi}\neq\mathbf{0}$, 故 $m_A(\lambda_0)=0$, 即 λ_0 是 $m_A(\lambda)$ 的根.

设 n 阶方阵 A 与 B 相似, 则存在可逆矩阵 P, 使得

$$B=P^{-1}AP,$$

对任意多项式 $g(\lambda)$, 恒有

$$g(B)=P^{-1}g(A)P.$$

从而 A 与 B 有相同的零化多项式, 从而具有相同的最小多项式.

利用上述定理 1.19 的结论 (3) 可以计算一些方阵的最小多项式.

例 1.9 求 $A=\begin{pmatrix}8&-3&6\\3&-2&0\\-4&2&-2\end{pmatrix}$ 的最小多项式.

解 $|\lambda E-A|=\begin{vmatrix}\lambda-8&3&-6\\-3&\lambda+2&0\\4&-2&\lambda+2\end{vmatrix}=(\lambda-1)^2(\lambda-2)$. 因此 A 的最小多项式是

$$m_1(\lambda)=(\lambda-1)(\lambda-2)\quad 或\quad m_2(\lambda)=(\lambda-1)^2(\lambda-2).$$

而

$$\begin{aligned}m_1(A)=(A-E)(A-2E)&=\begin{pmatrix}7&-3&6\\3&-3&0\\-4&2&-3\end{pmatrix}\begin{pmatrix}6&-3&6\\3&-4&0\\-4&2&-4\end{pmatrix}\\&=\begin{pmatrix}9&3&18\\9&3&18\\-6&-2&-12\end{pmatrix}\neq O.\end{aligned}$$

从而 $m_A(\lambda)=(\lambda-1)^2(\lambda-2)$.

定理 1.20 分块对角阵 $A=\begin{pmatrix}A_1&&&\\&A_2&&\\&&\ddots&\\&&&A_s\end{pmatrix}$ 的最小多项式为 A_1, $A_2,\cdots,A_s$ 的最小多项式的最小公倍式.

证　设 A_i 的最小多项式为 $m_{A_i}(\lambda)(i=1,2,\cdots,s)$.

对任意多项式 $\varphi(\lambda)$, 有

$$\varphi(A)=\begin{pmatrix}\varphi(A_1) & & & \\ & \varphi(A_2) & & \\ & & \ddots & \\ & & & \varphi(A_s)\end{pmatrix}.$$

若 $\varphi(\lambda)$ 为 A 的零化多项式, 则 $\varphi(\lambda)$ 必为 $A_i(i=1,2,\cdots,s)$ 的零化多项式, 从而 $m_{A_i}(\lambda)\mid\varphi(\lambda)(i=1,2,\cdots,s)$, 因此 $\varphi(\lambda)$ 为 $m_{A_1}(\lambda),m_{A_2}(\lambda),\cdots,m_{A_s}(\lambda)$ 的公倍式.

反之, 如果 $\varphi(\lambda)$ 为 $m_{A_1}(\lambda),m_{A_2}(\lambda),\cdots,m_{A_s}(\lambda)$ 的任一公倍式, 则 $\varphi(A_i)=O(i=1,2,\cdots,s)$, 从而 $\varphi(A)=O$, 因此 A 的最小多项式为 $m_{A_1}(\lambda)$, $m_{A_2}(\lambda)$, $\cdots$, $m_{A_s}(\lambda)$ 的公倍式中次数最低者, 即它们的最小公倍式.

对 Jordan 块

$$J_i=\begin{pmatrix}\lambda_i & 1 & & \\ & \lambda_i & \ddots & \\ & & \ddots & 1\\ & & & \lambda_i\end{pmatrix}_{n_i\times n_i},$$

可以求得其最小多项式 $m_{J_i}(\lambda)=(\lambda-\lambda_i)^{n_i}$.

如下定理给出了求 A 的最小多项式的一种方法.

定理 1.21　设 $A\in\mathbb{C}^{n\times n}$, 则 $m_A(\lambda)=d_n(\lambda)$, 即 A 的第 n 个不变因子.

证　由定理 1.16 知 A 相似于 Jordan 标准形

$$J=\begin{pmatrix}J_1 & & & \\ & J_2 & & \\ & & \ddots & \\ & & & J_s\end{pmatrix},$$

其中 J_i 为第 i 个 Jordan 块.

由定理 1.15 和定理 1.19 知, A 与 J 有相同的不变因子和最小多项式.

由定理 1.20 知, J 的最小多项式为 $J_1, J_2, \cdots, J_s$ 的最小多项式的最小公倍式, 而 J_i 的最小多项式为 $(\lambda-\lambda_i)^{n_i}\,(i=1,2,\cdots,s)$ 且

$$(\lambda-\lambda_1)^{n_1}, \quad (\lambda-\lambda_2)^{n_2}, \quad \cdots, \quad (\lambda-\lambda_s)^{n_s}$$

的最小公倍式是 J 的第 n 个不变因子 $d_n(\lambda)$, 从而 A 的最小多项式就是 A 的第 n 个不变因子 $d_n(\lambda)$.

类似地, 我们还有如下结论.

定理 1.22　n 阶方阵 A 可相似对角化的充要条件是 A 的最小多项式 $m_A(\lambda)$ 没有重根.

习　题　1

1. 求下列矩阵的 Jordan 标准形和相应的相似变换矩阵.

(1) $A=\begin{pmatrix}-1 & 1 & 1\\ -5 & 21 & 17\\ 6 & -26 & -21\end{pmatrix}$;　　(2) $A=\begin{pmatrix}-1 & -2 & 6\\ -1 & 0 & 3\\ -1 & -1 & 4\end{pmatrix}$.

2. 求下列多项式的 Smith 标准形以及它们的不变因子、初等因子.

(1) $\begin{pmatrix}1-\lambda & \lambda^2 & \lambda\\ \lambda & \lambda & -\lambda\\ \lambda^2+1 & \lambda^2 & -\lambda^2\end{pmatrix}$;　　(2) $\begin{pmatrix}\lambda^2+\lambda & 0 & 0 & 0\\ 0 & \lambda & 0 & 0\\ 0 & 0 & (\lambda+1)^2 & \lambda+1\\ 0 & 0 & -2 & \lambda-2\end{pmatrix}$.

3. 求下列矩阵的最小多项式.

(1) $A=\begin{pmatrix}7 & 4 & -1\\ 4 & 7 & -1\\ -4 & -4 & 4\end{pmatrix}$;　　(2) $A=\begin{pmatrix}3 & -1 & -3 & 1\\ -1 & 3 & 1 & -3\\ 3 & -1 & -3 & 1\\ -1 & 3 & 1 & -3\end{pmatrix}$.

4. 利用特征多项式和 Hamilton-Cayley 定理, 证明任意可逆矩阵 A 的逆矩阵 A^{-1} 都可以表示为 A 的多项式.

5. 设 $A=\begin{pmatrix}1 & -1\\ 2 & 5\end{pmatrix}$, 证明: $B=2A^4-12A^3+19A^2-29A+37E$ 为可逆矩阵, 并求 $A+2E$ 的逆矩阵.

6. 若 A, B 均为 n 阶方阵, 又 $E-AB$ 可逆, 证明 $(E-AB)^{-1}=E+B(E-AB)^{-1}A$.

7. 证明: (1) 方阵 A 的特征值全是零的充分必要条件是存在自然数 m, 使得 $A^m=O$;

(2) 若 $A^m=O$, 则 $|A+E|=1$.

8. 若矩阵 A 的特征多项式和最小多项式相同, 则 A 的 Jordan 标准形有何特点?

第 2 章　线性空间与线性变换

本章主要论述线性空间与线性变换的基本概念及基本理论, 这些内容是已有线性代数知识的推广和抽象.

2.1 线性空间

下面我们给出线性空间的定义, 它是矩阵分析中最基本的概念之一.

定义 2.1　设 V 是一非空集合, F 是一数域. 若

(1) 在 V 上定义了加法运算: 对于 V 中任意两个元素 $\boldsymbol{\alpha}, \boldsymbol{\beta}$, 恒有 V 中唯一确定的元素 $\boldsymbol{\gamma}$ 与之对应, $\boldsymbol{\gamma}$ 称为 $\boldsymbol{\alpha}$ 与 $\boldsymbol{\beta}$ 的和, 记为 $\boldsymbol{\gamma}=\boldsymbol{\alpha}+\boldsymbol{\beta}$;

(2) 在数域 F 与集合 V 的元素之间还定义了一种运算, 称为数乘运算: 对于 F 中任意数 k 及 V 中任意元素 $\boldsymbol{\alpha}$, 总有 V 中唯一确定的元素 $\boldsymbol{\tau}$ 与之对应, $\boldsymbol{\tau}$ 称为 k 与 $\boldsymbol{\alpha}$ 的数乘, 记为 $\boldsymbol{\tau}=k\boldsymbol{\alpha}$;

(3) 上述两种运算满足如下规则:

对于任意的 $\boldsymbol{\alpha}, \boldsymbol{\beta}, \boldsymbol{\gamma} \in V$ 及 $k, l \in F$, 有

(i)$\boldsymbol{\alpha}+\boldsymbol{\beta}=\boldsymbol{\beta}+\boldsymbol{\alpha}$;

(ii)$(\boldsymbol{\alpha}+\boldsymbol{\beta})+\boldsymbol{\gamma}=\boldsymbol{\alpha}+(\boldsymbol{\beta}+\boldsymbol{\gamma})$;

(iii)V 中存在零元素, 记作 $\mathbf{0}$, 对任意 $\boldsymbol{\alpha} \in V$, 有 $\boldsymbol{\alpha}+\mathbf{0}=\boldsymbol{\alpha}$;

(iv) 对 V 中任一元素 $\boldsymbol{\alpha}$, 都有 V 中的元素 $\boldsymbol{\beta}$ 使得 $\boldsymbol{\alpha}+\boldsymbol{\beta}=\mathbf{0}$, 元素 $\boldsymbol{\beta}$ 称为 $\boldsymbol{\alpha}$ 的负元素, 记作 $-\boldsymbol{\alpha}$;

(v)$1 \cdot \boldsymbol{\alpha}=\boldsymbol{\alpha}$;

(vi)$k \cdot(l \cdot \boldsymbol{\alpha})=(k \cdot l) \boldsymbol{\alpha}$;

(vii)$(k+l) \cdot \boldsymbol{\alpha}=k \cdot \boldsymbol{\alpha}+l \cdot \boldsymbol{\alpha}$;

(viii)$k \cdot(\boldsymbol{\alpha}+\boldsymbol{\beta})=k \cdot \boldsymbol{\alpha}+k \cdot \boldsymbol{\beta}$,

则称 V 为数域 F 上的线性空间或向量空间.

V 中的元素通常称为向量, 零元素称为零向量. 当 F 是实数域时, V 叫做实线性空间; 当 F 是复数域时, 称 V 为复线性空间、数域 F 上的线性空间常简称

为线性空间.

V 中所定义的加法及数乘运算统称为线性运算, 其中数乘又称为数量乘法.

下面给出几个常见的例子.

例 2.1 任何数域 F(作为集合), 按通常数的加法和乘法 (作为数乘) 运算, 均构成此数域 F 上的线性空间.

例 2.2 数域 F 上的 n 维列 (行) 数组向量的全体构成的集合 F^n, 按数组向量加法、数乘运算构成 F 上的线性空间.

例 2.3 数域 F 上的 $m\times n$ 矩阵的全体构成的集合记为 $F^{m\times n}$, 它对于矩阵加法、数乘运算构成数域 F 上的线性空间.

例 2.4 数域 F 上一元多项式的全体构成的集合记为 $F[x]$, 按通常的多项式加法和数与多项式的乘法构成数域 F 上的线性空间. 数域 F 上次数小于 n 的一元多项式, 再添上零多项式也构成数域 F 上的线性空间, 记为 $F[x]_n$.

例 2.5 定义在 $[a,b]$ 上的全体实值连续函数的集合 $C[a,b]$, 按函数的加法和数与函数的乘法构成实数域 $\mathbb{R}$ 上的线性空间.

由线性空间的定义可以得到以下基本结论.

定理 2.1 设 V 是数域 F 上的线性空间, 则

(1) V 中零元素是唯一的;

(2) V 中任一元素的负元素是唯一的, 对 $\boldsymbol{\alpha}\in V$, 用 $-\boldsymbol{\alpha}$ 表示 $\boldsymbol{\alpha}$ 的负元素;

(3) $0\cdot\boldsymbol{\alpha}=\mathbf{0}$, $k\cdot\mathbf{0}=\mathbf{0}$, $(-1)\boldsymbol{\alpha}=-\boldsymbol{\alpha}$;

(4) 若 $k\cdot\boldsymbol{\alpha}=\mathbf{0}$, 则 $k=0$ 或 $\boldsymbol{\alpha}=\mathbf{0}$.

证 仅证 (2), 其余请读者自行完成.

设 $\boldsymbol{\beta}$ 与 $\boldsymbol{\gamma}$ 均是 $\boldsymbol{\alpha}$ 的负元素, 则

$$\boldsymbol{\alpha}+\boldsymbol{\beta}=\mathbf{0},\quad \boldsymbol{\alpha}+\boldsymbol{\gamma}=\mathbf{0}.$$

从而

$$\boldsymbol{\beta}=\boldsymbol{\beta}+\mathbf{0}=\boldsymbol{\beta}+(\boldsymbol{\alpha}+\boldsymbol{\gamma})=(\boldsymbol{\beta}+\boldsymbol{\alpha})+\boldsymbol{\gamma}=\mathbf{0}+\boldsymbol{\gamma}=\boldsymbol{\gamma}.$$

唯一性得证, 用 $-\boldsymbol{\alpha}$ 表示 $\boldsymbol{\alpha}$ 的负元素.

据此，可以定义 V 中元素的减法如下:

对任意的 $\boldsymbol{\alpha}, \boldsymbol{\beta} \in V$, $\boldsymbol{\alpha}$ 与 $\boldsymbol{\beta}$ 的减法为

$$\boldsymbol{\alpha}-\boldsymbol{\beta}=\boldsymbol{\alpha}+(-\boldsymbol{\beta}).$$

为方便书写, 数量乘法 "·" 也按普通乘积的表示法直接连写.

我们在线性代数中已讨论过 n 维数组向量的线性表示、线性相关、线性无关、等价等性质, 对一般的数域 F 上的线性空间 V 也有类似的结果.

定义 2.2 设 V 是数域 F 上的线性空间, $\boldsymbol{\alpha}_1, \boldsymbol{\alpha}_2, \cdots, \boldsymbol{\alpha}_r (r \geqslant 1)$ 是 V 的一组向量, $k_1, k_2, \cdots, k_r$ 是数域 F 中的数, 如果 V 中向量 $\boldsymbol{\alpha}$ 可以表示为

$$\boldsymbol{\alpha}=k_1\boldsymbol{\alpha}_1+\cdots+k_r\boldsymbol{\alpha}_r,$$

则称 $\boldsymbol{\alpha}$ 可由 $\boldsymbol{\alpha}_1, \boldsymbol{\alpha}_2, \cdots, \boldsymbol{\alpha}_r$ 线性表示, 或称 $\boldsymbol{\alpha}$ 是 $\boldsymbol{\alpha}_1, \boldsymbol{\alpha}_2, \cdots, \boldsymbol{\alpha}_r$ 的线性组合.

定义 2.3 设 $\boldsymbol{\alpha}_1, \boldsymbol{\alpha}_2, \cdots, \boldsymbol{\alpha}_r$ 与 $\boldsymbol{\beta}_1, \boldsymbol{\beta}_2, \cdots, \boldsymbol{\beta}_s$ 是线性空间 V 中的两个向量组, 如果 $\boldsymbol{\alpha}_1, \boldsymbol{\alpha}_2, \cdots, \boldsymbol{\alpha}_r$ 中每个向量都可由 $\boldsymbol{\beta}_1, \boldsymbol{\beta}_2, \cdots, \boldsymbol{\beta}_s$ 线性表示, 则称向量组 $\boldsymbol{\alpha}_1, \boldsymbol{\alpha}_2, \cdots, \boldsymbol{\alpha}_r$ 可由向量组 $\boldsymbol{\beta}_1, \boldsymbol{\beta}_2, \cdots, \boldsymbol{\beta}_s$ 线性表示. 如果向量组 $\boldsymbol{\alpha}_1, \boldsymbol{\alpha}_2, \cdots, \boldsymbol{\alpha}_r$ 与 $\boldsymbol{\beta}_1, \boldsymbol{\beta}_2, \cdots, \boldsymbol{\beta}_s$ 可以互相线性表示, 则称向量组 $\boldsymbol{\alpha}_1, \boldsymbol{\alpha}_2, \cdots, \boldsymbol{\alpha}_r$ 与向量组 $\boldsymbol{\beta}_1, \boldsymbol{\beta}_2, \cdots, \boldsymbol{\beta}_s$ 是等价的.

据此可得向量组之间的等价具有如下性质.

(1) 自反性: 任一向量组与它本身等价;

(2) 对称性: 若向量组 $\boldsymbol{\alpha}_1, \boldsymbol{\alpha}_2, \cdots, \boldsymbol{\alpha}_r$ 与 $\boldsymbol{\beta}_1, \boldsymbol{\beta}_2, \cdots, \boldsymbol{\beta}_s$ 等价, 则向量组 $\boldsymbol{\beta}_1, \boldsymbol{\beta}_2, \cdots, \boldsymbol{\beta}_s$ 也与 $\boldsymbol{\alpha}_1, \boldsymbol{\alpha}_2, \cdots, \boldsymbol{\alpha}_r$ 等价;

(3) 传递性: 若向量组 $\boldsymbol{\alpha}_1, \boldsymbol{\alpha}_2, \cdots, \boldsymbol{\alpha}_r$ 与 $\boldsymbol{\beta}_1, \boldsymbol{\beta}_2, \cdots, \boldsymbol{\beta}_s$ 等价, 而且向量组 $\boldsymbol{\beta}_1, \boldsymbol{\beta}_2, \cdots, \boldsymbol{\beta}_s$ 与 $\boldsymbol{\gamma}_1, \boldsymbol{\gamma}_2, \cdots, \boldsymbol{\gamma}_t$ 等价, 则向量组 $\boldsymbol{\alpha}_1, \boldsymbol{\alpha}_2, \cdots, \boldsymbol{\alpha}_r$ 与 $\boldsymbol{\gamma}_1, \boldsymbol{\gamma}_2, \cdots, \boldsymbol{\gamma}_t$ 等价.

定义 2.4 设 V 是数域 F 上的线性空间, $\boldsymbol{\alpha}_1, \boldsymbol{\alpha}_2, \cdots, \boldsymbol{\alpha}_r (r \geqslant 1)$ 是 V 中的一组向量, 如果存在 r 个不全为零的数 $k_1, k_2, \cdots, k_r \in F$, 使得

$$k_1\boldsymbol{\alpha}_1+k_2\boldsymbol{\alpha}_2+\cdots+k_r\boldsymbol{\alpha}_r=\mathbf{0},$$

则称 $\boldsymbol{\alpha}_1, \boldsymbol{\alpha}_2, \cdots, \boldsymbol{\alpha}_r$ 线性相关, 否则称这组向量是线性无关的.

利用该定义可得如下刻画.

定理 2.2　设 V 是数域 F 上的线性空间, V 中一个向量 $\boldsymbol{\alpha}$ 线性相关的充分必要条件是 $\boldsymbol{\alpha}=\mathbf{0}$; V 中一组向量 $\boldsymbol{\alpha}_1, \boldsymbol{\alpha}_2, \cdots, \boldsymbol{\alpha}_r\,(r\geqslant 2)$ 线性相关的充分必要条件是其中有一个向量是其余向量的线性组合.

证　若一个向量 $\boldsymbol{\alpha}$ 线性相关, 则有 $k\neq 0$, 使

$$k\boldsymbol{\alpha}=\mathbf{0}.$$

由定理 2.1 知 $\boldsymbol{\alpha}=\mathbf{0}$.

反之, 若 $\boldsymbol{\alpha}=\mathbf{0}$, 则对任意数 $k\neq 0$ 都有 $k\boldsymbol{\alpha}=\mathbf{0}$, 说明线性相关.

若向量组 $\boldsymbol{\alpha}_1, \boldsymbol{\alpha}_2, \cdots, \boldsymbol{\alpha}_r$ 线性相关, 则存在不全为零的数 $k_1, k_2, \cdots, k_r$ 使得

$$k_1\boldsymbol{\alpha}_1+k_2\boldsymbol{\alpha}_2+\cdots+k_r\boldsymbol{\alpha}_r=\mathbf{0}.$$

因为 $k_1, k_2, \cdots, k_r$ 不全为零, 不妨设 $k_1\neq 0$, 于是上式可改写为

$$\boldsymbol{\alpha}_1=-\frac{k_2}{k_1}\boldsymbol{\alpha}_2-\frac{k_3}{k_1}\boldsymbol{\alpha}_3-\cdots-\frac{k_r}{k_1}\boldsymbol{\alpha}_r.$$

即向量 $\boldsymbol{\alpha}_1$ 是 $\boldsymbol{\alpha}_2, \cdots, \boldsymbol{\alpha}_r$ 的线性组合.

反过来, 如果 $\boldsymbol{\alpha}_1$ 是 $\boldsymbol{\alpha}_2, \cdots, \boldsymbol{\alpha}_r$ 的线性组合, 即

$$\boldsymbol{\alpha}_1=l_2\boldsymbol{\alpha}_2+l_3\boldsymbol{\alpha}_3+\cdots+l_r\boldsymbol{\alpha}_r,$$

则可写为

$$(-1)\boldsymbol{\alpha}_1+l_2\boldsymbol{\alpha}_2+l_3\boldsymbol{\alpha}_3+\cdots+l_r\boldsymbol{\alpha}_r=\mathbf{0},$$

因 $-1, l_2, l_3, \cdots, l_r$ 不全为零, 由线性相关的定义知向量组 $\boldsymbol{\alpha}_1, \boldsymbol{\alpha}_2, \cdots, \boldsymbol{\alpha}_r$ 线性相关.

例 2.6　实数域 $\mathbb{R}$ 上线性空间 $\mathbb{R}^{2\times 3}$ 的一组向量 (矩阵)

$$E_{11}=\begin{pmatrix}1&0&0\\0&0&0\end{pmatrix},\quad E_{12}=\begin{pmatrix}0&1&0\\0&0&0\end{pmatrix},\quad E_{13}=\begin{pmatrix}0&0&1\\0&0&0\end{pmatrix},$$

$$E_{21}=\begin{pmatrix}0&0&0\\1&0&0\end{pmatrix},\quad E_{22}=\begin{pmatrix}0&0&0\\0&1&0\end{pmatrix},\quad E_{23}=\begin{pmatrix}0&0&0\\0&0&1\end{pmatrix}$$

是线性无关的.

证 若 $k_1E_{11}+k_2E_{12}+k_3E_{13}+k_4E_{21}+k_5E_{22}+k_6E_{23}=O$, 即

$$\begin{pmatrix} k_1 & k_2 & k_3 \\ k_4 & k_5 & k_6 \end{pmatrix}=O,$$

则 $k_1=k_2=k_3=k_4=k_5=k_6=0$, 于是 $E_{11},E_{12},E_{13},E_{21},E_{22},E_{23}$ 线性无关.

定理 2.3 设 V 是数域 F 上的线性空间, 若 V 中向量组 $\boldsymbol{\alpha}_1, \boldsymbol{\alpha}_2, \cdots, \boldsymbol{\alpha}_r$ 线性无关, 并且可由向量组 $\boldsymbol{\beta}_1, \boldsymbol{\beta}_2, \cdots, \boldsymbol{\beta}_s$ 线性表示, 则 $r \leqslant s$.

证 若 $r>s$, 因向量组 $\boldsymbol{\alpha}_1, \boldsymbol{\alpha}_2, \cdots, \boldsymbol{\alpha}_r$ 可由向量组 $\boldsymbol{\beta}_1, \boldsymbol{\beta}_2, \cdots, \boldsymbol{\beta}_s$ 线性表示, 即

$$\boldsymbol{\alpha}_i=\sum_{j=1}^{s} a_{ji}\boldsymbol{\beta}_j, \quad i=1,2,\cdots,r.$$

作线性组合

$$\begin{aligned} x_1\boldsymbol{\alpha}_1+x_2\boldsymbol{\alpha}_2+\cdots+x_r\boldsymbol{\alpha}_r &= \sum_{i=1}^{r} x_i\left(\sum_{j=1}^{s} a_{ji}\boldsymbol{\beta}_j\right) \\ &= \sum_{j=1}^{s}\left(\sum_{i=1}^{r} a_{ji}x_i\right)\boldsymbol{\beta}_j. \end{aligned}$$

考虑齐次线性方程组

$$\begin{cases} a_{11}x_1+a_{12}x_2+\cdots+a_{1r}x_r=0, \\ a_{21}x_1+a_{22}x_2+\cdots+a_{2r}x_r=0, \\ \cdots\cdots \\ a_{s1}x_1+a_{s2}x_2+\cdots+a_{sr}x_r=0. \end{cases} \tag{$*$}$$

因为方程组 $(*)$ 中未知量 $x_1,x_2,\cdots,x_r$ 的个数 r 大于方程的个数 s, 从而有非零解 $x_1,x_2,\cdots,x_r$, 即存在不全为零的数 $x_1,x_2,\cdots,x_r$, 使得

$$x_1\boldsymbol{\alpha}_1+x_2\boldsymbol{\alpha}_2+\cdots+x_r\boldsymbol{\alpha}_r=\mathbf{0}.$$

故 $\boldsymbol{\alpha}_1, \boldsymbol{\alpha}_2, \cdots, \boldsymbol{\alpha}_r$ 线性相关, 矛盾, 于是 $r \leqslant s$.

推论 2.1 两个等价的线性无关的向量组必含有相同个数的向量.

定理 2.4 设线性空间 V 中向量组 $\boldsymbol{\alpha}_1, \boldsymbol{\alpha}_2, \cdots, \boldsymbol{\alpha}_r$ 线性无关, 而向量 $\boldsymbol{\alpha}_1, \boldsymbol{\alpha}_2, \cdots, \boldsymbol{\alpha}_r, \boldsymbol{\beta}$ 线性相关, 则 $\boldsymbol{\beta}$ 可由 $\boldsymbol{\alpha}_1, \boldsymbol{\alpha}_2, \cdots, \boldsymbol{\alpha}_r$ 线性表示, 并且表示法是唯一的.

证 由向量组 $\boldsymbol{\alpha}_1, \boldsymbol{\alpha}_2, \cdots, \boldsymbol{\alpha}_r, \boldsymbol{\beta}$ 线性相关知, 存在不全为零的数 $k_1, k_2, \cdots, k_r, k_{r+1}$, 使

$$k_1\boldsymbol{\alpha}_1 + k_2\boldsymbol{\alpha}_2 + \cdots + k_r\boldsymbol{\alpha}_r + k_{r+1}\boldsymbol{\beta} = \mathbf{0},$$

并且 $k_{r+1} \neq 0$, 否则由向量 $\boldsymbol{\alpha}_1, \boldsymbol{\alpha}_2, \cdots, \boldsymbol{\alpha}_r$ 线性无关知, $k_1 = k_2 = \cdots = k_r = 0$, 矛盾. 从而

$$\boldsymbol{\beta} = -\frac{k_1}{k_{r+1}}\boldsymbol{\alpha}_1 - \frac{k_2}{k_{r+1}}\boldsymbol{\alpha}_2 - \cdots - \frac{k_r}{k_{r+1}}\boldsymbol{\alpha}_r,$$

即 $\boldsymbol{\beta}$ 可由 $\boldsymbol{\alpha}_1, \boldsymbol{\alpha}_2, \cdots, \boldsymbol{\alpha}_r$ 线性表示.

假设 $\boldsymbol{\beta}$ 可由 $\boldsymbol{\alpha}_1, \boldsymbol{\alpha}_2, \cdots, \boldsymbol{\alpha}_r$ 线性表示为

$$\boldsymbol{\beta} = k_1\boldsymbol{\alpha}_1 + k_2\boldsymbol{\alpha}_2 + \cdots + k_r\boldsymbol{\alpha}_r = l_1\boldsymbol{\alpha}_1 + l_2\boldsymbol{\alpha}_2 + \cdots + l_r\boldsymbol{\alpha}_r,$$

则

$$(k_1 - l_1)\,\boldsymbol{\alpha}_1 + (k_2 - l_2)\,\boldsymbol{\alpha}_2 + \cdots + (k_r - l_r)\,\boldsymbol{\alpha}_r = \mathbf{0}.$$

由 $\boldsymbol{\alpha}_1, \boldsymbol{\alpha}_2, \cdots, \boldsymbol{\alpha}_r$ 线性无关得 $k_i - l_i = 0\,(i = 1, 2, \cdots, r)$.

这表明 $\boldsymbol{\beta}$ 可唯一地表示为 $\boldsymbol{\alpha}_1, \boldsymbol{\alpha}_2, \cdots, \boldsymbol{\alpha}_r$ 的线性组合.

定义 2.5 设 $\boldsymbol{\alpha}_1, \boldsymbol{\alpha}_2, \cdots, \boldsymbol{\alpha}_s$ 是线性空间 V 中的一组向量, 若在此向量组中存在 r 个线性无关的向量 $\boldsymbol{\alpha}_{i_1}, \boldsymbol{\alpha}_{i_2}, \cdots, \boldsymbol{\alpha}_{i_r}$ $(1 \leqslant i_j \leqslant s, j = 1, 2, \cdots, r)$, 并且 $\boldsymbol{\alpha}_1, \boldsymbol{\alpha}_2, \cdots, \boldsymbol{\alpha}_s$ 中任一向量均可由向量组 $\boldsymbol{\alpha}_{i_1}, \boldsymbol{\alpha}_{i_2}, \cdots, \boldsymbol{\alpha}_{i_r}$ 线性表示, 则称向量组 $\boldsymbol{\alpha}_{i_1}, \boldsymbol{\alpha}_{i_2}, \cdots, \boldsymbol{\alpha}_{i_r}$ 为向量组 $\boldsymbol{\alpha}_1, \boldsymbol{\alpha}_2, \cdots, \boldsymbol{\alpha}_s$ 的极大线性无关组, 数 r 称为向量组 $\boldsymbol{\alpha}_1, \boldsymbol{\alpha}_2, \cdots, \boldsymbol{\alpha}_s$ 的秩, 记为 $\operatorname{rank}\{\boldsymbol{\alpha}_1, \boldsymbol{\alpha}_2, \cdots, \boldsymbol{\alpha}_s\} = r$.

一般地, 向量组的极大线性无关组不唯一, 但每一个极大线性无关组都与向量组本身等价, 由等价的传递性知, 同一向量组的任意两个极大线性无关组是等价的, 且有相同个数的向量, 即向量组的秩是唯一的.

2.2 基与维数

下面引入线性空间的基与维数的定义, 它们是线性空间的重要属性.

定义 2.6 设 V 是数域 F 上的线性空间, 若 V 中存在 n 个向量 $\boldsymbol{\alpha}_1, \boldsymbol{\alpha}_2, \cdots, \boldsymbol{\alpha}_n$, 满足

(1) $\boldsymbol{\alpha}_1, \boldsymbol{\alpha}_2, \cdots, \boldsymbol{\alpha}_n$ 线性无关;

(2) V 中任何向量 $\boldsymbol{\alpha}$ 均可由 $\boldsymbol{\alpha}_1, \boldsymbol{\alpha}_2, \cdots, \boldsymbol{\alpha}_n$ 线性表示, 即存在 $k_1, k_2, \cdots, k_n \in F$, 使得

$$\boldsymbol{\alpha} = k_1\boldsymbol{\alpha}_1 + k_2\boldsymbol{\alpha}_2 + \cdots + k_n\boldsymbol{\alpha}_n,$$

则称 $\boldsymbol{\alpha}_1, \boldsymbol{\alpha}_2, \cdots, \boldsymbol{\alpha}_n$ 是 V 的一组基 (或基底), 基中向量的个数 n 称为线性空间 V 的维数, 记为 $\dim V$. 若 $\dim V < +\infty$, 称 V 为有限维线性空间; 否则, 称 V 为无限维线性空间, 本书主要讨论有限维线性空间.

据此可分析得到

(1) n 维线性空间 V 中任意 n 个线性无关的向量均可构成 V 的一组基.

(2) 在非零有限维线性空间中, 基是存在的, 但不唯一.

(3) 有限维线性空间的维数是唯一确定的.

(4) n 维线性空间 V 中任一向量必可由 V 的基 $\boldsymbol{\alpha}_1, \boldsymbol{\alpha}_2, \cdots, \boldsymbol{\alpha}_n$ 线性表示, 并且表示法唯一.

例 2.7 求数域 F 上线性空间 $F^{m\times n}$ 的维数和一组基.

解 $F^{m\times n}$ 中的向量组 $\{E_{ij}\}$, 其中

$$E_{ij} = \begin{pmatrix} & 0 & \\ & \vdots & \\ & 0 & \\ 0\cdots0 & 1 & 0\cdots0 \\ & 0 & \\ & \vdots & \\ & 0 & \end{pmatrix} \text{第 } i \text{ 行}, \quad i = 1, 2, \cdots, m; \quad j = 1, 2, \cdots, n.$$

第 j 列

满足

(1) $E_{11}, E_{12}, \cdots, E_{mn}$ 线性无关;

(2) 对于 $F^{m\times n}$ 中任一元素 $A=(a_{ij})_{m\times n}$, 有

$$A=\sum_{i=1}^{m}\sum_{j=1}^{n}a_{ij}E_{ij}.$$

于是 $\{E_{ij}\}$ 是 $F^{m\times n}$ 的一组基, 且 $\dim F^{m\times n}=mn$.

定理 2.5 *V 是 n 维线性空间, 任意一个线性无关的向量组 $\boldsymbol{\alpha}_1, \boldsymbol{\alpha}_2, \cdots, \boldsymbol{\alpha}_r$ 都可以扩充成 V 的一组基.*

证 若 $r=n$, 则 $\boldsymbol{\alpha}_1, \boldsymbol{\alpha}_2, \cdots, \boldsymbol{\alpha}_n$ 是 V 的一组基. 下设 $r<n$, V 中必有一个向量 $\boldsymbol{\beta}_1$ 不可由 $\boldsymbol{\alpha}_1, \boldsymbol{\alpha}_2, \cdots, \boldsymbol{\alpha}_r$ 线性表示, 否则 $\dim V=r<n$, 矛盾, 故 $\boldsymbol{\alpha}_1, \boldsymbol{\alpha}_2, \cdots, \boldsymbol{\alpha}_r, \boldsymbol{\beta}_1$ 线性无关. 若 $r+1=n$, 则 $\boldsymbol{\alpha}_1, \boldsymbol{\alpha}_2, \cdots, \boldsymbol{\alpha}_r, \boldsymbol{\beta}_1$ 是 V 的一组基. 若 $r+1<n$, 则 V 中必有一个向量 $\boldsymbol{\beta}_2$ 不能由 $\boldsymbol{\alpha}_1, \boldsymbol{\alpha}_2, \cdots, \boldsymbol{\alpha}_r, \boldsymbol{\beta}_1$ 线性表示, 故 $\boldsymbol{\alpha}_1, \boldsymbol{\alpha}_2, \cdots, \boldsymbol{\alpha}_r, \boldsymbol{\beta}_1, \boldsymbol{\beta}_2$ 线性无关. 如此继续, 可得线性无关的向量组 $\boldsymbol{\alpha}_1, \boldsymbol{\alpha}_2, \cdots, \boldsymbol{\alpha}_r, \boldsymbol{\beta}_1, \boldsymbol{\beta}_2, \cdots, \boldsymbol{\beta}_l$, 其中 $r+l=n$, 这个向量组即是 V 的一组基.

在解析几何中, 引入坐标是研究向量的性质的重要步骤. 同样地, 坐标是研究有限维线性空间的一个有力工具.

定义 2.7 *设 V 是数域 F 上的 n 维线性空间, $\boldsymbol{\alpha}_1, \boldsymbol{\alpha}_2, \cdots, \boldsymbol{\alpha}_n$ 是 V 的一组基, 设 $\boldsymbol{\alpha}$ 是 V 中的任一向量, 则 $\boldsymbol{\alpha}$ 可唯一地表示为基 $\boldsymbol{\alpha}_1, \boldsymbol{\alpha}_2, \cdots, \boldsymbol{\alpha}_n$ 的线性组合*

$$\boldsymbol{\alpha}=x_1\boldsymbol{\alpha}_1+x_2\boldsymbol{\alpha}_2+\cdots+x_n\boldsymbol{\alpha}_n,$$

其中系数 $x_1,x_2,\cdots,x_n$ 称为 $\boldsymbol{\alpha}$ 在基 $\boldsymbol{\alpha}_1, \boldsymbol{\alpha}_2, \cdots, \boldsymbol{\alpha}_n$ 下的坐标, 记为 $(x_1,x_2,\cdots,x_n)$ 或 $(x_1,x_2,\cdots,x_n)^{\mathrm{T}}$.

亦可表示为

$$\boldsymbol{\alpha}=x_1\boldsymbol{\alpha}_1+x_2\boldsymbol{\alpha}_2+\cdots+x_n\boldsymbol{\alpha}_n=(\boldsymbol{\alpha}_1,\boldsymbol{\alpha}_2,\cdots,\boldsymbol{\alpha}_n)\begin{pmatrix}x_1\\x_2\\\vdots\\x_n\end{pmatrix},$$

其中 $(\boldsymbol{\alpha}_1, \boldsymbol{\alpha}_2, \cdots, \boldsymbol{\alpha}_n)$ 可看作 $1\times n$ 分块矩阵, 其元素 $\boldsymbol{\alpha}_1, \boldsymbol{\alpha}_2, \cdots, \boldsymbol{\alpha}_n$ 不是数字而是向量.

例 2.8 在 n 维线性空间 F^n 中,

$$\boldsymbol{\alpha}_1=\begin{pmatrix}1\\0\\\vdots\\0\end{pmatrix},\quad \boldsymbol{\alpha}_2=\begin{pmatrix}0\\1\\\vdots\\0\end{pmatrix},\quad \cdots,\quad \boldsymbol{\alpha}_n=\begin{pmatrix}0\\0\\\vdots\\1\end{pmatrix}$$

是 F^n 的一组基, 对任一向量 $\boldsymbol{x}=(x_1,x_2,\cdots,x_n)^{\mathrm{T}}\in F^n$ 都有

$$\boldsymbol{x}=x_1\boldsymbol{\alpha}_1+x_2\boldsymbol{\alpha}_2+\cdots+x_n\boldsymbol{\alpha}_n=(\boldsymbol{\alpha}_1,\boldsymbol{\alpha}_2,\cdots,\boldsymbol{\alpha}_n)\begin{pmatrix}x_1\\x_2\\\vdots\\x_n\end{pmatrix}.$$

所以 $(x_1,x_2,\cdots,x_n)^{\mathrm{T}}$ 是向量 $\boldsymbol{x}$ 在这组基下的坐标.

在 $\mathbb{R}^2$ 中, $\begin{pmatrix}1\\0\end{pmatrix},\begin{pmatrix}0\\1\end{pmatrix};\begin{pmatrix}-1\\0\end{pmatrix},\begin{pmatrix}0\\-1\end{pmatrix}$ 均是 $\mathbb{R}^2$ 的基. 而

$$\begin{pmatrix}1\\1\end{pmatrix}=1\cdot\begin{pmatrix}1\\0\end{pmatrix}+1\cdot\begin{pmatrix}0\\1\end{pmatrix}=(-1)\cdot\begin{pmatrix}-1\\0\end{pmatrix}+(-1)\begin{pmatrix}0\\-1\end{pmatrix}.$$

这表明同一向量在不同基下的坐标一般是不同的.

下面研究向量的坐标是如何随着基的改变而变化的.

设 V 是数域 F 上的 n 维线性空间, $\boldsymbol{\alpha}_1,\boldsymbol{\alpha}_2,\cdots,\boldsymbol{\alpha}_n$ 及 $\boldsymbol{\beta}_1,\boldsymbol{\beta}_2,\cdots,\boldsymbol{\beta}_n$ 是 V 的两组基, 由它们的等价性知

$$\begin{cases}\boldsymbol{\beta}_1=a_{11}\boldsymbol{\alpha}_1+a_{21}\boldsymbol{\alpha}_2+\cdots+a_{n1}\boldsymbol{\alpha}_n,\\ \boldsymbol{\beta}_2=a_{12}\boldsymbol{\alpha}_1+a_{22}\boldsymbol{\alpha}_2+\cdots+a_{n2}\boldsymbol{\alpha}_n,\\ \qquad\qquad\cdots\cdots\\ \boldsymbol{\beta}_n=a_{1n}\boldsymbol{\alpha}_1+a_{2n}\boldsymbol{\alpha}_2+\cdots+a_{nn}\boldsymbol{\alpha}_n,\end{cases}$$

用矩阵记号可表示为

$$(\boldsymbol{\beta}_1,\boldsymbol{\beta}_2,\cdots,\boldsymbol{\beta}_n)=(\boldsymbol{\alpha}_1,\boldsymbol{\alpha}_2,\cdots,\boldsymbol{\alpha}_n)\begin{pmatrix}a_{11}&a_{12}&\cdots&a_{1n}\\a_{21}&a_{22}&\cdots&a_{2n}\\\vdots&\vdots&&\vdots\\a_{n1}&a_{n2}&\cdots&a_{nn}\end{pmatrix}.$$

n 阶方阵

$$A=\begin{pmatrix} a_{11} & a_{12} & \cdots & a_{1n} \\ a_{21} & a_{22} & \cdots & a_{2n} \\ \vdots & \vdots & & \vdots \\ a_{n1} & a_{n2} & \cdots & a_{nn} \end{pmatrix}$$

称为从基 $\boldsymbol{\alpha}_1, \boldsymbol{\alpha}_2, \cdots, \boldsymbol{\alpha}_n$ 到基 $\boldsymbol{\beta}_1, \boldsymbol{\beta}_2, \cdots, \boldsymbol{\beta}_n$ 的过渡矩阵, 由这两组基的等价性知, A 是唯一确定且是可逆的. 即

$$(\boldsymbol{\alpha}_1, \boldsymbol{\alpha}_2, \cdots, \boldsymbol{\alpha}_n)=(\boldsymbol{\beta}_1, \boldsymbol{\beta}_2, \cdots, \boldsymbol{\beta}_n)\, A^{-1}.$$

对于这种形式的矩阵可以验证以下性质:

$$\begin{cases} (\boldsymbol{\alpha}_1, \boldsymbol{\alpha}_2, \cdots, \boldsymbol{\alpha}_n)(A+B)=(\boldsymbol{\alpha}_1, \boldsymbol{\alpha}_2, \cdots, \boldsymbol{\alpha}_n)\, A+(\boldsymbol{\alpha}_1, \boldsymbol{\alpha}_2, \cdots, \boldsymbol{\alpha}_n)\, B, \\ (\boldsymbol{\alpha}_1, \boldsymbol{\alpha}_2, \cdots, \boldsymbol{\alpha}_n)(AB)=[(\boldsymbol{\alpha}_1, \boldsymbol{\alpha}_2, \cdots, \boldsymbol{\alpha}_n)\, A]\, B. \end{cases}$$

下面分析同一向量在两组基下的坐标之间的关系.

设两组基 $\boldsymbol{\alpha}_1, \boldsymbol{\alpha}_2, \cdots, \boldsymbol{\alpha}_n$ 与 $\boldsymbol{\beta}_1, \boldsymbol{\beta}_2, \cdots, \boldsymbol{\beta}_n$ 之间的关系为

$$(\boldsymbol{\beta}_1, \boldsymbol{\beta}_2, \cdots, \boldsymbol{\beta}_n)=(\boldsymbol{\alpha}_1, \boldsymbol{\alpha}_2, \cdots, \boldsymbol{\alpha}_n)\, A.$$

向量 $\boldsymbol{\alpha}$ 在这两组基下的坐标分别为

$$\begin{pmatrix} k_1 \\ k_2 \\ \vdots \\ k_n \end{pmatrix}, \quad \begin{pmatrix} l_1 \\ l_2 \\ \vdots \\ l_n \end{pmatrix}.$$

于是

$$\begin{aligned} \boldsymbol{\alpha}=(\boldsymbol{\beta}_1, \boldsymbol{\beta}_2, \cdots, \boldsymbol{\beta}_n)\begin{pmatrix} l_1 \\ l_2 \\ \vdots \\ l_n \end{pmatrix} &=(\boldsymbol{\alpha}_1, \boldsymbol{\alpha}_2, \cdots, \boldsymbol{\alpha}_n)\, A\begin{pmatrix} l_1 \\ l_2 \\ \vdots \\ l_n \end{pmatrix} \\ &=(\boldsymbol{\alpha}_1, \boldsymbol{\alpha}_2, \cdots, \boldsymbol{\alpha}_n)\begin{pmatrix} k_1 \\ k_2 \\ \vdots \\ k_n \end{pmatrix}. \end{aligned}$$

由向量在取定基下坐标的唯一性可得

$$\begin{pmatrix} k_1 \\ k_2 \\ \vdots \\ k_n \end{pmatrix} = A \begin{pmatrix} l_1 \\ l_2 \\ \vdots \\ l_n \end{pmatrix}, \tag{2.1}$$

或写为

$$\begin{pmatrix} l_1 \\ l_2 \\ \vdots \\ l_n \end{pmatrix} = A^{-1} \begin{pmatrix} k_1 \\ k_2 \\ \vdots \\ k_n \end{pmatrix}. \tag{2.2}$$

式 (2.1) 或式 (2.2) 叫作坐标变换公式.

例 2.9 设线性空间 $\mathbb{R}^3$ 中有向量: $\boldsymbol{\alpha}_1 = \begin{pmatrix} 1 \\ 0 \\ 0 \end{pmatrix}$, $\boldsymbol{\alpha}_2 = \begin{pmatrix} 1 \\ 1 \\ 0 \end{pmatrix}$, $\boldsymbol{\alpha}_3 = \begin{pmatrix} 1 \\ 1 \\ 1 \end{pmatrix}$, $\boldsymbol{\beta}_1 = \begin{pmatrix} 1 \\ 2 \\ 3 \end{pmatrix}$, $\boldsymbol{\beta}_2 = \begin{pmatrix} 2 \\ 3 \\ 1 \end{pmatrix}$, $\boldsymbol{\beta}_3 = \begin{pmatrix} 3 \\ 1 \\ 2 \end{pmatrix}$.

(1) 求 $\boldsymbol{\alpha} = \begin{pmatrix} a \\ b \\ c \end{pmatrix}$ 在基 $\boldsymbol{\alpha}_1, \boldsymbol{\alpha}_2, \boldsymbol{\alpha}_3$ 下的坐标;

(2) 求从基 $\boldsymbol{\alpha}_1, \boldsymbol{\alpha}_2, \boldsymbol{\alpha}_3$ 到基 $\boldsymbol{\beta}_1, \boldsymbol{\beta}_2, \boldsymbol{\beta}_3$ 的过渡矩阵.

解 (1) 由线性代数知识知, $\boldsymbol{\alpha}$ 在基 $\boldsymbol{\alpha}_1, \boldsymbol{\alpha}_2, \boldsymbol{\alpha}_3$ 下坐标即为线性方程组

$$\begin{cases} x_1 + x_2 + x_3 = a, \\ \qquad\; x_2 + x_3 = b, \\ \qquad\qquad\;\; x_3 = c \end{cases}$$

的解

$$\begin{pmatrix} a-b \\ b-c \\ c \end{pmatrix}.$$

(2)$(\boldsymbol{\beta}_1,\boldsymbol{\beta}_2,\boldsymbol{\beta}_3)=(\boldsymbol{\alpha}_1,\boldsymbol{\alpha}_2,\boldsymbol{\alpha}_3)\,A$. 因

$$(\boldsymbol{\alpha}_1,\boldsymbol{\alpha}_2,\boldsymbol{\alpha}_3,\boldsymbol{\beta}_1,\boldsymbol{\beta}_2,\boldsymbol{\beta}_3)=\left(\begin{array}{ccc:ccc}1&1&1&1&2&3\\0&1&1&2&3&1\\0&0&1&3&1&2\end{array}\right)$$

$$\overset{r}{\sim}\left(\begin{array}{ccc:ccc}1&0&0&-1&-1&2\\0&1&0&-1&2&-1\\0&0&1&3&1&2\end{array}\right).$$

故从基 $\boldsymbol{\alpha}_1$, $\boldsymbol{\alpha}_2$, $\boldsymbol{\alpha}_3$ 到基 $\boldsymbol{\beta}_1$, $\boldsymbol{\beta}_2$, $\boldsymbol{\beta}_3$ 的过渡矩阵为

$$A=\begin{pmatrix}-1&-1&2\\-1&2&-1\\3&1&2\end{pmatrix}.$$

2.3 线性子空间

本节介绍研究线性空间的一个重要工具——线性子空间的概念、性质及判断方法.

定义 2.8 设 W 是数域 F 上线性空间 V 的非空子集, 如果 W 对于 V 的两种运算也构成数域 F 上的线性空间, 则称 W 为 V 的一个线性子空间 (简称子空间).

如下定理给出了判断子空间的充分必要条件.

定理 2.6 设 W 是数域 F 上的线性空间 V 的非空子集, 则 W 是 V 的线性子空间的充分必要条件是

(1) 若 $\boldsymbol{\alpha},\boldsymbol{\beta}\in W$, 则 $\boldsymbol{\alpha}+\boldsymbol{\beta}\in W$;

(2) 若 $\boldsymbol{\alpha}\in W, k\in F$, 则 $k\boldsymbol{\alpha}\in W$.

证 必要性显然. 下证充分性.

由已知, V 的两种运算都是 W 的运算, 因 V 是线性空间, 而 W 是 V 的子集, 所以 W 的两种运算满足线性空间定义中的规则 (i), (ii), (v), (vi), (vii), (viii). 由 $0\in F, \boldsymbol{\alpha}\in W$, 故 $0\cdot\boldsymbol{\alpha}\in W$. 由于 V 是线性空间, 故 $0\boldsymbol{\alpha}=\mathbf{0}$, 从而 $\mathbf{0}\in W$, 于是 V 的零元素就是 W 的零元素. 因为 $-1\in F$, $\boldsymbol{\alpha}\in W$, 所以 $(-1)\,\boldsymbol{\alpha}\in W$, 由于

V 是线性空间, 故 $(-1)\boldsymbol{\alpha} = -\boldsymbol{\alpha}$, 从而 $-\boldsymbol{\alpha} \in W$, 由于 $\boldsymbol{\alpha} + (-1)\boldsymbol{\alpha} = \mathbf{0}$, 于是 W 中每个元素 $\boldsymbol{\alpha}$ 在 V 中的负元素 $-\boldsymbol{\alpha}$ 也是 $\boldsymbol{\alpha}$ 在 W 中的负元素, 故 W 是 V 的一个线性空间.

例 2.10 在线性空间 V 中, 由 V 的零向量所组成的子集 $\{\mathbf{0}\}$ 是 V 的一个子空间, 称为零子空间; 线性空间 V 本身也是 V 的一个子空间, 零子空间和线性空间 V 都称为 V 的平凡子空间, V 的其他子空间称为非平凡子空间.

例 2.11 设 $A \in \mathbb{R}^{m\times n}$, 齐次线性方程组

$$A\boldsymbol{x} = \mathbf{0}$$

的全部解向量构成 n 维线性空间 $\mathbb{R}^n$ 的一个子空间.

该空间称为齐次线性方程组的解空间或矩阵 A 的零空间 (核), 记为 $N(A)$ 或 $\mathrm{Ker}(A)$. 因为解空间的基就是齐次线性方程组的基础解系, 所以 $\dim(N(A)) = n - \mathrm{rank}(A)$.

若 W 是线性空间 V 的一个子空间, 则 W 中不可能比 V 中有更多数目的线性无关向量, 即 $\dim W \leqslant \dim V$, 结合基的扩张性定理 (定理 2.5) 得

定理 2.7 若 W 是有限维线性空间 V 的子空间, 则 W 的一组基可扩充为 V 的一组基.

下面给了利用线性空间 V 的一组向量构造 V 的子空间的一种方法.

给定数域 F 上的线性空间 V 的一组向量 $\boldsymbol{\alpha}_1, \boldsymbol{\alpha}_2, \cdots, \boldsymbol{\alpha}_s$, 把该向量组的所有线性组合的集合记为 W, 即

$$W = \{k_1\boldsymbol{\alpha}_1 + k_2\boldsymbol{\alpha}_2 + \cdots + k_s\boldsymbol{\alpha}_s | k_i \in F, i = 1, 2, \cdots, s\}.$$

则 $\mathbf{0} \in W, W$ 非空，可以验证 W 关于加法和数乘运算都是封闭的，故由定理 2.6 知 W 是 V 的一个子空间, 称 W 是由向量 $\boldsymbol{\alpha}_1, \boldsymbol{\alpha}_2, \cdots, \boldsymbol{\alpha}_s$ 生成 (或组成) 的子空间, 记为 $L(\boldsymbol{\alpha}_1, \boldsymbol{\alpha}_2, \cdots, \boldsymbol{\alpha}_s)$ 或 $\mathrm{Span}\{\boldsymbol{\alpha}_1, \boldsymbol{\alpha}_2, \cdots, \boldsymbol{\alpha}_s\}$.

注 上述讨论中向量组 $\boldsymbol{\alpha}_1, \boldsymbol{\alpha}_2, \cdots, \boldsymbol{\alpha}_s$ 可以线性相关.

有限维线性空间 V 的任何一个子空间 W 均可由上述方法表示, 事实上, W 也是有限维的, 不妨设 $\boldsymbol{\alpha}_1, \boldsymbol{\alpha}_2, \cdots, \boldsymbol{\alpha}_r$ 是 W 的一组基, 则有

$$W = L(\boldsymbol{\alpha}_1, \boldsymbol{\alpha}_2, \cdots, \boldsymbol{\alpha}_r).$$

特别地, 零子空间 $W=\{\mathbf{0}\}$ 是由零元素生成的子空间 $L(\mathbf{0})$, 而且由维数的定义知 $\dim(\{\mathbf{0}\})=\dim L(\mathbf{0})=0$.

下面给出矩阵的值域和核空间 (零空间) 的基本结论, 它们在后续讨论中具有重要的作用.

例 2.12 设 $A\in\mathbb{R}^{m\times n}$, 记 $A=(\boldsymbol{\alpha}_1,\boldsymbol{\alpha}_2,\cdots,\boldsymbol{\alpha}_n)$, 其中 $\boldsymbol{\alpha}_i\in\mathbb{R}^m(i=1,2,\cdots,n)$, 则 $(\boldsymbol{\alpha}_1,\boldsymbol{\alpha}_2,\cdots,\boldsymbol{\alpha}_n)$ 是 m 维线性空间 $\mathbb{R}^m$ 的一个子空间, 称为矩阵 A 的值域 (列空间), 记为 $R(A)$ 或 $\mathrm{Span}(A)$.

由前面的讨论及矩阵秩的概念知, $R(A)\subseteq\mathbb{R}^m$, 且有

$$\mathrm{rank}(A)=\dim R(A).$$

令 $\boldsymbol{x}=(x_1,x_2,\cdots,x_n)^{\mathrm{T}}$, 则

$$A\boldsymbol{x}=(\boldsymbol{\alpha}_1,\boldsymbol{\alpha}_2,\cdots,\boldsymbol{\alpha}_n)\begin{pmatrix}x_1\\x_2\\\vdots\\x_n\end{pmatrix}=x_1\boldsymbol{\alpha}_1+x_2\boldsymbol{\alpha}_2+\cdots+x_n\boldsymbol{\alpha}_n,$$

这表明 $A\boldsymbol{x}$ 为 A 的列向量组的线性组合, 反之, 若 $\boldsymbol{y}$ 为 A 的列向量组的线性组合, 则

$$\boldsymbol{y}=x_1\boldsymbol{\alpha}_1+x_2\boldsymbol{\alpha}_2+\cdots+x_n\boldsymbol{\alpha}_n=A\boldsymbol{x}.$$

可见所有乘积 $A\boldsymbol{x}$ 的集合

$$\{A\boldsymbol{x}\mid\boldsymbol{x}\in\mathbb{R}^n\}$$

与 $L(\boldsymbol{\alpha}_1,\boldsymbol{\alpha}_2,\cdots,\boldsymbol{\alpha}_n)$ 相同, 从而有

$$R(A)=\{A\boldsymbol{x}\mid\boldsymbol{x}\in\mathbb{R}^n\}.$$

类似地, 可以定义 A^{T} 的值域 (行空间) 为

$$R\left(A^{\mathrm{T}}\right)=\left\{A^{\mathrm{T}}\boldsymbol{x}\mid\boldsymbol{x}\in\mathbb{R}^m\right\}\subseteq\mathbb{R}^n$$

且有

$$\mathrm{rank}(A)=\dim R(A)=\dim R\left(A^{\mathrm{T}}\right).$$

定义 2.9 设 $A\in\mathbb{R}^{m\times n}$, 称集合 $\{X|\,AX=0\}$ 为 A 的核空间 (零空间), 记为 $N(A)$, 即

$$N(A)=\{X|\,AX=0\},$$

称其维数为 A 的零度, 记为 $n(A)$, 即

$$n(A)=\dim N(A).$$

结合前面的讨论, 有

$$n(A)+\mathrm{rank}(A)=n.$$

2.4 子空间的交与和

本部分将研讨另一子空间的构造方法——子空间的交与和. 首先给出定理.

定理 2.8 设 V_1, V_2 是数域 F 上的线性空间 V 的两个子空间, 则它们的交 $V_1\cap V_2$ 也是 V 的子空间.

证 因 $\mathbf{0}\in V_1\cap V_2$, 故 $V_1\cap V_2$ 非空, 任取 $\boldsymbol{\alpha},\boldsymbol{\beta}\in V_1\cap V_2$, 则 $\boldsymbol{\alpha},\boldsymbol{\beta}\in V_1$ 且 $\boldsymbol{\alpha},\boldsymbol{\beta}\in V_2$, 因 V_1, V_2 是 V 的子空间, 则对任意的数 $k\in F$ 有, $\boldsymbol{\alpha}+\boldsymbol{\beta}\in V_1$, $k\boldsymbol{\alpha}\in V_1$ 且 $\boldsymbol{\alpha}+\boldsymbol{\beta}\in V_2$, $k\boldsymbol{\alpha}\in V_2$, 从而 $\boldsymbol{\alpha}+\boldsymbol{\beta}\in V_1\cap V_2$, $k\boldsymbol{\alpha}\in V_1\cap V_2$.

因此, $V_1\cap V_2$ 是 V 的子空间.

例 2.13 令 $V=\mathbb{R}^2$, $V_1=\left\{(x,0)^{\mathrm{T}}:x\in\mathbb{R}\right\}$, $V_2=\left\{(0,y)^{\mathrm{T}}:y\in\mathbb{R}\right\}$, 则 V_1, V_2 是 V 的两个子空间, 取 $\boldsymbol{\alpha}=(1,0)^{\mathrm{T}}\in V_1$, $\boldsymbol{\beta}=(0,1)^{\mathrm{T}}\in V_2$, 则 $\boldsymbol{\alpha}+\boldsymbol{\beta}=(1,1)^{\mathrm{T}}\notin V_1\cup V_2$, 这表明 $V_1\cup V_2$ 对加法不封闭, 故 $V_1\cup V_2$ 不是 V 的子空间. 这说明线性空间 V 的两个子空间 V_1 与 V_2 的并集一般不是 V 的子空间.

上述例子也提示我们要构造一个包含 $V_1\cup V_2$ 的子空间, 则这个子空间应当包含 V_1 中的任一向量 $\boldsymbol{\alpha}_1$ 与 V_2 中的任一向量 $\boldsymbol{\alpha}_2$ 的和, 受此启发, 我们给出如下定义.

定义 2.10 设 V_1, V_2 是数域 F 上线性空间 V 的两个子空间, 则

$$\{\boldsymbol{\alpha}_1+\boldsymbol{\alpha}_2:\boldsymbol{\alpha}_1\in V_1,\boldsymbol{\alpha}_2\in V_2\},$$

称为 V_1 与 V_2 的和, 记为 V_1+V_2.

定理 2.9 设 V_1, V_2 是数域 F 上线性空间 V 的两个子空间, 则它们的和 V_1+V_2 也是 V 的子空间.

证 因 $\mathbf{0} \in V_1+V_2$, 故 V_1+V_2 非空, 对任意两个向量 $\boldsymbol{\alpha}, \boldsymbol{\beta} \in V_1+V_2$ 及任意数 $k \in F$, 则

$$\boldsymbol{\alpha}=\boldsymbol{\alpha}_1+\boldsymbol{\alpha}_2, \quad \boldsymbol{\beta}=\boldsymbol{\beta}_1+\boldsymbol{\beta}_2, \quad \boldsymbol{\alpha}_1, \boldsymbol{\beta}_1 \in V_1, \quad \boldsymbol{\alpha}_2, \boldsymbol{\beta}_2 \in V_2.$$

于是

$$\begin{aligned} \boldsymbol{\alpha}+\boldsymbol{\beta} &= (\boldsymbol{\alpha}_1+\boldsymbol{\beta}_1)+(\boldsymbol{\alpha}_2+\boldsymbol{\beta}_2), \\ k\boldsymbol{\alpha} &= k\boldsymbol{\alpha}_1+k\boldsymbol{\alpha}_2. \end{aligned}$$

因 V_1, V_2 是 V 的子空间, 所以 $\boldsymbol{\alpha}_1+\boldsymbol{\beta}_1 \in V_1, \boldsymbol{\alpha}_2+\boldsymbol{\beta}_2 \in V_2, k\boldsymbol{\alpha}_1 \in V_1, k\boldsymbol{\alpha}_2 \in V_2$, 从而 $\boldsymbol{\alpha}+\boldsymbol{\beta} \in V_1+V_2, k\boldsymbol{\alpha} \in V_1+V_2$, 因而 V_1+V_2 是 V 的子空间.

根据子空间的交与和的定义, 有如下运算规则.

(i) 交换律:

$$V_1 \cap V_2 = V_2 \cap V_1; \quad V_1+V_2=V_2+V_1.$$

(ii) 结合律:

$$(V_1 \cap V_2) \cap V_3 = V_1 \cap (V_2 \cap V_3); \quad (V_1+V_2)+V_3=V_1+(V_2+V_3).$$

由结合律, 可以定义多个子空间的交与和.

$$\begin{aligned} V_1 \cap V_2 \cap \cdots \cap V_s &= \bigcap_{i=1}^{s} V_i; \\ V_1+V_2+\cdots+V_s &= \sum_{i=1}^{s} V_i. \end{aligned}$$

可由数学归纳法证明 $\bigcap\limits_{i=1}^{s} V_i$ 与 $\sum\limits_{i=1}^{s} V_i$ 均是 V 的子空间.

结合生成子空间的方法, 有

例 2.14 设 $\boldsymbol{\alpha}_1, \boldsymbol{\alpha}_2, \cdots, \boldsymbol{\alpha}_r$ 与 $\boldsymbol{\gamma}_1, \boldsymbol{\gamma}_2, \cdots, \boldsymbol{\gamma}_t$ 是数域 F 上线性空间 V 的两个向量组, 则

$$\begin{aligned} & \operatorname{Span}(\boldsymbol{\alpha}_1, \cdots, \boldsymbol{\alpha}_r)+\operatorname{Span}(\boldsymbol{\beta}_1, \cdots, \boldsymbol{\beta}_t) \\ = & \{(k_1\boldsymbol{\alpha}_1+\cdots+k_s\boldsymbol{\alpha}_s)+(l_1\boldsymbol{\beta}_1+\cdots+l_t\boldsymbol{\beta}_t) \mid k_i, l_j \in F\} \\ = & \operatorname{Span}(\boldsymbol{\alpha}_1, \cdots, \boldsymbol{\alpha}_s, \boldsymbol{\beta}_1, \cdots, \boldsymbol{\beta}_t). \end{aligned}$$

由上述讨论知, V 的四个子空间 V_1, V_2, $V_1\cap V_2$, V_1+V_2, 它们之间有如下关系:

$$V_1\cap V_2\subseteq \begin{matrix}V_1\\ V_2\end{matrix}\subseteq V_1+V_2.$$

如下维数公式精准刻画了它们间的维数关系.

定理 2.10 设 V_1, V_2 是数域 F 上线性空间 V 的两个有限维子空间, 则 $V_1\cap V_2$ 与 V_1+V_2 都是有限维的, 并且

$$\dim V_1+\dim V_2=\dim\left(V_1+V_2\right)+\dim\left(V_1\cap V_2\right).$$

证 设 $\dim V_1=n_1, \dim V_2=n_2, \dim\left(V_1\cap V_2\right)=m$. 需要证明 $\dim\left(V_1+V_2\right)=n_1+n_2-m$.

(1) 当 $m=n_1$ 时, 由 $V_1\cap V_2\subseteq V_1$ 知 $V_1\cap V_2=V_1$, 再由 $V_1\cap V_2\subseteq V_2$ 可得 $V_1\subseteq V_2$, 从而 $V_1+V_2=V_2$, 故

$$\dim\left(V_1+V_2\right)=\dim V_2=n_1+n_2-m.$$

同理, 当 $m=n_2$ 时, 结论也成立.

(2) 当 $m<n_1$ 且 $m<n_2$ 时, 不妨设 $\boldsymbol{\alpha}_1$, $\boldsymbol{\alpha}_2$, $\cdots$, $\boldsymbol{\alpha}_m$ 为 $V_1\cap V_2$ 的基, 由定理 2.5, 可将它依次扩充为 V_1, V_2 的基

$$\begin{gathered}\boldsymbol{\alpha}_1,\cdots,\boldsymbol{\alpha}_m,\boldsymbol{\beta}_1,\cdots,\boldsymbol{\beta}_{n_1-m};\\ \boldsymbol{\alpha}_1,\cdots,\boldsymbol{\alpha}_m,\boldsymbol{\gamma}_1,\cdots,\boldsymbol{\gamma}_{n_2-m}.\end{gathered}$$

仅需证明向量组

$$\boldsymbol{\alpha}_1,\cdots,\boldsymbol{\alpha}_m,\boldsymbol{\beta}_1,\cdots,\boldsymbol{\beta}_{n_1-m},\boldsymbol{\gamma}_1,\cdots,\boldsymbol{\gamma}_{n_2-m}$$

是 V_1+V_2 的一组基, 从而 $\dim\left(V_1+V_2\right)=n_1+n_2-m$.

$$\begin{aligned}V_1&=\operatorname{Span}\left(\boldsymbol{\alpha}_1,\cdots,\boldsymbol{\alpha}_m,\boldsymbol{\beta}_1,\cdots,\boldsymbol{\beta}_{n_1-m}\right),\\ V_2&=\operatorname{Span}\left(\boldsymbol{\alpha}_1,\cdots,\boldsymbol{\alpha}_m,\boldsymbol{\gamma}_1,\cdots,\boldsymbol{\gamma}_{n_2-m}\right),\\ V_1+V_2&=\operatorname{Span}\left(\boldsymbol{\alpha}_1,\cdots,\boldsymbol{\alpha}_m,\boldsymbol{\beta}_1,\cdots,\boldsymbol{\beta}_{n_1-m},\boldsymbol{\gamma}_1,\cdots,\boldsymbol{\gamma}_{n_2-m}\right).\end{aligned}$$

因此, 仅需证明 $\boldsymbol{\alpha}_1, \cdots, \boldsymbol{\alpha}_m, \boldsymbol{\beta}_1, \cdots, \boldsymbol{\beta}_{n_1-m}, \boldsymbol{\gamma}_1, \cdots, \boldsymbol{\gamma}_{n_2-m}$ 线性无关, 设

$$k_1\boldsymbol{\alpha}_1 + k_2\boldsymbol{\alpha}_2 + \cdots + k_m\boldsymbol{\alpha}_m + l_1\boldsymbol{\beta}_1 + \cdots + l_{n_1-m}\boldsymbol{\beta}_{n_1-m} + t_1\boldsymbol{\gamma}_1 + \cdots + t_{n_2-m}\boldsymbol{\gamma}_{n_2-m} = \mathbf{0}.$$

令 $\boldsymbol{\alpha} = k_1\boldsymbol{\alpha}_1 + \cdots + k_m\boldsymbol{\alpha}_m + l_1\boldsymbol{\beta}_1 + \cdots + l_{n_1-m}\boldsymbol{\beta}_{n_1-m}$, 则 $\boldsymbol{\alpha} = -t_1\boldsymbol{\gamma}_1 - \cdots - t_{n_2-m}\boldsymbol{\gamma}_{n_2-m}$. 则 $\boldsymbol{\alpha} \in V_1 \cap V_2$, 故 $\boldsymbol{\alpha}$ 可由 $\boldsymbol{\alpha}_1, \cdots, \boldsymbol{\alpha}_m$ 线性表示，即 $\boldsymbol{\alpha} = s_1\boldsymbol{\alpha}_1 + \cdots + s_m\boldsymbol{\alpha}_m$, 则

$$s_1\boldsymbol{\alpha}_1 + \cdots + s_m\boldsymbol{\alpha}_m + t_1\boldsymbol{\gamma}_1 + \cdots + t_{n_2-m}\boldsymbol{\gamma}_{n_2-m} = \mathbf{0}.$$

由于 $\boldsymbol{\alpha}_1, \cdots, \boldsymbol{\alpha}_m, \boldsymbol{\gamma}_1, \cdots, \boldsymbol{\gamma}_{n_2-m}$ 线性无关，得 $s_1 = s_2 = \cdots = s_m = t_1 = \cdots = t_{n_2-m} = \mathbf{0}$. 从而

$$k_1\boldsymbol{\alpha}_1 + \cdots + k_m\boldsymbol{\alpha}_m + l_1\boldsymbol{\beta}_1 + \cdots + l_{n_1-m}\boldsymbol{\beta}_{n_1-m} = \mathbf{0}.$$

由于 $\boldsymbol{\alpha}_1, \cdots, \boldsymbol{\alpha}_m, \boldsymbol{\beta}_1, \cdots, \boldsymbol{\beta}_{n_1-m}$ 线性无关，得$k_1 = k_2 = \cdots = k_m = l_1 = \cdots = l_{n_1-m} = \mathbf{0}$.

这就证明了 $\boldsymbol{\alpha}_1, \cdots, \boldsymbol{\alpha}_m, \boldsymbol{\beta}_1, \cdots, \boldsymbol{\beta}_{n_1-m}, \boldsymbol{\gamma}_1, \cdots, \boldsymbol{\gamma}_{n_2-m}$ 线性无关, 故

$$\dim(V_1 + V_2) + \dim(V_1 \cap V_2) = \dim V_1 + \dim V_2.$$

推论 2.2 若 n 维线性空间 V 的两个子空间 V_1, V_2 的维数之和大于 n, 则 $V_1 \cap V_2$ 必含有非零向量.

证 由题意 $\dim V_1 + \dim V_2 > n$, 又 $\dim(V_1 + V_2) \leqslant n$. 故

$$\dim(V_1 \cap V_2) = \dim V_1 + \dim V_2 - \dim(V_1 + V_2) > 0.$$

所以 $V_1 \cap V_2$ 含有非零向量.

若 $V_1 \cap V_2 = \{\mathbf{0}\}$, 则维数公式变为

$$\dim(V_1 + V_2) = \dim V_1 + \dim V_2.$$

这种情形非常重要, 这样的两个子空间之和称为直和.

定义 2.11 设 V_1, V_2 是数域 F 线性空间 V 的两个子空间, 如果和 $V_1 + V_2$ 中每个向量 $\boldsymbol{\alpha}$ 可唯一表示为

$$\boldsymbol{\alpha} = \boldsymbol{\alpha}_1 + \boldsymbol{\alpha}_2, \quad \boldsymbol{\alpha}_1 \in V_1, \quad \boldsymbol{\alpha}_2 \in V_2,$$

则称和 $V_1 + V_2$ 为直和, 记为 $V_1 \oplus V_2$.

下面我们给出直和的四种等价刻画.

定理 2.11 设 V_1, V_2 是数域 F 上线性空间 V 的两个子空间, 则下述四条等价.

(1) 和 V_1+V_2 是直和;

(2) 和 V_1+V_2 中零向量的表示法唯一, 即若 $\boldsymbol{\alpha}_1+\boldsymbol{\alpha}_2=\mathbf{0}\,(\boldsymbol{\alpha}_1\in V_1,\boldsymbol{\alpha}_2\in V_2)$, 则 $\boldsymbol{\alpha}_1=\mathbf{0}$, $\boldsymbol{\alpha}_2=\mathbf{0}$;

(3) $V_1\cap V_2=\{\mathbf{0}\}$;

(4) $\dim(V_1+V_2)=\dim V_1+\dim V_2$.

证 (1) $\Rightarrow$(2) 显然.

(2) $\Rightarrow$(3), 任取 $\boldsymbol{\alpha}\in V_1\cap V_2$, 因零向量可表示为

$$0=\boldsymbol{\alpha}+(-\boldsymbol{\alpha}),\quad \boldsymbol{\alpha}\in V_1,\quad -\boldsymbol{\alpha}\in V_2,$$

由 (2) 得 $\boldsymbol{\alpha}=\mathbf{0}$, 因此 $V_1\cap V_2=\{\mathbf{0}\}$.

(3) $\Rightarrow$(4), 由维数公式直接推得.

(4) $\Rightarrow$(1), 由维数公式及 (4) 知 $\dim(V_1\cap V_2)=0$, 即 $V_1\cap V_2=\{\mathbf{0}\}$, 设 $\boldsymbol{\alpha}\in V_1+V_2$ 有两个分解式,

$$\boldsymbol{\alpha}=\boldsymbol{\alpha}_1+\boldsymbol{\alpha}_2=\boldsymbol{\beta}_1+\boldsymbol{\beta}_2,\quad \boldsymbol{\alpha}_1,\boldsymbol{\beta}_1\in V_1,\quad \boldsymbol{\alpha}_2,\boldsymbol{\beta}_2\in V_2.$$

则

$$\boldsymbol{\alpha}_1-\boldsymbol{\beta}_1=-(\boldsymbol{\alpha}_2-\boldsymbol{\beta}_2),$$

其中 $\boldsymbol{\alpha}_1-\boldsymbol{\beta}_1\in V_1,\boldsymbol{\alpha}_2-\boldsymbol{\beta}_2\in V_2$, 从而 $\boldsymbol{\alpha}_1-\boldsymbol{\beta}_1,\boldsymbol{\alpha}_2-\boldsymbol{\beta}_2\in V_1\cap V_2$.

于是 $\boldsymbol{\alpha}_1=\boldsymbol{\beta}_1,\boldsymbol{\alpha}_2=\boldsymbol{\beta}_2$, 即向量 $\boldsymbol{\alpha}$ 的分解式是唯一的. 因而和 V_1+V_2 是直和.

定理 2.12 设 V_1 是数域 F 上有限维线性空间 V 的一个子空间, 则存在 V 的一个子空间 V_2 使得 $V=V_1\oplus V_2$.

证 不妨设 $\dim V_2=n<+\infty$, 则 $\dim V_1\leqslant n<+\infty$.

假定 $\dim V_1=r$, 取 V_1 的一组基 $\boldsymbol{\alpha}_1$, $\boldsymbol{\alpha}_2$, $\cdots$, $\boldsymbol{\alpha}_r$, 把它扩充成 V 的一组基 $\boldsymbol{\alpha}_1,\cdots,\boldsymbol{\alpha}_r,\boldsymbol{\alpha}_{r+1},\cdots,\boldsymbol{\alpha}_n$, 令

$$V_2=\mathrm{Span}\,(\boldsymbol{\alpha}_{r+1},\cdots,\boldsymbol{\alpha}_n),$$

则 V_2 即为所求.

子空间的直和概念可推广到有限多个子空间的情形.

定义 2.12 设 $V_1, V_2, \cdots, V_s$ 是数域 F 上线性空间 V 的 s 个子空间, 如果和 $V_1+V_2+\cdots+V_s$ 中每个向量 $\boldsymbol{\alpha}$ 可唯一表示为

$$\boldsymbol{\alpha}=\boldsymbol{\alpha}_1+\boldsymbol{\alpha}_2+\cdots+\boldsymbol{\alpha}_s, \quad \boldsymbol{\alpha}_i \in V_i \quad (i=1,2,\cdots,s),$$

则称和 $V_1+V_2+\cdots+V_s$ 为直和, 记为 $V_1 \oplus V_2 \oplus \cdots \oplus V_s$.

利用与定理 2.12 相类似的方法, 可得以下定理.

定理 2.13 设 $V_1, \cdots, V_s$ 是数域 F 上线性空间 V 的 s 个子空间, 则有下述等价刻画:

(1) 和 $V_1+V_2+\cdots+V_s$ 是直和;

(2) 和 $V_1+V_2+\cdots+V_s$ 中零向量的表示法唯一;

(3) $V_i \cap \sum\limits_{j \neq i} V_j=\{\mathbf{0}\}$;

(4) $\dim\left(V_1+V_2+\cdots+V_s\right)=\dim V_1+\dim V_2+\cdots+\dim V_s$.

2.5 线性空间的同构

如何在看似不同的线性空间中找到本质联系, 对线性空间的研究至关重要. 我们先从分析以下例子做起.

设 V 是数域 F 上的 n 维线性空间, $\boldsymbol{\alpha}_1, \boldsymbol{\alpha}_2, \cdots, \boldsymbol{\alpha}_n$ 是 V 的一组基, 对 V 中任一向量 $\boldsymbol{\alpha}$, 它可唯一表示为 $\boldsymbol{\alpha}_1, \boldsymbol{\alpha}_2, \cdots, \boldsymbol{\alpha}_n$ 的线性组合, 即

$$\boldsymbol{\alpha}=x_1 \boldsymbol{\alpha}_1+x_2 \boldsymbol{\alpha}_2+\cdots+x_n \boldsymbol{\alpha}_n .$$

令

$$\sigma: V \rightarrow F^n,$$

$$\boldsymbol{\alpha}=x_1 \boldsymbol{\alpha}_1+x_2 \boldsymbol{\alpha}_2+\cdots+x_n \boldsymbol{\alpha}_n \mapsto \boldsymbol{x}=\begin{pmatrix} x_1 \\ x_2 \\ \vdots \\ x_n \end{pmatrix},$$

则 σ 是 V 到 F^n 上的一一映射.

$\forall k \in F, \quad \forall \boldsymbol{\alpha}, \boldsymbol{\beta} \in V$, 有

$$\begin{aligned}
\boldsymbol{\beta} =& y_1\boldsymbol{\alpha}_1 + y_2\boldsymbol{\alpha}_2 + \cdots + y_n\boldsymbol{\alpha}_n, \\
\boldsymbol{\alpha}+\boldsymbol{\beta} =& (x_1+y_1)\,\boldsymbol{\alpha}_1 + (x_2+y_2)\,\boldsymbol{\alpha}_2 + \cdots + (x_n+y_n)\,\boldsymbol{\alpha}_n, \\
k\boldsymbol{\alpha} =& kx_1\boldsymbol{\alpha}_1 + kx_2\boldsymbol{\alpha}_2 + \cdots + kx_n\boldsymbol{\alpha}_n.
\end{aligned}$$

则

$$\sigma(\boldsymbol{\alpha}) = \boldsymbol{x} = \begin{pmatrix} x_1 \\ x_2 \\ \vdots \\ x_n \end{pmatrix}, \quad \sigma(\boldsymbol{\beta}) = \boldsymbol{y} = \begin{pmatrix} y_1 \\ y_2 \\ \vdots \\ y_n \end{pmatrix},$$

故

$$\sigma(\boldsymbol{\alpha}+\boldsymbol{\beta}) = \boldsymbol{x}+\boldsymbol{y} = \sigma(\boldsymbol{\alpha}) + \sigma(\boldsymbol{\beta}).$$

即 σ 保持运算关系不变.

这表明在映射 σ 下, 线性空间 V 的讨论可归结为 F^n 的讨论, 把这一例子一般化、抽象化, 有如下同构的概念.

定义 2.13 设 V 与 V' 都是数域 F 上的线性空间, 如果存在 V 到 V' 上的一一映射满足

(1) $\sigma(\boldsymbol{\alpha}+\boldsymbol{\beta}) = \sigma(\boldsymbol{\alpha}) + \sigma(\boldsymbol{\beta})$;

(2) $\sigma(k\boldsymbol{\alpha}) = k\sigma(\boldsymbol{\alpha})$,

其中 $\boldsymbol{\alpha}, \boldsymbol{\beta}$ 是 V 中任意向量, k 是数域 F 中任意数, 则称 σ 为 V 到 V' 的同构映射, 并称 V 与 V' 是同构的.

这说明数域 F 上 n 维线性空间 V 中取定一组基后, 向量与其坐标之间的对应就是 V 到 F^n 的一个同构映射, 因此数域 F 上任一 n 维线性空间都与 F^n 同构.

定理 2.14 设 V 与 V' 是数域 F 上的同构线性空间, σ 为 V 到 V' 的同构映射, 则

(1) $\sigma(\mathbf{0}) = \mathbf{0}$;

(2) 对任意的 $\boldsymbol{\alpha} \in V$, 有 $\sigma(-\boldsymbol{\alpha}) = -\sigma(\boldsymbol{\alpha})$;

(3) 若 $\boldsymbol{\alpha}_1, \cdots, \boldsymbol{\alpha}_m$ 是 V 的一个向量组, $k_1, k_2, \cdots, k_m \in F$, 则

$$\sigma(k_1\boldsymbol{\alpha}_1 + \cdots + k_m\boldsymbol{\alpha}_m) = k_1\sigma(\boldsymbol{\alpha}_1) + \cdots + k_m\sigma(\boldsymbol{\alpha}_m);$$

(4) V 中向量组 $\boldsymbol{\alpha}_1, \cdots, \boldsymbol{\alpha}_m$ 线性相关当且仅当它们的像 $\sigma(\boldsymbol{\alpha}_1), \cdots, \sigma(\boldsymbol{\alpha}_m)$ 是 V' 中线性相关的向量组;

(5) 若 $\dim V = n$, $\boldsymbol{\alpha}_1$, $\boldsymbol{\alpha}_2$, $\cdots$, $\boldsymbol{\alpha}_n$ 是 V 的一组基, 则 $\dim V' = n$, 且 $\sigma(\boldsymbol{\alpha}_1), \cdots, \sigma(\boldsymbol{\alpha}_n)$ 是 V' 的一组基.

证 (1) 任取任取 $\boldsymbol{\alpha}' \in V'$, 因为 σ 是满射, 故存在 $\boldsymbol{\alpha} \in V$ 使得 $\sigma(\boldsymbol{\alpha}) = \boldsymbol{\alpha}'$, 于是

$$\boldsymbol{\alpha}' + \sigma(\mathbf{0}) = \sigma(\boldsymbol{\alpha}) + \sigma(\mathbf{0}) = \sigma(\boldsymbol{\alpha} + \mathbf{0}) = \sigma(\boldsymbol{\alpha}) = \boldsymbol{\alpha}',$$

这说明 $\sigma(\mathbf{0})$ 是 V' 的零向量.

(2) 由 $\sigma(\boldsymbol{\alpha}) + \sigma(-\boldsymbol{\alpha}) = \sigma(\boldsymbol{\alpha} + (-\boldsymbol{\alpha})) = \sigma(\mathbf{0}) = \mathbf{0}$, 故 $\sigma(-\boldsymbol{\alpha}) = -\sigma(\boldsymbol{\alpha})$.

(3) 由同构的定义可得.

(4) 若 $\boldsymbol{\alpha}_1, \cdots, \boldsymbol{\alpha}_m$ 线性相关, 则存在不全为零的数 $k_1, k_2, \cdots, k_m \in F$ 使得

$$k_1\boldsymbol{\alpha}_1 + \cdots + k_m\boldsymbol{\alpha}_m = \mathbf{0}.$$

由 (1) 和 (3) 得

$$k_1\sigma(\boldsymbol{\alpha}_1) + \cdots + k_m\sigma(\boldsymbol{\alpha}_m) = \mathbf{0},$$

故 $\sigma(\boldsymbol{\alpha}_1), \cdots, \sigma(\boldsymbol{\alpha}_m)$ 线性相关.

反之, 如果 $\sigma(\boldsymbol{\alpha}_1), \cdots, \sigma(\boldsymbol{\alpha}_m)$ 线性相关, 则存在不全为零的数 $k_1, \cdots, k_m \in F$ 使得

$$k_1\sigma(\boldsymbol{\alpha}_1) + \cdots + k_m\sigma(\boldsymbol{\alpha}_m) = \mathbf{0}.$$

即

$$\sigma(k_1\boldsymbol{\alpha}_1 + \cdots + k_m\boldsymbol{\alpha}_m) = \mathbf{0}.$$

由 σ 是一一映射, 所以 $k_1\boldsymbol{\alpha}_1 + \cdots + k_m\boldsymbol{\alpha}_m = \mathbf{0}$, 从而 $\boldsymbol{\alpha}_1, \boldsymbol{\alpha}_2, \cdots, \boldsymbol{\alpha}_m$ 线性相关.

(5) 据 (4), $\sigma(\boldsymbol{\alpha}_1), \cdots, \sigma(\boldsymbol{\alpha}_n)$ 是 V' 的线性无关向量组, 对任意 $\boldsymbol{\alpha}' \in V'$, 因为 σ 是满射, 则

$$\boldsymbol{\alpha}' = \sigma(x_1\boldsymbol{\alpha}_1 + \cdots + x_n\boldsymbol{\alpha}_n) = x_1\sigma(\boldsymbol{\alpha}_1) + \cdots + x_n\sigma(\boldsymbol{\alpha}_n).$$

这表明 $\dim V' = n$, 且 $\sigma(\boldsymbol{\alpha}_1), \cdots, \sigma(\boldsymbol{\alpha}_n)$ 是 V' 的一组基.

下面, 我们给出数域 F 上两个有限维线性空间同构的一个刻画.

定理 2.15 数域 F 上的两个有限维线性空间 V 与 V' 同构的充分必要条件是 $\dim V = \dim V'$.

证 由上述证明可得必要性.

下证充分性. 设 $\dim V = \dim V'$, 在 V 与 V' 中分别取一组基 $\boldsymbol{\alpha}_1, \boldsymbol{\alpha}_2, \cdots, \boldsymbol{\alpha}_n$ 与 $\boldsymbol{\beta}_1, \boldsymbol{\beta}_2, \cdots, \boldsymbol{\beta}_n$, 则对任一向量 $\boldsymbol{\alpha} \in V$, $\boldsymbol{\alpha}$ 有唯一表示

$$\boldsymbol{\alpha} = x_1\boldsymbol{\alpha}_1 + x_2\boldsymbol{\alpha}_2 + \cdots + x_n\boldsymbol{\alpha}_n.$$

定义 V 到 V' 的映射 σ 如下:

$$\sigma(\boldsymbol{\alpha}) = x_1\boldsymbol{\beta}_1 + x_2\boldsymbol{\beta}_2 + \cdots + x_n\boldsymbol{\beta}_n.$$

可以验证 σ 为 V 到 V' 的一一映射, 且满足对任意 $\boldsymbol{\alpha}_1, \boldsymbol{\alpha}_2 \in V$, $k \in F$ 有

$$\begin{aligned}&\sigma(\boldsymbol{\alpha}_1 + \boldsymbol{\alpha}_2) = \sigma(\boldsymbol{\alpha}_1) + \sigma(\boldsymbol{\alpha}_2),\\&\sigma(k\boldsymbol{\alpha}_1) = k\sigma(\boldsymbol{\alpha}_1).\end{aligned}$$

从而是 V 到 V' 的一个同构映射, 即 V 与 V' 同构.

该结果表明每一个数域 F 上的 n 维线性空间都与 n 维向量空间 F^n 同构, 进而 F^n 中的一些结论在一般的线性空间中也成立.

2.6 线性变换及其矩阵

定义 2.14 设 V_1, V_2 是数域 F 上的两个线性空间, σ 是 V_1 到 V_2 的一个映射, 如果对 V_1 中任意两个向量 $\boldsymbol{\alpha}, \boldsymbol{\beta}$ 和任意数 $k \in F$, 有

$$\begin{aligned}&\sigma(\boldsymbol{\alpha} + \boldsymbol{\beta}) = \sigma(\boldsymbol{\alpha}) + \sigma(\boldsymbol{\beta}),\\&\sigma(k\boldsymbol{\alpha}) = k\sigma(\boldsymbol{\alpha}),\end{aligned}$$

则称 σ 是 V_1 到 V_2 的线性映射, 特别地, 当 $V_1 = V_2 = V$ 时, σ 称为 V 上的线性变换.

例 2.15 设 V 是数域 F 上的线性空间, $\lambda \in F$, 定义

$$T(\boldsymbol{\alpha}) = \lambda\boldsymbol{\alpha}, \quad \boldsymbol{\alpha} \in V.$$

可以验证 T 是线性变换. 当 $\lambda = 0$ 时, 称 T 为零变换; 当 $\lambda = 1$ 时, 称 T 为恒等变换.

据定义可知, 数域 F 上的线性空间 V 上的线性变换 T 具有如下性质:

(1) $T(\mathbf{0}) = \mathbf{0}$;

(2) $T(-\boldsymbol{\alpha}) = -T(\boldsymbol{\alpha})$;

(3) $T\left(\sum\limits_{i=1}^{r} k_i\boldsymbol{\alpha}_i\right) = \sum\limits_{i=1}^{r} k_i T(\boldsymbol{\alpha}_i)$;

(4) 若 $\boldsymbol{\alpha}_1, \boldsymbol{\alpha}_2, \cdots, \boldsymbol{\alpha}_s$ 线性相关, 则 $T(\boldsymbol{\alpha}_1), T(\boldsymbol{\alpha}_2), \cdots, T(\boldsymbol{\alpha}_s)$ 亦线性相关, 但一般线性变换不能保持线性无关性不变, 如零变换就把线性无关组变为线性相关组.

记 V 上所有线性变换组成的集合为 $L(V)$, 可在其上定义线性变换的加法、乘法和数量乘法如下.

定义 2.15 设 $T_1, T_2 \in L(V)$, 定义

(1) 变换的乘积 T_1T_2:

$$\forall \boldsymbol{\alpha} \in V, \quad (T_1T_2)(\boldsymbol{\alpha}) = T_1(T_2(\boldsymbol{\alpha}));$$

(2) 变换的加法 $T_1 + T_2$:

$$\forall \boldsymbol{\alpha} \in V, \quad (T_1 + T_2)(\boldsymbol{\alpha}) = T_1(\boldsymbol{\alpha}) + T_2(\boldsymbol{\alpha});$$

(3) 数乘变换 kT:

$$\forall \boldsymbol{\alpha} \in V, \quad k \in F, \quad (kT)(\boldsymbol{\alpha}) = kT(\boldsymbol{\alpha});$$

(4) 可逆变换: 对变换 T_1, 若存在变换 T_2, 使

$$T_1 \cdot T_2 = T_2 \cdot T_1 = I \quad (\text{恒等变换}),$$

则称 T_1 为可逆变换, T_2 是 T_1 的逆变换, 记为 $T_2 = T_1^{-1}$.

易证上述四种线性变换运算的结果仍然是 V 上的线性变换.

为便于研究 n 维线性空间 V 上的线性变换, 现讨论其与矩阵的关系. 取 V 中的一组基 $\boldsymbol{\alpha}_1, \boldsymbol{\alpha}_2, \cdots, \boldsymbol{\alpha}_n$, 基向量的像 $T(\boldsymbol{\alpha}_1), T(\boldsymbol{\alpha}_2), \cdots, T(\boldsymbol{\alpha}_n)$ 仍可用基作如下线性表示:

$$\left\{\begin{array}{c} T(\boldsymbol{\alpha}_1) = a_{11}\boldsymbol{\alpha}_1 + a_{21}\boldsymbol{\alpha}_2 + \cdots + a_{n1}\boldsymbol{\alpha}_n, \\ T(\boldsymbol{\alpha}_2) = a_{12}\boldsymbol{\alpha}_1 + a_{22}\boldsymbol{\alpha}_2 + \cdots + a_{n2}\boldsymbol{\alpha}_n, \\ \cdots\cdots \\ T(\boldsymbol{\alpha}_n) = a_{1n}\boldsymbol{\alpha}_1 + a_{2n}\boldsymbol{\alpha}_2 + \cdots + a_{nn}\boldsymbol{\alpha}_n. \end{array}\right. \tag{2.3}$$

或表示成

$$T(\boldsymbol{\alpha}_1, \boldsymbol{\alpha}_2, \cdots, \boldsymbol{\alpha}_n) = (T(\boldsymbol{\alpha}_1), T(\boldsymbol{\alpha}_2), \cdots, T(\boldsymbol{\alpha}_n)) = (\boldsymbol{\alpha}_1, \boldsymbol{\alpha}_2, \cdots, \boldsymbol{\alpha}_n) A.$$

其中

$$A = \begin{pmatrix} a_{11} & a_{12} & \cdots & a_{1n} \\ a_{21} & a_{22} & \cdots & a_{2n} \\ \vdots & \vdots & & \vdots \\ a_{n1} & a_{n2} & \cdots & a_{nn} \end{pmatrix}.$$

方阵 A 称为线性变换 T 在基 $\boldsymbol{\alpha}_1, \boldsymbol{\alpha}_2, \cdots, \boldsymbol{\alpha}_n$ 下的矩阵.

由上述分析, A 的第 i 列是 $\boldsymbol{\alpha}_i$ 在基 $\boldsymbol{\alpha}_1, \boldsymbol{\alpha}_2, \cdots, \boldsymbol{\alpha}_n$ 下的坐标, 坐标的唯一性决定了 A 的唯一性; 反之给定 A 之后, 由式 (2.3) 可以完全确定 $\boldsymbol{\alpha}_i$ 的像 $T(\boldsymbol{\alpha}_i)\,(i = 1, 2, \cdots, n)$, 从而可完全确定线性变换 T, 即 T 与方阵 A 相互唯一确定, 不妨记

$$\sigma : L(V) \to F^{n\times n}$$

为该对应关系; σ 为一一映射.

下述结果表明 σ 还具有另外一些重要的对应关系.

定理 2.16 设 $V_1, V_2 \in L(V)$, 它们在基 $\boldsymbol{\alpha}_1, \boldsymbol{\alpha}_2, \cdots, \boldsymbol{\alpha}_n$ 下的矩阵分别为 A 和 B, 则在基 $\boldsymbol{\alpha}_1, \boldsymbol{\alpha}_2, \cdots, \boldsymbol{\alpha}_n$ 下

(1) $T_1 + T_2$ 的矩阵为 $A + B$;

(2) $T_1 \cdot T_2$ 的矩阵为 AB;

(3) kT_1 的矩阵为 kA;

(4) T_1 为可逆变换的充要条件是 A 为逆矩阵, 且 T_1^{-1} 的矩阵为 A^{-1}.

证 仅证 (2) 及 (4).

(2) 据已知条件, 有

$$T_1(\boldsymbol{\alpha}_1, \boldsymbol{\alpha}_2, \cdots, \boldsymbol{\alpha}_n) = (\boldsymbol{\alpha}_1, \boldsymbol{\alpha}_2, \cdots, \boldsymbol{\alpha}_n) A,$$
$$T_2(\boldsymbol{\alpha}_1, \boldsymbol{\alpha}_2, \cdots, \boldsymbol{\alpha}_n) = (\boldsymbol{\alpha}_1, \boldsymbol{\alpha}_2, \cdots, \boldsymbol{\alpha}_n) B.$$

则

$$T_1T_2(\boldsymbol{\alpha}_1, \boldsymbol{\alpha}_2, \cdots, \boldsymbol{\alpha}_n) = T_1(T_2(\boldsymbol{\alpha}_1, \boldsymbol{\alpha}_2, \cdots, \boldsymbol{\alpha}_n)),$$

即

$$T_1(\boldsymbol{\alpha}_1, \boldsymbol{\alpha}_2, \cdots, \boldsymbol{\alpha}_n) B = (\boldsymbol{\alpha}_1, \boldsymbol{\alpha}_2, \cdots, \boldsymbol{\alpha}_n) AB.$$

故在基 $\boldsymbol{\alpha}_1, \boldsymbol{\alpha}_2, \cdots, \boldsymbol{\alpha}_n$ 下线性变换 T_1T_2 的矩阵是 AB.

(4) T_1 可逆当且仅当存在 T_2, 使 $T_1T_2 = I$, 又恒等变换 I 在任何基下的矩阵为单位矩阵 E, 由 (2) 知 $AB = E$, 从而 T_1 可逆当且仅当 A 可逆, T_1^{-1} 的矩阵是A^{-1}.

经过分析, 得以下定理.

定理 2.17 设 V 是数域 F 上的 n 维线性空间, $\boldsymbol{\alpha}_1, \boldsymbol{\alpha}_2, \cdots, \boldsymbol{\alpha}_n$ 是 V 的一组基, 则 V 上的每一个线性变换与它在基 $\boldsymbol{\alpha}_1, \boldsymbol{\alpha}_2, \cdots, \boldsymbol{\alpha}_n$ 下的矩阵之间的对应 σ 是线性空间 $L(V)$ 到 $F^{n\times n}$ 的同构映射, 从而 $L(V)$ 与 $F^{n\times n}$ 同构. 即 $\dim L(V) = n^2$.

下面讨论同一线性变换在不同的基下对应矩阵之间的关系.

设 $\boldsymbol{\alpha}_1, \boldsymbol{\alpha}_2, \cdots, \boldsymbol{\alpha}_n$ 和 $\boldsymbol{\beta}_1, \boldsymbol{\beta}_2, \cdots, \boldsymbol{\beta}_n$ 是 V 的两组基, 有关系

$$(\boldsymbol{\beta}_1, \boldsymbol{\beta}_2, \cdots, \boldsymbol{\beta}_n) = (\boldsymbol{\alpha}_1, \boldsymbol{\alpha}_2, \cdots, \boldsymbol{\alpha}_n) P,$$

P 为过渡矩阵.

设 T 在两组基下的变换矩阵分别为 A 和 B, 即

$$T(\boldsymbol{\alpha}_1, \boldsymbol{\alpha}_2, \cdots, \boldsymbol{\alpha}_n) = (\boldsymbol{\alpha}_1, \boldsymbol{\alpha}_2, \cdots, \boldsymbol{\alpha}_n) A,$$
$$T(\boldsymbol{\beta}_1, \boldsymbol{\beta}_2, \cdots, \boldsymbol{\beta}_n) = (\boldsymbol{\beta}_1, \boldsymbol{\beta}_2, \cdots, \boldsymbol{\beta}_n) B.$$

则

$$\begin{aligned} T(\boldsymbol{\beta}_1, \boldsymbol{\beta}_2, \cdots, \boldsymbol{\beta}_n) &= T((\boldsymbol{\alpha}_1, \boldsymbol{\alpha}_2, \cdots, \boldsymbol{\alpha}_n) P) = (\boldsymbol{\alpha}_1, \boldsymbol{\alpha}_2, \cdots, \boldsymbol{\alpha}_n) AP \\ &= (\boldsymbol{\beta}_1, \boldsymbol{\beta}_2, \cdots, \boldsymbol{\beta}_n) P^{-1}AP. \end{aligned}$$

比较上式, 有

$$B = P^{-1}AP.$$

综上分析, 有以下定理.

定理 2.18 设 F 上的线性空间的基 $\boldsymbol{\alpha}_1, \boldsymbol{\alpha}_2, \cdots, \boldsymbol{\alpha}_n$ 到基 $\boldsymbol{\beta}_1, \boldsymbol{\beta}_2, \cdots, \boldsymbol{\beta}_n$ 的过渡矩阵为 P, V 上线性变换 T 在上述两组基下的矩阵分别为 A 和 B, 则有

$$B = P^{-1}AP.$$

2.7 不变子空间

本节将介绍线性变换的不变子空间理论, 以此讨论线性变换与子空间之间的关系.

定义 2.16 设 T 是数域 F 上线性空间 V 的线性变换, W 是 V 的子空间, 若对任意 $\boldsymbol{\alpha} \in W$, 有 $T(\boldsymbol{\alpha}) \in W$, 则称 W 是 T 的不变子空间.

例 2.16 整个线性空间 V 和零子空间 $\{\mathbf{0}\}$, 对于每个线性变换 T 而言都是 T 的不变子空间.

下面给出线性变换的特征值和特征向量的概念, 它们是研究线性变换的重要工具, 在物理、力学和工程技术中具有实际的意义.

定义 2.17 设 T 是数域 F 上线性空间 V 的一个线性变换, 若存在数 $\lambda \in F$ 以及非零向量 $\boldsymbol{\alpha} \in V$ 使得

$$T(\boldsymbol{\alpha}) = \lambda\boldsymbol{\alpha}.$$

则称 λ 为 T 的特征值, 并称 $\boldsymbol{\alpha}$ 为 T 的属于 (或对应于) 特征值 λ 的特征向量.

对线性空间 V 上线性变换 T 的任一特征值 λ, 所有满足

$$T(\boldsymbol{\alpha}) = \lambda\boldsymbol{\alpha}$$

的向量 $\boldsymbol{\alpha}$ 所组成的集合, 也就是 T 的属于特征值 λ 的全部特征向量再添上零向量所组成的集合, 记为 V_λ, 即

$$V_\lambda = \{\boldsymbol{\alpha} : T(\boldsymbol{\alpha}) = \lambda\boldsymbol{\alpha}, \boldsymbol{\alpha} \in V\},$$

则 V_λ 是 V 的一个子空间, 称为 T 的属于 λ 的特征子空间.

定义 V 上线性变换 T 的值域 $R(T)$ 和 $\mathrm{Ker}(T)$ 如下:

$$R(T)=\{T(\boldsymbol{\alpha}):\boldsymbol{\alpha}\in V\},$$

$$\mathrm{Ker}(T)=\{\boldsymbol{\alpha}\in V:T(\boldsymbol{\alpha})=\mathbf{0}\}.$$

有如下结论.

例 2.17　线性空间 V 上线性变换 T 的值域 $R(T)$ 与核 $\mathrm{Ker}(T)$ 以及 T 的特征子空间都是 T 的不变子空间.

证　任取 $\boldsymbol{\alpha}\in R(T)$, 由 $T(\boldsymbol{\alpha})\in R(T)$, 故 $R(T)$ 是 T 的不变子空间. 任取 $\boldsymbol{\alpha}\in \mathrm{Ker}(T)$, 由 $T(\boldsymbol{\alpha})\in \mathrm{Ker}(T)$, 故 $\mathrm{Ker}(T)$ 是 T 的不变子空间.

设 V_λ 是 T 的任一特征子空间, 任取 $\boldsymbol{\alpha}\in V_\lambda$, 由 $T(\boldsymbol{\alpha})=\lambda\boldsymbol{\alpha}\in V_\lambda$, 所以 V_λ 是 T 的不变子空间.

定理 2.19　线性变换 T 的不变子空间的交与和都是 T 的不变子空间.

证　设 $V_1,V_2,\cdots,V_r$ 都是 T 的不变子空间, 任取 $\boldsymbol{\alpha}\in\bigcap\limits_{i=1}^{r}V_i$, 则 $\boldsymbol{\alpha}\in V_i(i=1,2,\cdots,r)$, 由 $T(\boldsymbol{\alpha})\in V_i\,(i=1,2,\cdots,r)$, 故 $T(\boldsymbol{\alpha})\in\bigcap\limits_{i=1}^{r}V_i$, 因此 $\bigcap\limits_{i=1}^{r}V_i$ 是 T 的不变子空间.

在 $V_1+V_2+\cdots+V_r$ 中任取一向量 $\boldsymbol{\alpha}_1,\boldsymbol{\alpha}_2,\cdots,\boldsymbol{\alpha}_r$, 其中 $\boldsymbol{\alpha}\in V_i\,(i=1,2,\cdots,r)$, 则

$$T(\boldsymbol{\alpha}_1+\boldsymbol{\alpha}_2+\cdots+\boldsymbol{\alpha}_r)=T(\boldsymbol{\alpha}_1)+T(\boldsymbol{\alpha}_2)+\cdots+T(\boldsymbol{\alpha}_r).$$

因 $T(\boldsymbol{\alpha}_i)\in V_i(i=1,2,\cdots,r)$, 故 $T(\boldsymbol{\alpha}_1+\boldsymbol{\alpha}_2+\cdots+\boldsymbol{\alpha}_r)\in V_1+V_2+\cdots+V_r$, 因此 $\sum\limits_{i=1}^{r}V_i$ 是 T 的不变子空间.

下述结果给出了一个线性空间 V 的有限维子空间, W 是 T 的不变子空间的判别方法.

定理 2.20　设线性空间 V 的子空间 $W=\mathrm{Span}(\boldsymbol{\alpha}_1,\boldsymbol{\alpha}_2,\cdots,\boldsymbol{\alpha}_r)$, 则 W 是线性变换 T 的不变子空间的充分必要条件是 $T(\boldsymbol{\alpha}_i)\in W(i=1,2,\cdots,r)$.

证　据不变子空间的定义可知, 对任意 $\boldsymbol{\alpha}\in W$, 有 $T(\boldsymbol{\alpha})\in W$, 故 $T(\boldsymbol{\alpha}_i)\in W\,(i=1,2,\cdots,r)$, 必要性得证.

充分性 对任意 $\boldsymbol{\alpha} \in W$, 则

$$\boldsymbol{\alpha} = \sum_{i=1}^{r} k_i \boldsymbol{\alpha}_i.$$

从而, $T(\boldsymbol{\alpha}) = \sum\limits_{i=1}^{r} k_i T(\boldsymbol{\alpha}_i) \in W$, 故 W 是 T 的不变子空间.

为了利用线性变换 T 的不变子空间来研究 T 的矩阵化简问题, 首先分析 T 的一维不变子空间与 T 的特征向量间的关系.

定理 2.21 设 T 是线性空间 V 上的线性变换, 若 W 是 T 的一维不变子空间, 则 W 中任何一个非零向量都是 T 的特征向量; 反之, 若 $\boldsymbol{\alpha}$ 是 T 的一个特征向量, 则 $\mathrm{Span}(\boldsymbol{\alpha})$ 是 T 的一维不变子空间.

证 设 W 是 T 的一维不变子空间, 对任意 $\boldsymbol{\alpha} \in W$ 且 $\boldsymbol{\alpha} \neq \mathbf{0}$, 则 $\boldsymbol{\alpha}$ 是 W 的一个量, 由 W 是 T 的不变子空间, 所以 $T(\boldsymbol{\alpha}) \in W$, 从而存在 $\lambda \in F$ 使得 $T(\boldsymbol{\alpha}) = \lambda\boldsymbol{\alpha}$. 因此 $\boldsymbol{\alpha}$ 是 T 的特征向量.

反之, 设 $\boldsymbol{\alpha}$ 是 T 的一个特征向量, 即 $T(\boldsymbol{\alpha}) = \lambda\boldsymbol{\alpha}$, 在 $\mathrm{Span}(\boldsymbol{\alpha})$ 中任取一个向量 $k\boldsymbol{\alpha}$, 有

$$T(k\boldsymbol{\alpha}) = kT(\boldsymbol{\alpha}) = k(\lambda\boldsymbol{\alpha}) = (k\lambda)\boldsymbol{\alpha} \in \mathrm{Span}(\boldsymbol{\alpha}).$$

所以 $\mathrm{Span}(\boldsymbol{\alpha})$ 是 T 的一维不变子空间.

定义 2.18 设 T 是数域 F 上 n 维线性空间 V 上的一个线性变换, 如果存在 V 中一组基, 使得 T 在这一组基下的矩阵是对角矩阵, 则称 T 是可对角化的.

定理 2.22 数域 F 上 n 维线性空间 V 上的一个线性变换 T 可对角化的充分必要条件是 T 有 n 个线性无关的特征向量.

证 设 T 在基 $\boldsymbol{\alpha}_1, \boldsymbol{\alpha}_2, \cdots, \boldsymbol{\alpha}_n$ 下的矩阵是对角矩阵

$$\begin{pmatrix} \lambda_1 & & & \\ & \lambda_2 & & \\ & & \ddots & \\ & & & \lambda_n \end{pmatrix},$$

则

$$T(\boldsymbol{\alpha}_i) = \lambda_i \boldsymbol{\alpha}_i, \quad i = 1, 2, \cdots, n.$$

于是 $\boldsymbol{\alpha}_1, \boldsymbol{\alpha}_2, \cdots, \boldsymbol{\alpha}_n$ 是 T 的 n 个线性无关的特征向量.

反之, 若 T 有 n 个线性无关特征向量 $\boldsymbol{\alpha}_1, \boldsymbol{\alpha}_2, \cdots, \boldsymbol{\alpha}_n$, 则取 $\boldsymbol{\alpha}_1, \boldsymbol{\alpha}_2, \cdots, \boldsymbol{\alpha}_n$ 为 V 的一组基, 并且 T 在这组基下的矩阵是对角矩阵.

定理 2.23 设 T 是数域 F 上 n 维线性空间 V 的线性变换, 则 T 对应的方阵 A 可对角化的充要条件是 V 可以分解成 T 的一维不变子空间的直和.

证 必要性 设 T 可对角化, 则由定理 2.22, T 有 n 个线性无关的特征向量 $\boldsymbol{\alpha}_1, \boldsymbol{\alpha}_2, \cdots, \boldsymbol{\alpha}_n$, 它们构成 V 的一组基, 因此

$$V = \mathrm{Span}\,(\boldsymbol{\alpha}_1) \oplus \mathrm{Span}\,(\boldsymbol{\alpha}_2) \oplus \cdots \oplus \mathrm{Span}\,(\boldsymbol{\alpha}_n)\,.$$

由定理 2.21 知, $\mathrm{Span}\,(\boldsymbol{\alpha}_i)\,(i = 1, 2, \cdots, n)$ 是 T 的一维不变子空间.

充分性 设 V 可分解为 T 的一维不变子空间 $W_i\,(i = 1, 2, \cdots, n)$ 的直和.

$$V = W_1 \oplus W_2 \oplus \cdots \oplus W_n.$$

在 W_i 中取基 $\boldsymbol{\alpha}_i$, 由定理 2.21 知, $\boldsymbol{\alpha}_i\,(i = 1, 2, \cdots, n)$ 是 T 的特征向量, 所以 $\boldsymbol{\alpha}_1, \boldsymbol{\alpha}_2, \cdots, \boldsymbol{\alpha}_n$ 是 V 的一组基, 从而 A 可对角化.

习 题 2

1. 判别以下集合按所给的线性运算是否构成实数域上的线性空间.

(1) $V = \left\{ \boldsymbol{x} = (x_1, x_2, \cdots, x_n)^{\mathrm{T}} \middle| A\boldsymbol{x} = \boldsymbol{0}, A \in \mathbb{R}^{n \times n} \right\}$;

(2) A 是 n 阶实数矩阵, A 的实系数多项式 $f\,(A)$ 的全体, 对于矩阵的加法和数乘;

(3) 全体实数的二元数列, 对于如下定义的加法 " $\oplus$ " 和数乘 "$\circ$" 运算:

$$(a_1, b_1) \oplus (a_2, b_2) = (a_1 + a_2, b_1 + b_2 + a_1 a_2)\,,$$
$$k \circ (a_1, b_1) = \left(k a_1, k b_1 + \frac{k\,(k-1)}{2} a_1^2 \right);$$

(4) $V = \left\{ \begin{pmatrix} a & b \\ -b & 0 \end{pmatrix} \middle| a, b \in \mathbb{R} \right\}$, 对于矩阵的加法和数乘;

(5) $V = \left\{ \begin{pmatrix} a & b \\ -b & 2 \end{pmatrix} \middle| a, b \in \mathbb{R} \right\}$, 对于矩阵的加法和数乘;

(6) $V = \left\{ (a, b, a, b, \cdots, a, b)_{1 \times n} \middle| a, b \in \mathbb{R} \right\}$, 对于向量的加法和数乘.

2. 判别 $\mathbb{R}^{3 \times 3}$ 的下列子集是否构成子空间:

(1) $V_1 = \left\{ A \middle| A^2 = A, A \in \mathbb{R}^{3 \times 3} \right\}$;

(2) $V_2 = \left\{ A \middle| \det A = 0, A \in \mathbb{R}^{3 \times 3} \right\}$;

(3) $V_3=\left\{A\middle|A=(a_{ij})_{3\times3},\sum\limits_{i=1}^{3}\sum\limits_{j=1}^{3}a_{ij}=0\right\}$;

(4) $V_4=\left\{A\middle|A=(a_{ij})_{3\times3},\sum\limits_{i=1}^{3}\sum\limits_{j=1}^{3}a_{ij}=1\right\}$.

3. 求 $\mathbb{R}^{n\times n}$ 中全体对称 (反对称、上三角) 矩阵构成的子实数域 $\mathbb{R}$ 上的线性空间的 (一个) 基和维数.

4. 矩阵空间 $\mathbb{R}^{2\times2}$ 中, $A=\begin{pmatrix}1&2\\3&4\end{pmatrix}$, 试在下列基下表示 A 的坐标.

(1) 取基为 $E_{11}, E_{12}, E_{21}, E_{22}$;

(2) 取基为 $B_1=\begin{pmatrix}1&1\\1&1\end{pmatrix}, B_2=\begin{pmatrix}0&1\\1&1\end{pmatrix}, B_3=\begin{pmatrix}0&0\\1&1\end{pmatrix}, B_4=\begin{pmatrix}0&0\\0&1\end{pmatrix}$.

5. 在 $\mathbb{R}^{2\times2}$ 中, 求由基 (I):

$$A_1=\begin{pmatrix}2&1\\0&1\end{pmatrix}, A_2=\begin{pmatrix}0&1\\2&2\end{pmatrix}, A_3=\begin{pmatrix}-2&1\\1&2\end{pmatrix}, A_4=\begin{pmatrix}1&3\\1&2\end{pmatrix}$$

到基 (II):

$$B_1=\begin{pmatrix}1&2\\-1&0\end{pmatrix}, B_2=\begin{pmatrix}1&-1\\1&1\end{pmatrix}, B_3=\begin{pmatrix}-1&2\\1&1\end{pmatrix}, B_4=\begin{pmatrix}-1&-1\\0&1\end{pmatrix}$$

的过渡矩阵.

6. 设 $\boldsymbol{\alpha}_1, \boldsymbol{\alpha}_2, \boldsymbol{\alpha}_3, \boldsymbol{\alpha}_4$ 是四维线性空间 V 的一组基, 已知线性变换 σ 在这组基下的矩阵为

$$A=\begin{pmatrix}1&0&2&1\\-1&2&1&3\\1&2&5&5\\2&-2&1&-2\end{pmatrix}.$$

(1) 求 σ 在基 $\boldsymbol{\beta}_1=\boldsymbol{\alpha}_1-2\boldsymbol{\alpha}_2+\boldsymbol{\alpha}_4,\boldsymbol{\beta}_2=3\boldsymbol{\alpha}_2-\boldsymbol{\alpha}_3-\boldsymbol{\alpha}_4,\boldsymbol{\beta}_3=\boldsymbol{\alpha}_3+\boldsymbol{\alpha}_4,\boldsymbol{\beta}_4=2\boldsymbol{\alpha}_4$ 下的矩阵;

(2) 求 σ 的值域与核;

(3) 在 σ 的核中选一组基, 把它扩充成 V 的一组基, 并求 σ 在这组基下的矩阵;

(4) 在 σ 的值域中选一组基, 把它扩充成 V 的一组基, 并求 σ 在这组基下的矩阵.

7. 设 V_1, V_2 都是线性空间 V 的子空间, 且 $V_1\subseteq V_2$, 证明: 如果 $\dim V_1=\dim V_2$, 则 $V_1=V_2$.

8. 判断下述规则 σ, τ 是否成为各自线性空间 V 的变换.

(1) $V=\mathbb{R}[x]_3$, 对于任意的 $f(x)=a_0+a_1x+a_2x^2\in V$, 则

$$\sigma(f(x))=\frac{\mathrm{d}}{\mathrm{d}x}f(x),$$

$$\tau(f(x))=xf(x);$$

(2) $V=\mathbb{R}^2$, 对于任意的 $\boldsymbol{\alpha}=(a,b)^{\mathrm{T}}\in V$, 则 $\sigma(\boldsymbol{\alpha})=(a+1,b+1)^{\mathrm{T}}$, $\tau(\boldsymbol{\alpha})=(a_i,b_i)^{\mathrm{T}}$.

9. 设 V_1, V_2 分别是齐次线性方程组 $x_1+x_2+\cdots+x_n=0$ 与 $x_1=x_2=\cdots=x_n$ 的线性空间, 试证明

$$F^n=V_1\oplus V_2.$$

10. 对任一 $A\in\mathbb{R}^{n\times n}$, 又给定 $B\in\mathbb{R}^{n\times n}$, 定义变换 T 如下:

$$T(A)=BA-AB.$$

证明: (1) T 是 $\mathbb{R}^{n\times n}$ 的线性变换;

(2) 对任意 $A,C\in\mathbb{R}^{n\times n}$ 有

$$T(AC)=T(A)\cdot C+A\cdot T(C).$$

11. 设 T, S 是 $\mathbb{R}^3$ 的两个线性变换, 分别定义为

$$T(x,y,z)=(x+y+z,0,0),$$
$$S(x,y,z)=(y,z,x).$$

试证: $T+S$ 的像集是 $\mathbb{R}^3$, 即 $(T+S)\left(\mathbb{R}^3\right)=\mathbb{R}^3$.

12. 设 $\mathbb{R}^3$ 的线性变换 T 与 S 定义如下:

$$T(x_1,x_2,x_3)=(2x_1-x_2,x_2-x_3,x_2+x_3);$$
$$S(-1,0,2)=(-5,0,3),\quad S(0,1,1)=(0,-1,6),\quad S(-1,-1,0)=(-5,-1,0).$$

(1) 证明 T 和 S 都是可逆的;

(2) 求 $T^{-1}, TS, T+S$ 在基 $\boldsymbol{e}_1,\boldsymbol{e}_2,\boldsymbol{e}_3$ 下的矩阵.

第 3 章　内积空间

3.1　内积空间的定义

在实际应用中, 数域 F 上的线性空间 V 中的许多问题除了向量之间的加法及数乘运算外, 往往会涉及向量的长度、向量之间的夹角等与度量有关的问题. 本章将把几何空间 $\mathbb{R}^3$ 中的向量的内积推广到一般的线性空间 V 中, 定义内积, 导出内积空间的概念, 进而建立有关的度量关系.

定义 3.1　设 V 是数域 F 上的线性空间, 定义一个从 V 中向量到数域 F 的二元运算, 记为 $(\boldsymbol{\alpha},\boldsymbol{\beta})$, 若 $(\boldsymbol{\alpha},\boldsymbol{\beta})$ 满足以下条件:

(1) 对称性: $(\boldsymbol{\alpha},\boldsymbol{\beta})=\overline{(\boldsymbol{\beta},\boldsymbol{\alpha})}$, 其中 $\overline{(\boldsymbol{\beta},\boldsymbol{\alpha})}$ 表示复数 $(\boldsymbol{\beta},\boldsymbol{\alpha})$ 的共轭;

(2) 线性性: $(k\boldsymbol{\alpha},\boldsymbol{\beta})=k(\boldsymbol{\alpha},\boldsymbol{\beta}),(\boldsymbol{\alpha}_1+\boldsymbol{\alpha}_2,\boldsymbol{\beta})=(\boldsymbol{\alpha}_1,\boldsymbol{\beta})+(\boldsymbol{\alpha}_2,\boldsymbol{\beta})$, 其中 $\boldsymbol{\alpha}_1,\boldsymbol{\alpha}_2\in V$, $k\in F$;

(3) 正定性: $(\boldsymbol{\alpha},\boldsymbol{\alpha})\geqslant 0,(\boldsymbol{\alpha},\boldsymbol{\alpha})=0$ 的充分必要条件是 $\boldsymbol{\alpha}=\mathbf{0}$,

则称 $(\boldsymbol{\alpha},\boldsymbol{\beta})$ 为 $\boldsymbol{\alpha}$ 与 $\boldsymbol{\beta}$ 的内积, 定义了内积的线性空间 V 称为内积空间, 特别地, 称实数域 $\mathbb{R}$ 上的内积空间 V 为 Euclid 空间 (简称欧氏空间); 称复数域 $\mathbb{C}$ 上的内积空间 V 为酉空间.

据此定义, 可得

(1) $(\boldsymbol{\alpha},\boldsymbol{\beta}+\boldsymbol{\gamma})=(\boldsymbol{\alpha},\boldsymbol{\beta})+(\boldsymbol{\alpha},\boldsymbol{\gamma})$;

(2) $(\boldsymbol{\alpha},k\boldsymbol{\beta})=\bar{k}(\boldsymbol{\alpha},\boldsymbol{\beta})$;

(3) $(\boldsymbol{\alpha},\mathbf{0})=(\mathbf{0},\boldsymbol{\alpha})=0$.

例 3.1　在实数域 $\mathbb{R}$ 上的 n 维线性空间 $\mathbb{R}^n$ 中, 对向量

$$\boldsymbol{\alpha}=(x_1,x_2,\cdots,x_n)^{\mathrm{T}},\quad \boldsymbol{\beta}=(y_1,y_2,\cdots,y_n)^{\mathrm{T}},$$

定义内积

$$(\boldsymbol{\alpha},\boldsymbol{\beta})=\boldsymbol{\beta}^{\mathrm{T}}\boldsymbol{\alpha}=\sum_{i=1}^{n}x_iy_i,$$

则 $\mathbb{R}^n$ 成为一个欧氏空间, 仍用 $\mathbb{R}^n$ 表示这个欧氏空间.

例 3.2　在复数域 $\mathbb{C}$ 上的 n 维线性空间 $\mathbb{C}^n$ 中, 对向量

$$\boldsymbol{\alpha}=(x_1,x_2,\cdots,x_n)^{\mathrm{T}},\quad \boldsymbol{\beta}=(y_1,y_2,\cdots,y_n)^{\mathrm{T}},$$

定义内积

$$(\boldsymbol{\alpha},\boldsymbol{\beta})=\boldsymbol{\beta}^{\mathrm{H}}\boldsymbol{\alpha}=\sum_{i=1}^{n}x_i\bar{y}_i,$$

其中 $\boldsymbol{\beta}^{\mathrm{H}}=(\bar{y}_1,\bar{y}_2,\cdots,\bar{y}_n)$, 则 $\mathbb{C}^n$ 成为一个酉空间，还用 $\mathbb{C}^n$ 表示.

上述两例中的内积空间称为 $\mathbb{R}^n$ 或 $\mathbb{C}^n$ 上的标准内积, 如无特别说明, 后续 $\mathbb{R}^n$ 或 $\mathbb{C}^n$ 上的内积均指标准内积.

例 3.3　在线性空间 $C[a,b]$ 中, 对 $f,g\in C[a,b]$, 定义

$$(f,g)=\int_a^b f(x)\,g(x)\,\mathrm{d}x.$$

则 (f,g) 是 $C[a,b]$ 上的内积, $C[a,b]$ 成为欧氏空间.

例 3.4　在线性空间 $\mathbb{R}^{m\times n}$ 中, 对矩阵 $A,B\in\mathbb{R}^{m\times n}$, 定义

$$(A,B)=\operatorname{tr}\left(B^{\mathrm{T}}A\right),$$

其中 $\operatorname{tr}(D)$ 表示方阵 D 的迹 (即方阵 D 的对角元素之和). 可证 (A,B) 是 $\mathbb{R}^{m\times n}$ 上的内积, $\mathbb{R}^{m\times n}$ 是欧氏空间.

此类似于几何空间中的讨论, 在内积空间中引入向量长度、夹角等概念.

定义 3.2　设 V 是内积空间, V 中向量 $\boldsymbol{\alpha}$ 的长度定义为

$$\|\boldsymbol{\alpha}\|=\sqrt{(\boldsymbol{\alpha},\boldsymbol{\alpha})}.$$

若 $\|\boldsymbol{\alpha}\|=1$, 则称 $\boldsymbol{\alpha}$ 为单位向量, 若 $\boldsymbol{\alpha}\neq\mathbf{0}$, 则 $\dfrac{\boldsymbol{\alpha}}{\|\boldsymbol{\alpha}\|}$ 是一个单位向量.

如下结果表明, 这样定义的向量长度与几何空间中向量的长度是一致的.

定理 3.1　设 V 是数域 F 上的内积空间, 则向量长度 $\|\boldsymbol{\alpha}\|$ 具有如下性质:

(1) $\|\boldsymbol{\alpha}\|\geqslant 0$, 当且仅当 $\boldsymbol{\alpha}=\mathbf{0}$ 时 , $\|\boldsymbol{\alpha}\|=0$;

(2) 对任意 $k\in F$, 有 $\|k\boldsymbol{\alpha}\|=|k|\cdot\|\boldsymbol{\alpha}\|$;

(3) 对任意 $\boldsymbol{\alpha},\boldsymbol{\beta}\in V$, 有

$$\|\boldsymbol{\alpha}+\boldsymbol{\beta}\|^2+\|\boldsymbol{\alpha}-\boldsymbol{\beta}\|^2=2\left(\|\boldsymbol{\alpha}\|^2+\|\boldsymbol{\beta}\|^2\right);$$

(4) 对任意 $\boldsymbol{\alpha},\boldsymbol{\beta}\in V$, 有

$$|(\boldsymbol{\alpha},\boldsymbol{\beta})|\leqslant\|\boldsymbol{\alpha}\|\cdot\|\boldsymbol{\beta}\|,\tag{3.1}$$

并且等号成立的充分必要条件是 $\boldsymbol{\alpha},\boldsymbol{\beta}$ 线性相关;

(5) 对任意 $\boldsymbol{\alpha},\boldsymbol{\beta}\in V$, 有 $\|\boldsymbol{\alpha}+\boldsymbol{\beta}\|\leqslant\|\boldsymbol{\alpha}\|+\|\boldsymbol{\beta}\|$.

证 由内积的定义知 (1) 与 (2) 成立.

关于 (3), 将长度用内积表示, 得

$$\begin{aligned}\|\boldsymbol{\alpha}+\boldsymbol{\beta}\|^2+\|\boldsymbol{\alpha}-\boldsymbol{\beta}\|^2&=(\boldsymbol{\alpha}+\boldsymbol{\beta},\boldsymbol{\alpha}+\boldsymbol{\beta})+(\boldsymbol{\alpha}-\boldsymbol{\beta},\boldsymbol{\alpha}-\boldsymbol{\beta})\\&=2[(\boldsymbol{\alpha},\boldsymbol{\alpha})+(\boldsymbol{\beta},\boldsymbol{\beta})]\\&=2\left(\|\boldsymbol{\alpha}\|^2+\|\boldsymbol{\beta}\|^2\right).\end{aligned}$$

关于 (4), 当 $\boldsymbol{\beta}=\mathbf{0}$ 时, 式 (3.1) 成立.

下设 $\boldsymbol{\beta}\neq\mathbf{0}$, 对任意 $t\in F$, $\boldsymbol{\alpha}+t\boldsymbol{\beta}\in V$, 则

$$0\leqslant(\boldsymbol{\alpha}+t\boldsymbol{\beta},\boldsymbol{\alpha}+t\boldsymbol{\beta})=(\boldsymbol{\alpha},\boldsymbol{\alpha})+t(\boldsymbol{\beta},\boldsymbol{\alpha})+\bar{t}(\boldsymbol{\alpha},\boldsymbol{\beta})+|t|^2(\boldsymbol{\beta},\boldsymbol{\beta}).$$

令 $t=-\dfrac{(\boldsymbol{\alpha},\boldsymbol{\beta})}{(\boldsymbol{\beta},\boldsymbol{\beta})}$, 代入上式得

$$(\boldsymbol{\alpha},\boldsymbol{\alpha})-\frac{|(\boldsymbol{\alpha},\boldsymbol{\beta})|^2}{(\boldsymbol{\beta},\boldsymbol{\beta})}\geqslant0.$$

于是

$$|(\boldsymbol{\alpha},\boldsymbol{\beta})|\leqslant\|\boldsymbol{\alpha}\|\cdot\|\boldsymbol{\beta}\|.$$

当 $\boldsymbol{\alpha}$, $\boldsymbol{\beta}$ 线性相关时, 式 (3.1) 中等号成立, 如果 $\boldsymbol{\alpha}$, $\boldsymbol{\beta}$ 线性无关, 则对任意 $t\in F$, $\boldsymbol{\alpha}+t\boldsymbol{\beta}\neq\mathbf{0}$, 从而

$$(\boldsymbol{\alpha}+t\boldsymbol{\beta},\boldsymbol{\alpha}+t\boldsymbol{\beta})>0.$$

取 $t=-\dfrac{(\boldsymbol{\alpha},\boldsymbol{\beta})}{(\boldsymbol{\beta},\boldsymbol{\beta})}$, 有 $|(\boldsymbol{\alpha},\boldsymbol{\beta})|^2<(\boldsymbol{\alpha},\boldsymbol{\alpha})(\boldsymbol{\beta},\boldsymbol{\beta})=\|\boldsymbol{\alpha}\|^2\|\boldsymbol{\beta}\|^2$, 这与式 (3.1) 等号成立矛盾, 因此 $\boldsymbol{\alpha}$, $\boldsymbol{\beta}$ 线性相关.

关于 (5), 对任意 $\boldsymbol{\alpha},\boldsymbol{\beta}\in V$, 有

$$\begin{aligned}\|\boldsymbol{\alpha}+\boldsymbol{\beta}\|^2&=(\boldsymbol{\alpha}+\boldsymbol{\beta},\boldsymbol{\alpha}+\boldsymbol{\beta})=(\boldsymbol{\alpha},\boldsymbol{\alpha})+(\boldsymbol{\alpha},\boldsymbol{\beta})+(\boldsymbol{\beta},\boldsymbol{\alpha})+(\boldsymbol{\beta},\boldsymbol{\beta})\\&\leqslant\|\boldsymbol{\alpha}\|^2+2|(\boldsymbol{\alpha},\boldsymbol{\beta})|+\|\boldsymbol{\beta}\|^2\\&\leqslant\|\boldsymbol{\alpha}\|^2+2\|\boldsymbol{\alpha}\|\cdot\|\boldsymbol{\beta}\|+\|\boldsymbol{\beta}\|^2\\&=(\|\boldsymbol{\alpha}\|+\|\boldsymbol{\beta}\|)^2.\end{aligned}$$

由此得 (5).

上述定理中的结论 (4) 称为 Cauchy-Schwarz 不等式, 具有十分重要的作用. 当内积取具体的形式时, 可得出具体的不等式, 如

(1) $\mathbb{R}^n$ 中,

$$\left|\sum_{i=1}^n x_iy_i\right|\leqslant\left(\sum_{i=1}^n x_i^2\right)^{\frac{1}{2}}\left(\sum_{i=1}^n y_i^2\right)^{\frac{1}{2}}.$$

(2) $\mathbb{C}^n$ 中,

$$\left|\sum_{i=1}^n x_i\overline{y}_i\right|\leqslant\left(\sum_{i=1}^n |x_i|^2\right)^{\frac{1}{2}}\left(\sum_{i=1}^n |y_i|^2\right)^{\frac{1}{2}}.$$

(3) $\mathbb{R}^{m\times n}$ 中,

$$\left|\operatorname{tr}\left(B^{\mathrm{T}}A\right)\right|\leqslant\left(\operatorname{tr}\left(A^{\mathrm{T}}A\right)\right)^{\frac{1}{2}}\cdot\left(\operatorname{tr}\left(B^{\mathrm{T}}B\right)\right)^{\frac{1}{2}}.$$

(4) $\mathbb{C}^{m\times n}$ 中,

$$\left|\operatorname{tr}\left(B^{\mathrm{H}}A\right)\right|\leqslant\left(\operatorname{tr}\left(A^{\mathrm{H}}A\right)\right)^{\frac{1}{2}}\cdot\left(\operatorname{tr}\left(B^{\mathrm{H}}B\right)\right)^{\frac{1}{2}}.$$

(5) $C[a,b]$ 中,

$$\left|\int_a^b f(x)\,g(x)\mathrm{d}x\right|\leqslant\left(\int_a^b f^2(x)\,\mathrm{d}x\right)^{\frac{1}{2}}\left(\int_a^b g^2(x)\,\mathrm{d}x\right)^{\frac{1}{2}}.$$

据此不等式, 可定义 V 中向量间的距离.

定义 3.3 设 V 是内积空间, V 中向量 $\boldsymbol{\alpha}$ 与 $\boldsymbol{\beta}$ 之间的距离定义为

$$d(\boldsymbol{\alpha},\boldsymbol{\beta})=\|\boldsymbol{\alpha}-\boldsymbol{\beta}\|.$$

并称 $d(\boldsymbol{\alpha},\boldsymbol{\beta})=\|\boldsymbol{\alpha}-\boldsymbol{\beta}\|$ 是由长度诱导出的距离.

综上分析, $d(\boldsymbol{\alpha},\boldsymbol{\beta})$ 满足以下三条:

(1) $d(\boldsymbol{\alpha},\boldsymbol{\beta})\geqslant 0$, 且 $d(\boldsymbol{\alpha},\boldsymbol{\beta})=0$ 的充分必要条件是 $\boldsymbol{\alpha}=\boldsymbol{\beta}$;

(2) $d(\boldsymbol{\alpha},\boldsymbol{\beta})=d(\boldsymbol{\beta},\boldsymbol{\alpha})$;

(3) $d(\boldsymbol{\alpha},\boldsymbol{\gamma})\leqslant d(\boldsymbol{\alpha},\boldsymbol{\beta})+d(\boldsymbol{\beta},\boldsymbol{\gamma})$,

其中 $\boldsymbol{\alpha}$, $\boldsymbol{\beta}$, $\boldsymbol{\gamma}$ 是内积空间 V 中的任意向量.

至此, 内积空间按此距离成为度量空间, 从而可以在其中讨论开集、闭集、极限、连续等分析问题.

从 Cauchy-Schwarz 不等式可推出, 对 $\boldsymbol{\alpha}\neq\mathbf{0},\boldsymbol{\beta}\neq\mathbf{0}$,

$$\left|\frac{(\boldsymbol{\alpha},\boldsymbol{\beta})}{\|\boldsymbol{\alpha}\|\|\boldsymbol{\beta}\|}\right|\leqslant 1.$$

进而可以在欧氏空间中定义向量 $\boldsymbol{\alpha}$, $\boldsymbol{\beta}$ 之间的夹角.

定义 3.4 设 $\boldsymbol{\alpha}$, $\boldsymbol{\beta}$ 是欧氏空间中的两个非零向量, 它们之间的夹角 $\langle\boldsymbol{\alpha},\boldsymbol{\beta}\rangle$ 定义为

$$\langle\boldsymbol{\alpha},\boldsymbol{\beta}\rangle=\arccos\frac{(\boldsymbol{\alpha},\boldsymbol{\beta})}{\|\boldsymbol{\alpha}\|\|\boldsymbol{\beta}\|},\quad 0\leqslant\langle\boldsymbol{\alpha},\boldsymbol{\beta}\rangle\leqslant\pi.$$

若 $(\boldsymbol{\alpha},\boldsymbol{\beta})=0$, 则称 $\boldsymbol{\alpha}$ 与 $\boldsymbol{\beta}$ 正交, 记为 $\boldsymbol{\alpha}\perp\boldsymbol{\beta}$.

零向量与任何向量都正交, 并且只有零向量与自身正交.

如果 $\boldsymbol{\alpha}\perp\boldsymbol{\beta}$, 则可得“勾股定理”

$$\|\boldsymbol{\alpha}+\boldsymbol{\beta}\|^2=\|\boldsymbol{\alpha}\|^2+\|\boldsymbol{\beta}\|^2.$$

定义 3.5 内积空间 V 的一个向量组 $\boldsymbol{\alpha}_1$, $\boldsymbol{\alpha}_2$, $\cdots$, $\boldsymbol{\alpha}_m$, 若 $(\boldsymbol{\alpha}_i,\boldsymbol{\alpha}_j)=0, i\neq j$, 则称 $\boldsymbol{\alpha}_1$, $\boldsymbol{\alpha}_2$, $\cdots$, $\boldsymbol{\alpha}_m$ 为正交向量组.

若

$$(\boldsymbol{\alpha}_i,\boldsymbol{\alpha}_j)=\begin{cases}1, & i=j,\\ 0, & i\neq j,\end{cases}$$

则称向量组 $\boldsymbol{\alpha}_1$, $\boldsymbol{\alpha}_2$, $\cdots$, $\boldsymbol{\alpha}_m$ 为标准正交向量组, 当 $m=\dim V$ 时, 称 $\boldsymbol{\alpha}_1$, $\boldsymbol{\alpha}_2$, $\cdots$, $\boldsymbol{\alpha}_m$ 为 V 的标准正交基.

关于正交向量组有如下刻画.

定理 3.2　不含零向量的正交向量组是线性无关的, 反之不成立.

证　设 $\boldsymbol{\alpha}_1, \boldsymbol{\alpha}_2, \cdots, \boldsymbol{\alpha}_m$ 是内积空间 V 中的非零正交向量组.

不妨设

$$k_1\boldsymbol{\alpha}_1 + k_2\boldsymbol{\alpha}_2 + \cdots + k_m\boldsymbol{\alpha}_m = \mathbf{0}.$$

则对任意 $j = 1, 2, \cdots, m$, 有

$$\left(\sum_{i=1}^{m} k_i\boldsymbol{\alpha}_i, \boldsymbol{\alpha}_j\right) = k_j\left(\boldsymbol{\alpha}_j, \boldsymbol{\alpha}_j\right) = 0.$$

而 $\boldsymbol{\alpha}_j \neq 0$, 故只能 $k_j = 0$, 从而 $k_1 = k_2 = \cdots = k_m = 0$, 从而 $\boldsymbol{\alpha}_1, \boldsymbol{\alpha}_2, \cdots, \boldsymbol{\alpha}_m$ 线性无关.

反之, 取 $\boldsymbol{\alpha} = (1, 1)^{\mathrm{T}}$, $\boldsymbol{\beta} = (1, 2)^{\mathrm{T}}$, 则 $(\boldsymbol{\alpha}, \boldsymbol{\beta}) = 3 \neq 0$, 这表明尽管 $\boldsymbol{\alpha}$ 与 $\boldsymbol{\beta}$ 线性无关, 但 $\boldsymbol{\alpha}$ 与 $\boldsymbol{\beta}$ 不一定正交.

设 V 是数域 F 上的 n 维内积空间, $\boldsymbol{\alpha}_1, \boldsymbol{\alpha}_2, \cdots, \boldsymbol{\alpha}_n$ 是 V 的一组基, 对任意的 $\boldsymbol{\alpha}, \boldsymbol{\beta} \in V$, 有

$$\boldsymbol{\alpha} = x_1\boldsymbol{\alpha}_1 + x_2\boldsymbol{\alpha}_2 + \cdots + x_n\boldsymbol{\alpha}_n, \quad \boldsymbol{\beta} = y_1\boldsymbol{\alpha}_1 + y_2\boldsymbol{\alpha}_2 + \cdots + y_n\boldsymbol{\alpha}_n.$$

则 $\boldsymbol{\alpha}$ 与 $\boldsymbol{\beta}$ 的内积

$$(\boldsymbol{\alpha}, \boldsymbol{\beta}) = \left(\sum_{i=1}^{n} x_i\boldsymbol{\alpha}_i, \sum_{i=1}^{n} y_i\boldsymbol{\alpha}_i\right) = \sum_{i=1}^{n}\sum_{j=1}^{n}\left(\boldsymbol{\alpha}_i, \boldsymbol{\alpha}_j\right) x_i\bar{y}_j.$$

令

$$a_{ij} = \left(\boldsymbol{\alpha}_i, \boldsymbol{\alpha}_j\right), \quad i, j = 1, 2, \cdots, n.$$

则

$$A = \begin{pmatrix} a_{11} & a_{12} & \cdots & a_{1n} \\ a_{21} & a_{22} & \cdots & a_{2n} \\ \vdots & \vdots & & \vdots \\ a_{n1} & a_{n2} & \cdots & a_{nn} \end{pmatrix}, \quad X = \begin{pmatrix} x_1 \\ x_2 \\ \vdots \\ x_n \end{pmatrix}, \quad Y = \begin{pmatrix} y_1 \\ y_2 \\ \vdots \\ y_n \end{pmatrix}.$$

称方阵 A 为基 $\boldsymbol{\alpha}_1, \boldsymbol{\alpha}_2, \cdots, \boldsymbol{\alpha}_n$ 的度量矩阵, 有 $a_{ij} = \overline{a_{ji}}\,(i, j = 1, 2, \cdots, n)$, 并且有

$$(\boldsymbol{\alpha}, \boldsymbol{\beta}) = Y^{\mathrm{H}}AX.$$

对度量矩阵 A 有如下刻画.

定理 3.3 设 $\boldsymbol{\alpha}_1, \boldsymbol{\alpha}_2, \cdots, \boldsymbol{\alpha}_n$ 是数域 F 上的 n 维内积空间 V 的一组基, 则它的度量矩阵 A 非奇异, 且是 Hermite 的.

证 若基 $\boldsymbol{\alpha}_1, \boldsymbol{\alpha}_2, \cdots, \boldsymbol{\alpha}_n$ 的度量矩阵 A 奇异, 则齐次线性方程组

$$A\boldsymbol{x} = \boldsymbol{0}$$

有非零解 $\boldsymbol{x} = (x_1, x_2, \cdots, x_n)^{\mathrm{T}} \in F^n$, 令

$$\boldsymbol{\alpha} = x_1\boldsymbol{\alpha}_1 + x_2\boldsymbol{\alpha}_2 + \cdots + x_n\boldsymbol{\alpha}_n.$$

则 $\boldsymbol{\alpha} \neq \boldsymbol{0}$, 但 $(\boldsymbol{\alpha}, \boldsymbol{\alpha}) = \boldsymbol{x}^{\mathrm{H}}A\boldsymbol{x} = \boldsymbol{0}$, 与 $(\boldsymbol{\alpha}, \boldsymbol{\alpha}) > 0$ 矛盾, 因而 A 非奇异.

由 $a_{ji} = \overline{a_{ij}}, i, j = 1, 2, \cdots, n$ 知, A 是 Hermite 的.

对于内积空间不同的基, 其度量矩阵之间具有如下关系.

定义 3.6 设 $A, B \in \mathbb{C}^{n\times n}$, 若存在 n 阶可逆阵 P, 使得

$$B = P^{\mathrm{H}}AP,$$

则称 A 与 B 是相合的.

定理 3.4 设 $\boldsymbol{\alpha}_1, \boldsymbol{\alpha}_2, \cdots, \boldsymbol{\alpha}_n$ 与 $\boldsymbol{\beta}_1, \boldsymbol{\beta}_2, \cdots, \boldsymbol{\beta}_n$ 是数域 F 上的 n 维内积空间 V 的两组基, 它们的度量矩阵分别为 A 和 B, 并且基 $\boldsymbol{\alpha}_1, \boldsymbol{\alpha}_2, \cdots, \boldsymbol{\alpha}_n$ 到基 $\boldsymbol{\beta}_1, \boldsymbol{\beta}_2, \cdots, \boldsymbol{\beta}_n$ 的过渡矩阵为 P, 则

$$B = P^{\mathrm{H}}AP.$$

即不同基的度量矩阵是相合的.

现在, 我们给出内积空间 V 中一组向量 $\boldsymbol{\alpha}_1, \boldsymbol{\alpha}_2, \cdots, \boldsymbol{\alpha}_m$ 线性无关的充分必要条件.

定理 3.5 设 $\boldsymbol{\alpha}_1, \boldsymbol{\alpha}_2, \cdots, \boldsymbol{\alpha}_m$ 是内积空间 V 中的一个向量组, 则 $\boldsymbol{\alpha}_1, \boldsymbol{\alpha}_2, \cdots, \boldsymbol{\alpha}_m$ 线性无关的充分必要条件是

$$G(\boldsymbol{\alpha}_1, \boldsymbol{\alpha}_2, \cdots, \boldsymbol{\alpha}_m) = \begin{pmatrix} (\boldsymbol{\alpha}_1, \boldsymbol{\alpha}_1) & (\boldsymbol{\alpha}_1, \boldsymbol{\alpha}_2) & \cdots & (\boldsymbol{\alpha}_1, \boldsymbol{\alpha}_m) \\ (\boldsymbol{\alpha}_2, \boldsymbol{\alpha}_1) & (\boldsymbol{\alpha}_2, \boldsymbol{\alpha}_2) & \cdots & (\boldsymbol{\alpha}_2, \boldsymbol{\alpha}_m) \\ \vdots & \vdots & & \vdots \\ (\boldsymbol{\alpha}_m, \boldsymbol{\alpha}_1) & (\boldsymbol{\alpha}_m, \boldsymbol{\alpha}_2) & \cdots & (\boldsymbol{\alpha}_m, \boldsymbol{\alpha}_m) \end{pmatrix}$$

非奇异.

证　若 $\boldsymbol{\alpha}_1,\boldsymbol{\alpha}_2,\cdots,\boldsymbol{\alpha}_m$ 线性无关, 则 $\boldsymbol{\alpha}_1,\boldsymbol{\alpha}_2,\cdots,\boldsymbol{\alpha}_m$ 是 $\mathrm{Span}\,(\boldsymbol{\alpha}_1,\boldsymbol{\alpha}_2,\cdots,\boldsymbol{\alpha}_m)$ 的一组基, 由定理 3.3 知 $\boldsymbol{\alpha}_1$, $\boldsymbol{\alpha}_2$, $\cdots$, $\boldsymbol{\alpha}_m$ 的度量矩阵 $G(\boldsymbol{\alpha}_1,\boldsymbol{\alpha}_2\cdots,\boldsymbol{\alpha}_m)^{\mathrm{T}}$ 非奇异.

反之, 设 $G\,(\boldsymbol{\alpha}_1,\boldsymbol{\alpha}_2,\cdots,\boldsymbol{\alpha}_m)$ 非奇异, 假设 $\boldsymbol{\alpha}_1$, $\boldsymbol{\alpha}_2$, $\cdots$, $\boldsymbol{\alpha}_m$ 线性相关, 则 $\boldsymbol{\alpha}_1$, $\boldsymbol{\alpha}_2$, $\cdots$, $\boldsymbol{\alpha}_m$ 中必有一个向量可由其余向量线性表示. 不妨设 $\boldsymbol{\alpha}_m=\sum\limits_{i=1}^{m-1}l_i\boldsymbol{\alpha}_i$, 则

$$
|G\,(\boldsymbol{\alpha}_1,\boldsymbol{\alpha}_2,\cdots,\boldsymbol{\alpha}_m)|=\begin{vmatrix}
(\boldsymbol{\alpha}_1,\boldsymbol{\alpha}_1) & (\boldsymbol{\alpha}_1,\boldsymbol{\alpha}_2) & \ldots & (\boldsymbol{\alpha}_1,\boldsymbol{\alpha}_{m-1}) & \left(\boldsymbol{\alpha}_1,\sum\limits_{i=1}^{m-1}l_i\boldsymbol{\alpha}_i\right)\\
(\boldsymbol{\alpha}_2,\boldsymbol{\alpha}_1) & (\boldsymbol{\alpha}_2,\boldsymbol{\alpha}_2) & \cdots & (\boldsymbol{\alpha}_2,\boldsymbol{\alpha}_{m-1}) & \left(\boldsymbol{\alpha}_2,\sum\limits_{i=1}^{m-1}l_i\boldsymbol{\alpha}_i\right)\\
\vdots & \vdots & & \vdots & \vdots\\
(\boldsymbol{\alpha}_m,\boldsymbol{\alpha}_1) & (\boldsymbol{\alpha}_m,\boldsymbol{\alpha}_2) & \cdots & (\boldsymbol{\alpha}_m,\boldsymbol{\alpha}_{m-1}) & \left(\boldsymbol{\alpha}_m,\sum\limits_{i=1}^{m-1}l_i\boldsymbol{\alpha}_i\right)
\end{vmatrix}
$$

$$
=\sum_{i=1}^{m-1}\bar{l}_i\begin{vmatrix}
(\boldsymbol{\alpha}_1,\boldsymbol{\alpha}_1) & (\boldsymbol{\alpha}_1,\boldsymbol{\alpha}_2) & \cdots & (\boldsymbol{\alpha}_1,\boldsymbol{\alpha}_{m-1}) & (\boldsymbol{\alpha}_1,\boldsymbol{\alpha}_i)\\
(\boldsymbol{\alpha}_2,\boldsymbol{\alpha}_1) & (\boldsymbol{\alpha}_2,\boldsymbol{\alpha}_2) & \cdots & (\boldsymbol{\alpha}_2,\boldsymbol{\alpha}_{m-1}) & (\boldsymbol{\alpha}_2,\boldsymbol{\alpha}_i)\\
\vdots & \vdots & & \vdots & \vdots\\
(\boldsymbol{\alpha}_m,\boldsymbol{\alpha}_1) & (\boldsymbol{\alpha}_m,\boldsymbol{\alpha}_2) & \cdots & (\boldsymbol{\alpha}_m,\boldsymbol{\alpha}_{m-1}) & (\boldsymbol{\alpha}_m,\boldsymbol{\alpha}_i)
\end{vmatrix}=0.
$$

这与 $|G\,(\boldsymbol{\alpha}_1,\boldsymbol{\alpha}_2,\cdots,\boldsymbol{\alpha}_m)|\neq 0$ 矛盾. 故 $\boldsymbol{\alpha}_1,\boldsymbol{\alpha}_2,\cdots,\boldsymbol{\alpha}_m$ 线性无关.

注　$G\,(\boldsymbol{\alpha}_1,\boldsymbol{\alpha}_2,\cdots,\boldsymbol{\alpha}_m)$ 称为向量组 $\boldsymbol{\alpha}_1$, $\boldsymbol{\alpha}_2$, $\cdots$, $\boldsymbol{\alpha}_m$ 的 Gram 矩阵.

由前面的学习可知, 正交向量组必线性无关, 反之不然. 那么差别到底有多大呢? 如下 Gram-Schmidt 正交化方法给出了把一组线性无关的向量变成标准正交向量组的具体操作步骤.

定理 3.6　*设 $\boldsymbol{\alpha}_1$, $\boldsymbol{\alpha}_2$, $\cdots$, $\boldsymbol{\alpha}_m$ 是 V 中线性无关的向量组, 则由如下方法:*

$$
\boldsymbol{\beta}_1=\boldsymbol{\alpha}_1,
$$

$$
\boldsymbol{\beta}_k=\boldsymbol{\alpha}_k-\sum_{i=1}^{k-1}\frac{(\boldsymbol{\alpha}_k,\boldsymbol{\beta}_i)}{(\boldsymbol{\beta}_i,\boldsymbol{\beta}_i)}\boldsymbol{\beta}_i,\quad k=2,3,\cdots,m
$$

所得向量组 $\boldsymbol{\beta}_1,\boldsymbol{\beta}_2,\cdots,\boldsymbol{\beta}_m$ 是正交向量组.

证　对向量组含有的向量个数进行归纳证明.

当 $n=2$ 时, 有

$$
\begin{aligned}
(\boldsymbol{\beta}_1,\boldsymbol{\beta}_2) &= (\boldsymbol{\beta}_1,\boldsymbol{\alpha}_2)-\frac{\overline{(\boldsymbol{\alpha}_2,\boldsymbol{\beta}_1)}}{(\boldsymbol{\beta}_1,\boldsymbol{\beta}_1)}(\boldsymbol{\beta}_1,\boldsymbol{\beta}_1)\\
&= (\boldsymbol{\beta}_1,\boldsymbol{\alpha}_2)-\overline{(\boldsymbol{\alpha}_2,\boldsymbol{\beta}_1)}=0,
\end{aligned}
$$

即 $\boldsymbol{\beta}_1$ 与 $\boldsymbol{\beta}_2$ 正交.

设当 $n=m-1$ 时, $\boldsymbol{\beta}_1$, $\boldsymbol{\beta}_2$, $\cdots$, $\boldsymbol{\beta}_{m-1}$ 正交.

当 $n=m$ 时, $\boldsymbol{\beta}_m=\boldsymbol{\alpha}_m-\sum\limits_{i=1}^{m-1}\dfrac{(\boldsymbol{\alpha}_m,\boldsymbol{\beta}_i)}{(\boldsymbol{\beta}_i,\boldsymbol{\beta}_i)}\boldsymbol{\beta}_i$, 对任意 β_j, $j<m$.

$$
(\boldsymbol{\beta}_m,\boldsymbol{\beta}_j)=(\boldsymbol{\alpha}_m,\boldsymbol{\beta}_j)-\sum_{i=1}^{m-1}\frac{(\boldsymbol{\alpha}_m,\boldsymbol{\beta}_j)}{(\boldsymbol{\beta}_i,\boldsymbol{\beta}_i)}(\boldsymbol{\beta}_i,\boldsymbol{\beta}_j).
$$

由前面归纳假设 $(\boldsymbol{\beta}_i,\boldsymbol{\beta}_j)=0$, $i\neq j$, $i,j<m$, 有

$$
(\boldsymbol{\beta}_m,\boldsymbol{\beta}_j)=(\boldsymbol{\alpha}_m,\boldsymbol{\beta}_j)-\frac{(\boldsymbol{\alpha}_m,\boldsymbol{\beta}_j)}{(\boldsymbol{\beta}_j,\boldsymbol{\beta}_j)}(\boldsymbol{\beta}_j,\boldsymbol{\beta}_j)=0,
$$

由归纳法知, $\boldsymbol{\beta}_1,\boldsymbol{\beta}_2,\cdots,\boldsymbol{\beta}_m$ 为正交向量组.

从上述过程可知, 有

$$
\mathrm{Span}\,(\boldsymbol{\alpha}_1,\boldsymbol{\alpha}_2,\cdots,\boldsymbol{\alpha}_m)=\mathrm{Span}\,(\boldsymbol{\beta}_1,\boldsymbol{\beta}_2,\cdots,\boldsymbol{\beta}_m).
$$

当 $\boldsymbol{\alpha}_1$, $\boldsymbol{\alpha}_2$, $\cdots$, $\boldsymbol{\alpha}_n$ 是 V 的一组基时, 可得到正交基 $\boldsymbol{\beta}_1$, $\boldsymbol{\beta}_2$, $\cdots$, $\boldsymbol{\beta}_n$, 然后再标准化得

$$
\boldsymbol{\gamma}_i=\frac{\boldsymbol{\beta}_i}{\|\boldsymbol{\beta}_i\|},\quad i=1,2,\cdots,n.
$$

得到 V 的标准正交基 $\boldsymbol{\gamma}_1$, $\boldsymbol{\gamma}_2$, $\cdots$, $\boldsymbol{\gamma}_n$, 此即说明 V 中标准正交基的存在性.

在标准正交基下, 向量的坐标和内积有特别简单的表达式.

设 $\boldsymbol{\alpha}_1$, $\boldsymbol{\alpha}_2$, $\cdots$, $\boldsymbol{\alpha}_n$ 是 n 维内积空间 V 的一组标准正交基, 则对任意 $\boldsymbol{\alpha}\in V$ 都有

$$
\boldsymbol{\alpha}=(\boldsymbol{\alpha},\boldsymbol{\alpha}_1)\,\boldsymbol{\alpha}_1+(\boldsymbol{\alpha},\boldsymbol{\alpha}_2)\,\boldsymbol{\alpha}_2+\cdots+(\boldsymbol{\alpha},\boldsymbol{\alpha}_n)\,\boldsymbol{\alpha}_n.
$$

对任意 $\boldsymbol{\alpha},\boldsymbol{\beta}\in V$, 若

$$
\boldsymbol{\alpha}=x_1\boldsymbol{\alpha}_1+x_2\boldsymbol{\alpha}_2+\cdots+x_n\boldsymbol{\alpha}_n,\quad \boldsymbol{\beta}=y_1\boldsymbol{\alpha}_1+y_2\boldsymbol{\alpha}_2+\cdots+y_n\boldsymbol{\alpha}_n,
$$

则

$$(\boldsymbol{\alpha}, \boldsymbol{\beta}) = \sum_{i=1}^{n} x_i \overline{y}_i.$$

该式是解析几何中向量内积表达式的推广.

3.2 正交变换与酉变换

在内积空间理论研究及应用中, 经常需要讨论与内积相关的线性变换.

定义 3.7 设 T 是 n 维内积空间 V 的线性变换, 若对任意 $\boldsymbol{\alpha}, \boldsymbol{\beta} \in V$ 都有

$$(T(\boldsymbol{\alpha}), T(\boldsymbol{\beta})) = (\boldsymbol{\alpha}, \boldsymbol{\beta}),$$

则称 T 为内积空间上的正交变换. 当空间为欧氏空间时称 T 为正交变换; 若空间为酉空间, 则称 T 为酉变换, 正交 (酉) 变换在标准正交基下的矩阵称为正交 (酉) 矩阵.

正交 (酉) 变换有如下等价刻画形式.

定理 3.7 设 T 是有限维内积空间 V 上的线性变换, 则下列命题等价:

(1) T 是正交 (酉) 变换;

(2) T 保持向量长度不变, 即 $\|T(\boldsymbol{\alpha})\| = \|\boldsymbol{\alpha}\|$, $\boldsymbol{\alpha} \in V$;

(3) T 把空间 V 的标准正交基变换为标准正交基;

(4) T 在 V 的任意一组标准正交基下的矩阵是正交 (酉) 矩阵.

证 (1)⇒(2) 由定义 3.7, 可得.

(2)⇒(1), 由 (2), 对任意 $\boldsymbol{\alpha}, \boldsymbol{\beta} \in V$, 有

$$\begin{aligned}
&(T(\boldsymbol{\alpha}+\boldsymbol{\beta}), T(\boldsymbol{\alpha}+\boldsymbol{\beta})) = (\boldsymbol{\alpha}+\boldsymbol{\beta}, \boldsymbol{\alpha}+\boldsymbol{\beta}), \\
&(T(\boldsymbol{\alpha}+\mathrm{i}\boldsymbol{\beta}), T(\boldsymbol{\alpha}+\mathrm{i}\boldsymbol{\beta})) = (\boldsymbol{\alpha}+\mathrm{i}\boldsymbol{\beta}, \boldsymbol{\alpha}+\mathrm{i}\boldsymbol{\beta}), \quad \mathrm{i} = \sqrt{-1},
\end{aligned}$$

利用 T 是线性变换及内积的性质展开上式得

$$\begin{aligned}
&(T(\boldsymbol{\alpha}), T(\boldsymbol{\beta})) + (T(\boldsymbol{\beta}), T(\boldsymbol{\alpha})) = (\boldsymbol{\alpha}, \boldsymbol{\beta}) + (\boldsymbol{\beta}, \boldsymbol{\alpha}), \\
&(T(\boldsymbol{\alpha}), T(\boldsymbol{\beta})) - (T(\boldsymbol{\beta}), T(\boldsymbol{\alpha})) = (\boldsymbol{\alpha}, \boldsymbol{\beta}) - (\boldsymbol{\beta}, \boldsymbol{\alpha}).
\end{aligned}$$

两式相加得

$$(T(\boldsymbol{\alpha}),T(\boldsymbol{\beta}))=(\boldsymbol{\alpha},\boldsymbol{\beta}).$$

即 T 是酉 (正交) 变换.

(1) ⇒(3). 若 $\boldsymbol{\alpha}_1,\boldsymbol{\alpha}_2,\cdots,\boldsymbol{\alpha}_n$ 是 V 的一组标准正交基, T 是酉 (正交) 变换, 则

$$(T(\boldsymbol{\alpha}_i),T(\boldsymbol{\alpha}_j))=(\boldsymbol{\alpha}_i,\boldsymbol{\alpha}_j)=\delta_{ij}=\begin{cases}1, & i=j,\\0, & i\neq j,\end{cases} i,j=1,2,\cdots,n.$$

故 $T(\boldsymbol{\alpha}_1),T(\boldsymbol{\alpha}_2),\cdots,T(\boldsymbol{\alpha}_n)$ 是 V 的一组标准正交基.

(3) ⇒(1). 若 $\boldsymbol{\alpha}_1$, $\boldsymbol{\alpha}_2$, $\cdots$, $\boldsymbol{\alpha}_n$ 与 $T(\boldsymbol{\alpha}_1),T(\boldsymbol{\alpha}_2),\cdots,T(\boldsymbol{\alpha}_n)$ 均是 V 的标准正交基, 则对任意 $\boldsymbol{\alpha},\boldsymbol{\beta}\in V$, 有

$$\boldsymbol{\alpha}=\sum_{i=1}^{n}x_i\boldsymbol{\alpha}_i,\quad \boldsymbol{\beta}=\sum_{i=1}^{n}y_i\boldsymbol{\alpha}_i.$$

从而

$$\begin{aligned}(T(\boldsymbol{\alpha}),T(\boldsymbol{\beta}))&=\left(\sum_{i=1}^{n}x_iT(\boldsymbol{\alpha}_i),\sum_{i=1}^{n}y_iT(\boldsymbol{\alpha}_i)\right)\\&=\sum_{i=1}^{n}x_i\bar{y}_i=(\boldsymbol{\alpha},\boldsymbol{\beta}).\end{aligned}$$

即 T 是酉 (正交) 变换.

(3) ⇒(4). 设 $\boldsymbol{\alpha}_1$, $\boldsymbol{\alpha}_2$, $\cdots$, $\boldsymbol{\alpha}_n$ 和 $T(\boldsymbol{\alpha}_1),T(\boldsymbol{\alpha}_2),\cdots,T(\boldsymbol{\alpha}_n)$ 是 V 的两组标准正交基, T 在基 $\boldsymbol{\alpha}_1$, $\boldsymbol{\alpha}_2$, $\cdots$, $\boldsymbol{\alpha}_n$ 下的矩阵为 $A=(a_{ij})_{n\times n}$, 则

$$(T(\boldsymbol{\alpha}_1),T(\boldsymbol{\alpha}_2),\cdots,T(\boldsymbol{\alpha}_n))=(\boldsymbol{\alpha}_1,\boldsymbol{\alpha}_2,\cdots,\boldsymbol{\alpha}_n)A.$$

故对 $i,j=1,2,\cdots,n$, 有

$$\begin{aligned}\delta_{ij}=(T(\boldsymbol{\alpha}_i),T(\boldsymbol{\alpha}_j))&=\left(\sum_{k=1}^{n}a_{k_i}\boldsymbol{\alpha}_k,\sum_{l=1}^{n}a_{l_j}\boldsymbol{\alpha}_l\right)\\&=\sum_{k=1}^{n}\sum_{l=1}^{n}a_{k_i}\bar{a}_{l_j}(\boldsymbol{\alpha}_k,\boldsymbol{\alpha}_l)=\sum_{k=1}^{n}a_{k_i}\bar{a}_{k_j}.\end{aligned}$$

即 A 的列向量是标准正交向量组, 故 A 为酉 (正交) 矩阵.

(4)⇒(3). 设 $\boldsymbol{\alpha}_1, \boldsymbol{\alpha}_2, \cdots, \boldsymbol{\alpha}_n$ 是 V 的标准正交基且 A 是酉 (正交) 矩阵, 则由上述分析得 $T(\boldsymbol{\alpha}_1), T(\boldsymbol{\alpha}_2), \cdots, T(\boldsymbol{\alpha}_n)$ 是 V 的标准正交基.

据上分析, 酉 (正交) 变换在标准正交基下的矩阵是酉 (正交) 矩阵, 而酉 (正交) 矩阵是可逆的, 所以酉 (正交) 变换是可逆的, 并且酉 (正交) 变换的逆变换仍是酉 (正交) 变换, 酉 (正交) 变换的乘积仍是酉 (正交) 变换.

3.3　内积空间的同构

本节讨论内积空间的同构问题, 较一般的线性空间而言, 考虑内积运算是必须的.

定义 3.8　数域 F 上的两个内积空间 V 与 W 称为是同构的, 若存在一个一一映射 $\sigma: V \to W$, 且对任意的 $\boldsymbol{\alpha}, \boldsymbol{\beta} \in V$, $k \in F$, 有

(1) $\sigma(\boldsymbol{\alpha}+\boldsymbol{\beta}) = \sigma(\boldsymbol{\alpha}) + \sigma(\boldsymbol{\beta})$;

(2) $\sigma(k\boldsymbol{\alpha}) = k\sigma(\boldsymbol{\alpha})$;

(3) $(\sigma(\boldsymbol{\alpha}), \sigma(\boldsymbol{\beta})) = (\boldsymbol{\alpha}, \boldsymbol{\beta})$.

定理 3.8　所有 n 维欧氏空间都同构.

证　设 V 是 n 维欧氏空间, $\boldsymbol{\alpha}_1, \boldsymbol{\alpha}_2, \cdots, \boldsymbol{\alpha}_n$ 是它的一组标准正交基, 则任意 $\boldsymbol{\alpha} \in V$ 可唯一表示为

$$\boldsymbol{\alpha} = k_1\boldsymbol{\alpha}_1 + k_2\boldsymbol{\alpha}_2 + \cdots + k_n\boldsymbol{\alpha}_n.$$

令

$$\sigma(\boldsymbol{\alpha}) = \begin{pmatrix} k_1 \\ k_2 \\ \vdots \\ k_n \end{pmatrix} \in \mathbb{R}^n.$$

则 σ 是 V 到 $\mathbb{R}^n$ 的一个映射, 可以证明 σ 是一一对应, 满足定义 3.8 中的 (1) 与 (2).

下证 σ 也满足条件 (3).

任取另一向量 $\boldsymbol{\beta}\in V$, $\boldsymbol{\beta}=l_1\boldsymbol{\alpha}_1+l_2\boldsymbol{\alpha}_2+\cdots+l_n\boldsymbol{\alpha}_n$, 则

$$\sigma(\boldsymbol{\beta})=\begin{pmatrix}l_1\\l_2\\\vdots\\l_n\end{pmatrix}\in\mathbb{R}^n.$$

由 $\mathbb{R}^n$ 中向量内积的定义得

$$(\sigma(\boldsymbol{\alpha}),\sigma(\boldsymbol{\beta}))=k_1l_1+k_2l_2+\cdots+k_nl_n.$$

而 V 中向量 $\boldsymbol{\alpha},\boldsymbol{\beta}$ 的内积 $(\boldsymbol{\alpha},\boldsymbol{\beta})$ 在一组标准正交基的表达式为

$$(\boldsymbol{\alpha},\boldsymbol{\beta})=k_1l_1+\cdots+k_nl_n.$$

故

$$(\sigma(\boldsymbol{\alpha}),\sigma(\boldsymbol{\beta}))=(\boldsymbol{\alpha},\boldsymbol{\beta}).$$

从而 V 与 $\mathbb{R}^n$ 同构, 所有 n 维欧氏空间都同构.

3.4 投影定理与最小二乘法

定义 3.9 设 V 是数域 F 上的内积空间, V_1, V_2 都是 V 的子空间, 向量 $\boldsymbol{\alpha}\in V$, 若对任意 $\boldsymbol{\beta}\in V_1$, 都有 $(\boldsymbol{\alpha},\boldsymbol{\beta})=0$, 则称 $\boldsymbol{\alpha}$ 与子空间 V_1 正交, 记为 $\boldsymbol{\alpha}\perp V_1$, 若对任意 $\boldsymbol{\alpha}\in V_1$, $\boldsymbol{\beta}\in V_2$ 都有 $(\boldsymbol{\alpha},\boldsymbol{\beta})=0$, 则称子空间 V_1 与 V_2 正交, 记为 $V_1\perp V_2$.

由于 $(\boldsymbol{\alpha},\boldsymbol{\alpha})=0$ 可推出 $\boldsymbol{\alpha}=\mathbf{0}$, 故正交的两个子空间的和具有特殊的性质.

定理 3.9 设 V_1, V_2 是内积空间 V 中的两个子空间, 若 V_1 与 V_2 正交, 则 V_1+V_2 是直和.

证 对任意的 $\boldsymbol{\alpha}\in V_1\cap V_2$, 则 $\boldsymbol{\alpha}\in V_1$, $\boldsymbol{\alpha}\in V_2$, 由 V_1 与 V_2 正交知 $(\boldsymbol{\alpha},\boldsymbol{\alpha})=0$. 从而 $\boldsymbol{\alpha}=\mathbf{0}$, 即 $V_1\cap V_2=\{\mathbf{0}\}$. 故 V_1+V_2 是直和.

定义 3.10 设 V_1 是数域 F 上内积空间 V 的一个子空间, V 中所有与 V_1 正交的向量所构成的集合记为 $V_1^{\perp}$, 即 $V_1^{\perp}=\{\boldsymbol{\alpha}\in V|\boldsymbol{\alpha}\perp V_1\}$, 称 $V_1^{\perp}$ 为 V_1 的正交补.

由定义易得 $V_1^{\perp}$ 是 V 的一个子空间.

如下定理给出了内积空间的一个分解刻画.

定理 3.10 设 V_1 是内积空间 V 的一个有限维子空间, 则存在 V_1 的唯一正交补 $V_1^{\perp}$ 使得 $V = V_1 \oplus V_1^{\perp}$.

证 先证存在性. 设 $\dim V_1 = r$, $\boldsymbol{\alpha}_1$, $\boldsymbol{\alpha}_2$, $\cdots$, $\boldsymbol{\alpha}_r$ 是 V_1 的一组标准正交基. 对任意 $\boldsymbol{\beta} \in V$, 令

$$\boldsymbol{\beta}_1 = (\boldsymbol{\beta}, \boldsymbol{\alpha}_1)\,\boldsymbol{\alpha}_1 + (\boldsymbol{\beta}, \boldsymbol{\alpha}_2)\,\boldsymbol{\alpha}_2 + \cdots + (\boldsymbol{\beta}, \boldsymbol{\alpha}_r)\,\boldsymbol{\alpha}_r, \quad \boldsymbol{\beta}_2 = \boldsymbol{\beta} - \boldsymbol{\beta}_1,$$

则 $\boldsymbol{\beta}_1 \in V_1$, 且

$$\begin{aligned}
(\boldsymbol{\beta}_2, \boldsymbol{\alpha}_i) &= (\boldsymbol{\beta}, \boldsymbol{\alpha}_i) - (\boldsymbol{\beta}_1, \boldsymbol{\alpha}_i) \\
&= (\boldsymbol{\beta}, \boldsymbol{\alpha}_i) - \left(\sum_{j=1}^{r} (\boldsymbol{\beta}, \boldsymbol{\alpha}_j)\,\boldsymbol{\alpha}_j, \boldsymbol{\alpha}_i\right) \\
&= (\boldsymbol{\beta}, \boldsymbol{\alpha}_i) - (\boldsymbol{\beta}, \boldsymbol{\alpha}_i)\,(\boldsymbol{\alpha}_i, \boldsymbol{\alpha}_i) \\
&= 0, \quad i = 1, 2, \cdots, r.
\end{aligned}$$

故 $\boldsymbol{\beta}_2$ 与 V_1 中每个向量都正交, 从而 $\boldsymbol{\beta}_2 \in V_1^{\perp}$. 由 $\boldsymbol{\beta} = \boldsymbol{\beta}_1 + \boldsymbol{\beta}_2$, 故 $V = V_1 + V_1^{\perp}$, 据定理 3.9 知 $V = V_1 \oplus V_1^{\perp}$.

下证唯一性. 设 V_2, V_3 都是 V_1 的正交补, 即

$$V = V_1 \oplus V_2, \quad V = V_1 \oplus V_3.$$

只需证 $V_2 \subseteq V_3$ 且 $V_3 \subseteq V_2$.

任取 $\boldsymbol{\alpha} \in V_2$, 有

$$\boldsymbol{\alpha} = \boldsymbol{\alpha}_1 + \boldsymbol{\alpha}_3, \quad \boldsymbol{\alpha}_1 \in V_1, \quad \boldsymbol{\alpha}_3 \in V_3.$$

由 $\boldsymbol{\alpha} \perp \boldsymbol{\alpha}_1$ 得

$$(\boldsymbol{\alpha}, \boldsymbol{\alpha}_1) = (\boldsymbol{\alpha}_1, \boldsymbol{\alpha}_1) + (\boldsymbol{\alpha}_3, \boldsymbol{\alpha}_1) = (\boldsymbol{\alpha}_1, \boldsymbol{\alpha}_1) = 0.$$

即 $\boldsymbol{\alpha}_1 = \mathbf{0}$, $\boldsymbol{\alpha} \in V_3$, 从而 $V_2 \subseteq V_3$, 同理可得 $V_3 \subseteq V_2$, 故 $V_2 = V_3$.

有了上述准备, 我们可以给出

定义 3.11 设 V_1 是内积空间 V 的一个子空间, $\boldsymbol{\alpha} \in V$, 若有 $\boldsymbol{\alpha}_1 \in V_1$, $\boldsymbol{\alpha}_2 \perp V_1$ 使得

$$\boldsymbol{\alpha} = \boldsymbol{\alpha}_1 + \boldsymbol{\alpha}_2,$$

则称 $\boldsymbol{\alpha}_1$ 为 $\boldsymbol{\alpha}$ 在 V_1 上的正交投影.

将定理 3.10 变换一下表达方式, 则得到著名的投影定理.

定理 3.11 设 V_1 是内积空间 V 的有限维子空间, 则对任意 $\boldsymbol{\alpha} \in V$, $\boldsymbol{\alpha}$ 在 V_1 上的正交投影存在并唯一.

定义 3.12 设 V_1 是内积空间 V 的一个非空子集, $\boldsymbol{\alpha} \in V$ 是给定的向量, 若存在 $\boldsymbol{\alpha}_1 \in V_1$ 满足

$$\|\boldsymbol{\alpha} - \boldsymbol{\alpha}_1\| = \inf_{\boldsymbol{\beta} \in V_1} \|\boldsymbol{\alpha} - \boldsymbol{\beta}\| = d\left(\boldsymbol{\alpha}, V_1\right),$$

则称 $\boldsymbol{\alpha}_1$ 为 $\boldsymbol{\alpha}$ 在 V_1 上的最佳逼近.

下述结果给出了最佳逼近的刻画.

定理 3.12 设 V_1 是内积空间 V 的一个子空间, $\boldsymbol{\alpha} \in V$ 是给定的向量, 则 $\boldsymbol{\alpha}_1 \in V_1$ 为 $\boldsymbol{\alpha}$ 在 V_1 上的最佳逼近的充分必要条件是 $(\boldsymbol{\alpha} - \boldsymbol{\alpha}_1) \perp V_1$.

下述结论给出了最佳逼近存在的一个充分条件.

定理 3.13 设 V_1 是内积空间 V 的一个 r 维子空间, 则 V 中任一向量 $\boldsymbol{\alpha}$ 在 V_1 上都有唯一的最佳逼近, 并且 $\boldsymbol{\alpha}$ 在 V_1 上的最佳逼近是 $\boldsymbol{\alpha}$ 在 V_1 上的正交投影.

证 由定理 3.11 得, V 中任一向量 $\boldsymbol{\alpha}$ 可唯一表示为

$$\boldsymbol{\alpha} = \boldsymbol{\alpha}_1 + \boldsymbol{\alpha}_2, \quad \boldsymbol{\alpha}_1 \in V_1, \boldsymbol{\alpha}_2 \in V_2,$$

其中 $\boldsymbol{\alpha}_1$ 是 $\boldsymbol{\alpha}$ 在 V_1 上的正交投影, 由 $\boldsymbol{\alpha}_2 = (\boldsymbol{\alpha} - \boldsymbol{\alpha}_1) \perp V_1$ 知 $\boldsymbol{\alpha}_1$ 是 $\boldsymbol{\alpha}$ 在 V_1 上的最佳逼近, 又由 $\boldsymbol{\alpha}$ 在 V_1 上的正交投影 $\boldsymbol{\alpha}_1$ 是唯一的, 故 $\boldsymbol{\alpha}$ 在 V_1 上的最佳逼近是唯一的.

习 题 3

1. 设 V 是实数域 $\mathbb{R}$ 上的 n 维线性空间, $\varepsilon_1, \varepsilon_2, \cdots, \varepsilon_n$ 是 V 的一组基, 对于 V 中向量

$$\boldsymbol{\alpha} = x_1\varepsilon_1 + x_2\varepsilon_2 + \cdots + x_n\varepsilon_n,$$
$$\boldsymbol{\beta} = y_1\varepsilon_1 + y_2\varepsilon_2 + \cdots + y_n\varepsilon_n,$$

定义内积

$$(\boldsymbol{\alpha}, \boldsymbol{\beta}) = x_1y_1 + 2x_2y_2 + \cdots + nx_ny_n,$$

证明 V 在此内积下构成一个内积空间.

2. 在 $\mathbb{R}^2$ 中, 设 $\boldsymbol{\alpha} = (a_1, a_2)$, $\boldsymbol{\beta} = (b_1, b_2)$, 定义实数

$$(\boldsymbol{\alpha}, \boldsymbol{\beta}) = a_1b_1 + (a_1 - a_2)(b_1 - b_2),$$

判断 $(\boldsymbol{\alpha}, \boldsymbol{\beta})$ 是否为 $\mathbb{R}^2$ 中的内积.

3. 设 $\boldsymbol{\alpha}_1, \boldsymbol{\alpha}_2, \boldsymbol{\alpha}_3, \cdots, \boldsymbol{\alpha}_n$ 是欧氏空间 V 的一组向量, 证明这组向量线性无关的充分必要条件是行列式

$$\begin{vmatrix} (\boldsymbol{\alpha}_1, \boldsymbol{\alpha}_1) & (\boldsymbol{\alpha}_1, \boldsymbol{\alpha}_2) & \cdots & (\boldsymbol{\alpha}_1, \boldsymbol{\alpha}_n) \\ (\boldsymbol{\alpha}_2, \boldsymbol{\alpha}_1) & (\boldsymbol{\alpha}_2, \boldsymbol{\alpha}_2) & \cdots & (\boldsymbol{\alpha}_2, \boldsymbol{\alpha}_n) \\ \vdots & \vdots & & \vdots \\ (\boldsymbol{\alpha}_n, \boldsymbol{\alpha}_1) & (\boldsymbol{\alpha}_n, \boldsymbol{\alpha}_2) & \cdots & (\boldsymbol{\alpha}_n, \boldsymbol{\alpha}_n) \end{vmatrix} \neq 0.$$

4. 设 $\boldsymbol{\alpha}_1, \boldsymbol{\alpha}_2, \cdots, \boldsymbol{\alpha}_n$ 是 n 维内积空间 V 的一组基, 如果 V 中向量 $\boldsymbol{\beta}$ 使

$$(\boldsymbol{\beta}, \boldsymbol{\alpha}_i) = 0, \quad i = 1, 2, \cdots, n,$$

证明: $\boldsymbol{\beta} = \mathbf{0}$.

5. 已知线性空间 $R[x]_4$ 对于内积

$$(f(x), g(x)) = \int_{-1}^{1} f(x)g(x)\,\mathrm{d}x$$

构成一个内积空间. 从基 1, x, x^2, x^3 出发, 经正交单位化求一组标准正交基.

6. 证明: 在欧氏空间 V 中, 对任意向量 $\boldsymbol{\alpha}, \boldsymbol{\beta} \in V$, 有

(1) $(\boldsymbol{\alpha} + \boldsymbol{\beta})^2 + |\boldsymbol{\alpha} - \boldsymbol{\beta}|^2 = 2\left(|\boldsymbol{\alpha}|^2 + |\boldsymbol{\beta}|^2\right)$;

(2) $(\boldsymbol{\alpha}, \boldsymbol{\beta}) = \dfrac{1}{4}|\boldsymbol{\alpha} + \boldsymbol{\beta}|^2 - \dfrac{1}{4}|\boldsymbol{\alpha} - \boldsymbol{\beta}|^2$.

7. 证明: 对任意实数 $a_1, a_2, \cdots, a_n$, 有不等式

$$\sum_{i=1}^{n} |a_i| \leqslant \sqrt{n \sum_{i=1}^{n} a_i^2}$$

成立.

8. 设 $\boldsymbol{\alpha}_1, \boldsymbol{\alpha}_2, \boldsymbol{\alpha}_3$ 是欧氏空间 V 的一组基, 内积在这组基下的等量矩阵是

$$A=\begin{pmatrix} 1 & -1 & 2 \\ -1 & 2 & -1 \\ 2 & -1 & 6 \end{pmatrix},$$

已知 V 的子空间 V_1 的一组基为

$$\boldsymbol{\beta}_1=\boldsymbol{\alpha}_1+\boldsymbol{\alpha}_2, \quad \boldsymbol{\beta}_2=\boldsymbol{\alpha}_1+\boldsymbol{\alpha}_2-\boldsymbol{\alpha}_3.$$

(1) 证明 $\boldsymbol{\beta}_1, \boldsymbol{\beta}_2$ 是 V_1 的一组正交基;

(2) 求 V_1 的正交 $V_1^{\perp}$ 的一组基.

9. 设 V 是 n 维欧氏空间, $\boldsymbol{\alpha} \neq \mathbf{0}$ 是 V 中确定向量, 证明:

(1) $W=\{\boldsymbol{\beta} | \boldsymbol{\beta} \in V,(\boldsymbol{\beta}, \boldsymbol{\alpha})=0\}$ 是 V 的一个子空间;

(2) $\dim W=n-1$.

10. 设 A, B 均为 Hermite 矩阵, 证明: AB 为 Hermite 矩阵的充分必要条件是 $AB=BA$.

11. 设 W_1, W_2 是有限维内积空间的子空间, 证明:

(1) $(W_1+W_2)^{\perp}=W_1^{\perp} \cap W_2^{\perp}$;

(2) $W_1^{\perp}+W_2^{\perp}=(W_1 \cap W_2)^{\perp}$.

12. 设 $A, B \in \mathbb{C}^{n \times n}$ 都是 Hermite 矩阵, 且 A 半正定, 证明:

$$\operatorname{tr}(AB) \geqslant \operatorname{tr}(A) \cdot \lambda_n(B),$$

其中 $\lambda_n(B)$ 表示 B 的最小特征值.

第 4 章　矩阵的分解

矩阵的分解是将给定的矩阵分解为特殊类型矩阵的乘积, 以此反映出原矩阵的某些数值特征, 也能提供分析问题的简单形式.

4.1　三 角 分 解

首先从两个定义谈起.

定义 4.1　对 n 阶方阵 $A=(a_{ij})_{n\times n}\in F^{n\times n}$, 若 A 的对角线下 (上) 方的元素皆为 0, 则称 A 为上 (下) 三角矩阵, 对角线上元素全为 1 的上 (下) 三角矩阵称为单位上 (下) 三角矩阵.

根据定义直接验证可得, 给定两个 n 阶上 (下) 三角矩阵 A, B, 有

(1) $A+B$, AB 亦是上 (下) 三角矩阵;

(2) A 可逆的充分必要条件是 A 的对角元均非零, 当 A 可逆时, 其逆矩阵仍是上 (下) 三角矩阵;

(3) 两个单位上 (下) 三角矩阵的乘积仍是单位上 (下) 三角矩阵, 单位上 (下) 三角矩阵的逆矩阵也是单位上 (下) 三角矩阵.

定义 4.2　设 $A\in F^{n\times n}$,

(1) 若 $L,U\in F^{n\times n}$ 分别为下三角矩阵和上三角矩阵, $A=LU$, 则称 A 可作 LU 分解, 并称 $A=LU$ 为 A 的三角分解或 LU 分解.

(2) 若 $L,U\in F^{n\times n}$ 分别是对角线元素为 1 的下三角矩阵和上三角矩阵, D 为对角矩阵, $A=LDU$, 则称 A 为 LDU 分解.

LU 分解是由英国数学家、逻辑学家、密码专家、计算机先驱 Alan Mathison Turing 于 1948 年提出, 矩阵 LU 分解在求解线性方程组时具有重要的应用, 粗略地讲, 若 $A=LU$, 则方程组 $AX=\boldsymbol{b}$ 的解的问题可以等价于

$$\begin{cases} LY=\boldsymbol{b}, \\ UX=Y \end{cases}$$

的求解问题.

先从两个例子开始矩阵的三角分解的讨论.

例 4.1 设 $A=\begin{pmatrix}2&2&3\\4&7&7\\-2&4&5\end{pmatrix}$, 求 A 的 LU 分解及 LDU 分解.

解 对下面矩阵进行初等行变换

$$(A,E)=\left(\begin{array}{ccc:ccc}2&2&3&1&0&0\\4&7&7&0&1&0\\-2&4&5&0&0&1\end{array}\right)\xrightarrow[r_3+r_1]{r_2-2r_1}\begin{pmatrix}2&2&3&1&0&0\\0&3&1&-2&1&0\\0&6&8&1&0&1\end{pmatrix}$$

$$\xrightarrow{r_3-2r_2}\begin{pmatrix}2&2&3&1&0&0\\0&3&1&-2&1&0\\0&0&6&5&-2&1\end{pmatrix}$$

由初等行变换与矩阵乘法间的关系知

$$PA=\begin{pmatrix}2&2&3\\0&3&1\\0&0&6\end{pmatrix},\quad 其中\ P=\begin{pmatrix}1&0&0\\-2&1&0\\5&-2&1\end{pmatrix}.$$

令 $L=P^{-1}=\begin{pmatrix}1&0&0\\2&1&0\\-1&2&1\end{pmatrix}$, $U=\begin{pmatrix}2&2&3\\0&3&1\\0&0&6\end{pmatrix}$, 则 $A=L\begin{pmatrix}2&2&3\\0&3&1\\0&0&6\end{pmatrix}=LU$. 进一步也可写成

$$A=\begin{pmatrix}1&0&0\\2&1&0\\-1&2&1\end{pmatrix}\begin{pmatrix}2&0&0\\0&3&0\\0&0&6\end{pmatrix}\begin{pmatrix}1&1&\frac{3}{2}\\0&1&\frac{1}{3}\\0&0&1\end{pmatrix}=LDU,$$

其中 $L=\begin{pmatrix}1&0&0\\2&1&0\\-1&2&1\end{pmatrix}$, $D=\begin{pmatrix}2&0&0\\0&3&0\\0&0&6\end{pmatrix}$, $U=\begin{pmatrix}1&1&\frac{3}{2}\\0&1&\frac{1}{3}\\0&0&1\end{pmatrix}$.

例 4.2 矩阵 $A=\begin{pmatrix}0&2\\1&0\end{pmatrix}$ 无 LU 分解.

解 若 $A=\begin{pmatrix} l_{11} & 0 \\ l_{21} & l_{22} \end{pmatrix}\begin{pmatrix} u_{11} & u_{12} \\ 0 & u_{22} \end{pmatrix}=\begin{pmatrix} 0 & 2 \\ 1 & 0 \end{pmatrix}$, 则 $\begin{cases} l_{11}u_{11}=0, \\ l_{11}u_{12}=2, \\ l_{21}u_{11}=1, \\ l_{21}u_{12}+l_{22}u_{22}=0, \end{cases}$ 矛盾, 所以对 A 不能进行 LU 分解.

上述例子表明, 方阵 A 有 LU 分解是有条件的, 下面讨论三角分解的存在性和唯一性问题.

首先观察, 若 $A=LU$ 是 A 的一个三角分解, 令 $D=\operatorname{diag}\{d_{11},d_{22},\cdots,d_{ii}\}$, 其中 $d_{ii}\neq 0$, $i=1,2,\cdots,n$. 则 $A=LU=LDD^{-1}U=LU$, 根据上 (下) 三角矩阵的乘积还是上 (下) 三角矩阵, 故 $L'=LD$, $U'=D^{-1}U$ 仍分别是下、上三角矩阵. 这表明 $L'U'$ 亦是 A 的一个三角分解, 即一般的矩阵的三角分解不唯一. 然而, 在附加其他条件下, 有如下刻画.

定理 4.1 设 $A=(a_{ij})_{n\times n}$ 是 n 阶矩阵, 则当且仅当 A 的顺序主子式 $\varDelta_k\neq 0\,(k=1,2,\cdots,n-1)$ 时, A 具有唯一分解 $A=LDU$, 其中 L 为单位下三角矩阵, U 是单位上三角矩阵, 且 $D=\operatorname{diag}\{d_{11},d_{22},\cdots,d_{nn}\}$, 其中 $d_{kk}=\dfrac{\varDelta_k}{\varDelta_{k-1}}\,(k=1,2,\cdots,n;\varDelta_0=1)$.

证 必要性 假设 A 有唯一的 LDU 分解 $A=LDU$, 可以写成分块矩阵的形式

$$\begin{pmatrix} A_{n-1} & \boldsymbol{v} \\ \boldsymbol{u}^{\mathrm{T}} & a_{nn} \end{pmatrix}=\begin{pmatrix} L_{n-1} & \boldsymbol{0} \\ \boldsymbol{\alpha}^{\mathrm{T}} & 1 \end{pmatrix}\begin{pmatrix} D_{n-1} & \boldsymbol{0} \\ \boldsymbol{0}^{\mathrm{T}} & d_{nn} \end{pmatrix}\begin{pmatrix} U_{n-1} & \boldsymbol{\beta} \\ \boldsymbol{0}^{\mathrm{T}} & 1 \end{pmatrix}, \tag{4.1}$$

其中 L_{n-1}, D_{n-1}, U_{n-1}, A_{n-1} 分别是 L, D, U, A 的 n 阶顺序主子式矩阵, 由式 (4.1) 可得矩阵方程为

$$A_{n-1}=L_{n-1}D_{n-1}U_{n-1}, \tag{4.2}$$

$$\boldsymbol{u}^{\mathrm{T}}=\boldsymbol{\alpha}^{\mathrm{T}}D_{n-1}U_{n-1},$$

$$\boldsymbol{v}=L_{n-1}D_{n-1}\boldsymbol{\beta}, \tag{4.3}$$

$$a_{nn}=\boldsymbol{\alpha}^{\mathrm{T}}D_{n-1}\boldsymbol{\beta}+d_{nn}.$$

若 $\varDelta_{n-1}=|A_{n-1}|=0$, 则由式 (4.2) 得 $|D_{n-1}|=|A_{n-1}|=0$. 于是 $|L_{n-1}D_{n-1}|=|D_{n-1}|=0$, 即 $L_{n-1}D_{n-1}$ 不可逆. 考虑方程组 (4.3), 由其系数行列式为 0 知, 存

在 $(n-1)\times 1$ 矩阵 $\widetilde{\boldsymbol{\beta}}$ 满足 $L_{n-1}D_{n-1}\widetilde{\boldsymbol{\beta}}=\boldsymbol{v}$, 且 $\boldsymbol{\beta}\neq\widetilde{\boldsymbol{\beta}}$. 同法, 由 $D_{n-1}U_{n-1}$ 不可逆, 故 $U_{n-1}^{\mathrm{T}}D_{n-1}^{\mathrm{T}}=(D_{n-1}U_{n-1})^{\mathrm{T}}$ 不可逆, 故存在 $\widetilde{\boldsymbol{\alpha}}\neq\boldsymbol{\alpha}$ 使 $U_{n-1}^{\mathrm{T}}D_{n-1}^{\mathrm{T}}\widetilde{\boldsymbol{\alpha}}=\boldsymbol{u}$, 或 $\widetilde{\boldsymbol{\alpha}}^{\mathrm{T}}D_{n-1}U_{n-1}=\boldsymbol{u}^{\mathrm{T}}$, 取 $\widetilde{d}_{nn}=a_{nn}-\boldsymbol{\alpha}D_{n-1}\widetilde{\boldsymbol{\beta}}$, 则有

$$\begin{pmatrix}A_{n-1} & \boldsymbol{v}\\ \boldsymbol{u}^{\mathrm{T}} & a_{nn}\end{pmatrix}=\begin{pmatrix}L_{n-1} & \mathbf{0}\\ \boldsymbol{\alpha}^{\mathrm{T}} & 1\end{pmatrix}\begin{pmatrix}D_{n-1} & \mathbf{0}\\ \mathbf{0}^{\mathrm{T}} & \widetilde{d}_{nn}\end{pmatrix}\begin{pmatrix}U_{n-1} & \widetilde{\boldsymbol{\beta}}\\ \mathbf{0}^{\mathrm{T}} & 1\end{pmatrix}$$

与 A 具有唯一的 LDU 分解相矛盾, 故 $\Delta_{n-1}\neq 0$.

同样的方法应用到 A 的 $n-1$ 阶顺序主子式 A_{n-1}, 有 $A_{n-2}=L_{n-2}D_{n-2}U_{n-2}$, 其中 $L_{n-2}, D_{n-2}, U_{n-2}$ 分别是 L, D, U 的 $n-2$ 阶顺序主子矩阵. 于是由 D_{n-1} 和 D_{n-2} 可逆得 $|A_{n-2}|=|D_{n-2}|\neq 0$ 或 $\Delta_{n-2}\neq 0$. 类推可得 $\Delta_{n-1}\neq 0, \Delta_{n-2}\neq 0, \cdots, \Delta_2\neq 0, \Delta_1\neq 0$, 必要性获证.

充分性 对方阵 A 的阶数运用数学归纳法证明分解的存在性, $n=1$ 时结论成立. 假设对 $n-1$ 阶方阵有 LDU 分解, 则对 n 阶方阵 A, 记 $A=\begin{pmatrix}A_{n-1} & \boldsymbol{v}\\ \boldsymbol{u}^{\mathrm{T}} & a_{nn}\end{pmatrix}$, 其中 A_{n-1} 为 A 的 $n-1$ 阶顺序主子矩阵, 由定理的条件知 A_{n-1} 是非奇异矩阵, 故

$$\begin{pmatrix}E_{n-1} & \mathbf{0}\\ -\boldsymbol{u}^{\mathrm{T}}A_{n-1}^{-1} & 1\end{pmatrix}A=\begin{pmatrix}E_{n-1} & \mathbf{0}\\ -\boldsymbol{u}^{\mathrm{T}}A_{n-1}^{-1} & 1\end{pmatrix}\begin{pmatrix}A_{n-1} & \boldsymbol{v}\\ \boldsymbol{u}^{\mathrm{T}} & a_{nn}\end{pmatrix}=\begin{pmatrix}A_{n-1} & \boldsymbol{v}\\ \mathbf{0} & a_{nn}-\boldsymbol{u}^{\mathrm{T}}A_{n-1}^{-1}\boldsymbol{v}\end{pmatrix}.$$

故

$$A=\begin{pmatrix}E_{n-1} & \mathbf{0}\\ \boldsymbol{u}^{\mathrm{T}}A_{n-1}^{-1} & 1\end{pmatrix}\begin{pmatrix}A_{n-1} & \boldsymbol{v}\\ \mathbf{0}^{\mathrm{T}} & a_{nn}-\boldsymbol{u}^{\mathrm{T}}A_{n-1}^{-1}\boldsymbol{v}\end{pmatrix}.$$

根据归纳假设, 存在 $n-1$ 阶单位下三角矩阵 L_{n-1} 和上三角矩阵 U_{n-1} 使得 $A_{n-1}=L_{n-1}D_{n-1}U_{n-1}$, 从而

$$\begin{aligned}A&=\begin{pmatrix}E_{n-1} & \mathbf{0}\\ \boldsymbol{u}^{\mathrm{T}}A_{n-1}^{-1} & 1\end{pmatrix}\begin{pmatrix}L_{n-1}D_{n-1}U_{n-1} & \boldsymbol{v}\\ \mathbf{0}^{\mathrm{T}} & a_{nn}-\boldsymbol{u}^{\mathrm{T}}A_{n-1}^{-1}\boldsymbol{v}\end{pmatrix}\\&=\begin{pmatrix}E_{n-1} & \mathbf{0}\\ \boldsymbol{u}^{\mathrm{T}}A_{n-1}^{-1} & 1\end{pmatrix}\begin{pmatrix}L_{n-1} & \mathbf{0}\\ \mathbf{0}^{\mathrm{T}} & 1\end{pmatrix}\begin{pmatrix}D_{n-1}U_{n-1} & L_{n-1}^{-1}\boldsymbol{v}\\ \mathbf{0}^{\mathrm{T}} & a_{nn}-\boldsymbol{u}^{\mathrm{T}}A_{n-1}^{-1}\boldsymbol{v}\end{pmatrix}\\&=\begin{pmatrix}E_{n-1} & \mathbf{0}\\ \boldsymbol{u}^{\mathrm{T}}A_{n-1}^{-1} & 1\end{pmatrix}\begin{pmatrix}L_{n-1} & \mathbf{0}\\ \mathbf{0}^{\mathrm{T}} & 1\end{pmatrix}\begin{pmatrix}D_{n-1} & \mathbf{0}\\ \mathbf{0}^{\mathrm{T}} & a_{nn}-\boldsymbol{u}^{\mathrm{T}}A_{n-1}^{-1}\boldsymbol{v}\end{pmatrix}\begin{pmatrix}U_{n-1} & D_{n-1}^{-1}L_{n-1}^{-1}\boldsymbol{v}\\ \mathbf{0} & 1\end{pmatrix}.\end{aligned}$$

即得 $A=LDU$, 其中 L 是单位下三角矩阵, D 是对角矩阵, U 是单位上三角矩阵, 说明矩阵的阶为 n 时 LDU 分解也存在.

下证唯一性. 由 $\Delta_{n-1}\neq 0$ 得 $|D_{n-1}|\neq 0$, 即 D_{n-1} 非奇异. 若 A 还有另一种分解式, 则有 $n-1$ 阶下、上三角矩阵 $\widetilde{L}_{n-1}$, $\widetilde{U}_{n-1}$ 及对角矩阵 $\widetilde{D}_{n-1}$ 满足 $A_{n-1}=\widetilde{L}_{n-1}\widetilde{D}_{n-1}\widetilde{U}_{n-1}$ 且 $\widetilde{D}_{n-1}$ 非奇异. 从而

$$L_{n-1}D_{n-1}U_{n-1}=\widetilde{L}_{n-1}\widetilde{D}_{n-1}\widetilde{U}_{n-1}.$$

所以

$$\widetilde{L}_{n-1}^{-1}L_{n-1}=\widetilde{D}_{n-1}\widetilde{U}_{n-1}U_{n-1}^{-1}D_{n-1}^{-1}.$$

上式左边是单位下三角矩阵, 右边是上三角矩阵, 故 $\widetilde{L}_{n-1}^{-1}L_{n-1}$ 是单位矩阵, 即 $L_{n-1}=\widetilde{L}_{n-1}$, 同理, 由

$$\widetilde{D}_{n-1}^{-1}\widetilde{L}_{n-1}^{-1}L_{n-1}D_{n-1}=\widetilde{U}_{n-1}U_{n-1}^{-1}$$

可得 $\widetilde{U}_{n-1}U_{n-1}^{-1}$ 和 $\widetilde{D}_{n-1}D_{n-1}^{-1}$ 也都是单位矩阵, 故 $\widetilde{U}_{n-1}=U_{n-1}$, $\widetilde{D}_{n-1}=D_{n-1}$.

这表明若 A 有分解式 4.1, 则 L_{n-1}, D_{n-1}, U_{n-1} 都是唯一确定的, 由 D_{n-1} 的可逆性, 从式 4.2 及 4.3 中知 $\boldsymbol{\alpha}^{\mathrm{T}}$ 和 $\boldsymbol{\beta}$ 也是唯一确定的, 从而 d_{nn} 也是唯一确定的, 从而 A 的 LDU 分解的唯一性获证.

附加 A 非奇异的条件后, 可得如下关于 A 进行 LU 分解的结论.

定理 4.2　*n 阶非奇异方阵 A 有唯一 LU 分解的充分必要条件是 A 的所有顺序主子式 $\Delta_k\neq 0\,(k=1,2,\cdots,n-1)$.*

证　充分性　已知 $\Delta_k\neq 0\,(k=1,2,\cdots,n-1)$, 由定理 4.1 知 A 有 LDU 分解, 从而 A 具有唯一的 LU 分解.

必要性　由 A 非奇异知 $|A|=|L||U|\neq 0$, 故 L, U 均是非奇异的. 设 $L=(l_{ij})_{n\times n}$, $U=(u_{ij})_{n\times n}$, 则 $l_{ii}\neq 0$, $u_{ii}\neq 0(i=1,2,\cdots,n)$, 于是

$$A=\begin{pmatrix} l_{11} & & & \\ l_{21} & l_{22} & & \\ \vdots & \vdots & \ddots & \\ l_{n1} & l_{n2} & \cdots & l_{nn} \end{pmatrix}\begin{pmatrix} u_{11} & u_{12} & \cdots & u_{1n} \\ & u_{22} & \cdots & u_{2n} \\ & & \ddots & \vdots \\ & & & u_{nn} \end{pmatrix}$$

$$
=\begin{pmatrix} 1 & & & \\ \frac{l_{21}}{l_{11}} & 1 & & \\ \vdots & \vdots & \ddots & \\ \frac{l_{n1}}{l_{11}} & \frac{l_{n2}}{l_{22}} & \cdots & 1 \end{pmatrix}\begin{pmatrix} l_{11} & & & \\ & l_{22} & & \\ & & \ddots & \\ & & & l_{nn} \end{pmatrix}\begin{pmatrix} u_{11} & & & \\ & u_{22} & & \\ & & \ddots & \\ & & & u_{nn} \end{pmatrix}\cdot\begin{pmatrix} 1 & \frac{u_{12}}{u_{11}} & \cdots & \frac{u_{1n}}{u_{11}} \\ & 1 & \cdots & \frac{u_{2n}}{u_{22}} \\ & & \ddots & \vdots \\ & & & 1 \end{pmatrix}
$$

$$
=\widehat{L}\begin{pmatrix} l_{11}u_{11} & & & \\ & l_{22}u_{22} & & \\ & & \ddots & \\ & & & l_{nn}u_{nn} \end{pmatrix}\widehat{U}.
$$

运用定理 4.1 中证明 LDU 分解的唯一性类似的方法可知上述分解是唯一的,于是由定理 4.1 得 $\Delta_k \neq 0\,(k=1,2,\cdots,n-1)$.

例 4.3 求矩阵 A 的 LDU 分解及 LU 分解, 其中

$$
A=\begin{pmatrix} 1 & -1 & 2 \\ 2 & 1 & 3 \\ 3 & 1 & 4 \end{pmatrix}.
$$

解 计算可得 $\Delta_1=1$, $\Delta_2=\begin{vmatrix} 1 & -1 \\ 2 & 1 \end{vmatrix}=3$, 所以 A 有唯一的 LDU 分解.

构造矩阵

$$
L_1=\begin{pmatrix} 1 & 0 & 0 \\ 2 & 1 & 0 \\ 3 & 1 & 0 \end{pmatrix},\quad L_1^{-1}=\begin{pmatrix} 1 & 0 & 0 \\ -2 & 1 & 0 \\ -3 & 0 & 1 \end{pmatrix},
$$

则有

$$
L_1^{-1}A=L_1^{-1}A^{(0)}=\begin{pmatrix} 1 & -1 & 2 \\ 0 & 3 & -1 \\ 0 & 4 & -2 \end{pmatrix}=A^{(1)}.
$$

对 $A^{(1)}$ 构造矩阵

$$
L_2=\begin{pmatrix} 1 & 0 & 0 \\ 0 & 1 & 0 \\ 0 & \frac{4}{3} & 1 \end{pmatrix},\quad L_2^{-1}=\begin{pmatrix} 1 & 0 & 0 \\ 0 & 1 & 0 \\ 0 & -\frac{4}{3} & 1 \end{pmatrix},
$$

有

$$L_2^{-1}A^{(1)} = \begin{pmatrix} 1 & -1 & 2 \\ 0 & 3 & -1 \\ 0 & 0 & -\frac{2}{3} \end{pmatrix} = \begin{pmatrix} 1 & 0 & 0 \\ 0 & 3 & 0 \\ 0 & 0 & -\frac{2}{3} \end{pmatrix} \begin{pmatrix} 1 & -1 & 2 \\ 0 & 1 & -\frac{1}{3} \\ 0 & 0 & 1 \end{pmatrix} = A^{(2)}.$$

根据上面计算, 令

$$L = L_1L_2 = \begin{pmatrix} 1 & 0 & 0 \\ 2 & 1 & 0 \\ 3 & 0 & 1 \end{pmatrix} \begin{pmatrix} 1 & 0 & 0 \\ 0 & 1 & 0 \\ 0 & \frac{4}{3} & 1 \end{pmatrix} = \begin{pmatrix} 1 & 0 & 0 \\ 2 & 1 & 0 \\ 3 & \frac{4}{3} & 1 \end{pmatrix}.$$

综上得, A 的 LDU 分解为

$$A = LDU = \begin{pmatrix} 1 & 0 & 0 \\ 2 & 1 & 0 \\ 3 & \frac{4}{3} & 1 \end{pmatrix} \begin{pmatrix} 1 & 0 & 0 \\ 0 & 3 & 0 \\ 0 & 0 & -\frac{2}{3} \end{pmatrix} \begin{pmatrix} 1 & -1 & 2 \\ 0 & 1 & -\frac{1}{3} \\ 0 & 0 & 1 \end{pmatrix};$$

A 的 LU 分解为

$$A = \begin{pmatrix} 1 & 0 & 0 \\ 2 & 1 & 0 \\ 3 & \frac{4}{3} & 1 \end{pmatrix} \begin{pmatrix} 1 & -1 & 2 \\ 0 & 3 & -1 \\ 0 & 0 & -\frac{2}{3} \end{pmatrix}.$$

本节前面的例子 $\begin{pmatrix} 0 & 2 \\ 1 & 0 \end{pmatrix}$ 无 LU 分解表明顺序主子式非零这一条件的必要性. 对非奇异矩阵 A, 若其顺序主子式不满足条件, 则可以通过以下结论达到要求.

定理 4.3 设 n 阶矩阵 A 非奇异, 则存在置换矩阵 P 使得 PA 的 n 个顺序主子式都非零.

证 记 $A = (a_{ij})_{n\times n}$, 若 $a_{11} \neq 0$, 则 $\varDelta_1 = a_{11} \neq 0$, 若 $a_{11} = 0$, 因 A 非奇异, 则存在 $a_{i1} \neq 0$, 交换 A 的第一行与第 i 行, 即得置换矩阵 P_1 使得 $P_1A = \left(a_{ij}^{(1)}\right)_{n\times n}$ 的元素 $a_{11}^{(1)} = a_{i1} \neq 0$, 即 $\varDelta_1 \neq 0$.

按此方法继续下去, 可得置换矩阵 P_{n-1}, 使

$$P_{n-1}\cdots P_2P_1A = \left(a_{ij}^{(n-1)}\right)_{n\times n},$$

满足 $\Delta_{n-1} \neq 0$, 且

$$\Delta_n = |P_{n-1}| \cdots |P_2| |P_1| |A| = \pm |A| \neq 0.$$

令 $P = P_{n-1}P_{n-2} \cdots P_2P_1$, 则 PA 的 n 个顺序主子式全不为零.

推论 4.1 若 A 为 n 阶非奇异方阵, 则存在置换矩阵 P, 使

$$PA = L\widehat{U} = LDU,$$

其中 L 是单位下三角矩阵, $\widehat{U}$ 是上三角矩阵, U 是单位上三角矩阵, D 是对角矩阵.

其他三角分解

定义 4.3 设 A 具有唯一的 LDU 分解,

(1) 若将 D, U 结合起来得 $A = L\widetilde{U}(\widetilde{U} = DU)$, 称为 A 的 Doolittle 分解.

(2) 若将 L, D 结合起来得 $A = \widetilde{L}U(\widetilde{L} = LD)$, 称为 A 的 Crout 分解.

当 A 为 Hermite 正定矩阵时, $\Delta_k > 0\,(k = 1, 2, \cdots, n)$, 于是 A 有唯一的 LDU 分解, 即 $A = LDU$, 其中 $D = \mathrm{diag}\,(d_{11}, d_{22}, \cdots, d_{nn})$, $d_{ii} > 0(i = 1, 2, \cdots, n)$. 令

$$\widetilde{D} = \mathrm{diag}\left\{\sqrt{d_{11}}, \sqrt{d_{22}}, \cdots, \sqrt{d_{nn}}\right\},$$

则有 $A = L\widetilde{D}^2U$.

因 A 为 Hermite 矩阵, 得

$$L\widetilde{D}^2U = U^{\mathrm{H}}\widetilde{D}^2L^{\mathrm{H}}$$

据分解的唯一性有

$$L = U^{\mathrm{H}}, \quad U = L^{\mathrm{H}}.$$

因而有

$$A = L\widetilde{D}^2L^{\mathrm{H}} = LDL^{\mathrm{H}},$$

或者

$$A = L\widetilde{D}^2L^{\mathrm{H}} = (L\widetilde{D})(L\widetilde{D})^{\mathrm{H}} = GG^{\mathrm{H}},$$

其中 $G = L\widetilde{D}$ 是下三角矩阵.

定义 4.4　称上述分析中的 $A = GG^{\mathrm{H}}$ 为 Hermite 正定矩阵的 Cholesky 分解 (平方根分解, 对称三角分解).

下面我们展示一下该分解的实操方法, 为方便叙述, 以实对称正定方阵 A 为例. 令 $A = (a_{ij})_{n\times n}$, $G = (g_{ij})_{n\times n}$, 据 $A = GG^{\mathrm{H}} = GG^{\mathrm{T}}$(实对称) 得

$$a_{ij} = \begin{cases} g_{i1}g_{j1} + g_{i2}g_{j2} + \cdots + g_{ij}g_{jj}, & i > j, \\ g_{i1}^2 + g_{i2}^2 + \cdots + g_{ii}^2, & i = j. \end{cases}$$

计算可得 g_{ij} 的递推公式.

$$g_{ij} = \begin{cases} \left(a_{ii} - \sum\limits_{k=1}^{i-1} g_{ik}^2\right)^{1/2}, & i = j, \\ \dfrac{1}{g_{jj}}\left(a_{ij} - \sum\limits_{k=1}^{j-1} g_{ik}g_{jk}\right), & i > j, \\ 0, & i < j. \end{cases}$$

例 4.4　求正定矩阵 $A = \begin{pmatrix} 3 & 2 \\ 2 & 3 \end{pmatrix}$ 的 Cholesky 分解.

解　可设 $G = \begin{pmatrix} g_{11} & 0 \\ g_{21} & g_{22} \end{pmatrix}$, 则有

$$\begin{cases} a_{11} = g_{11}^2, \\ a_{12} = g_{11}g_{21}, \\ a_{22} = g_{21}^2 + g_{22}^2. \end{cases}$$

解得 $g_{11} = \sqrt{3}$, $g_{21} = \dfrac{2}{\sqrt{3}}$, $g_{22} = \sqrt{\dfrac{5}{3}}$. 从而

$$A = \begin{pmatrix} \sqrt{3} & 0 \\ \dfrac{2}{\sqrt{3}} & \sqrt{\dfrac{5}{3}} \end{pmatrix} \begin{pmatrix} \sqrt{3} & \dfrac{2}{\sqrt{3}} \\ 0 & \sqrt{\dfrac{5}{3}} \end{pmatrix}.$$

4.2　矩阵的 QR 分解

上节中, 我们主要是利用初等矩阵研究了方阵 A 的 LU 分解及 LDU 分解, 对数值代数算法的发展起了重要的作用, 然而并不能解决病态线性方程组的不稳

定问题, 自 20 世纪 60 年代以后, 研究者以正交 (酉) 变换为工具, 给出了 QR 分解方法, 对数值代数理论的近代发展做出了重要贡献. 本部分将从 Gram-Schmidt 正交化方法、Givens 矩阵、Householder 矩阵三个视角来研究矩阵的 QR 分解, 该分解在解决最小二乘问题, 特征值计算等方面都是十分重要的.

定义 4.5 若方阵 A 可以分解成一个酉 (正交) 矩阵 Q 与一个复 (实) 上三角矩阵 R 的乘积, 即 $A = QR$, 则称上式为 A 的一个 QR 分解.

先介绍基于 Gram-Schmidt 正交化方法的 QR 分解.

定理 4.4 若 n 阶方阵 $A = (a_{ij})_{n\times n} \in \mathbb{C}^{n\times n}\,(\mathbb{R}^{n\times n})$ 非奇异, 则存在唯一的酉 (正交) 矩阵 Q 和复 (实) 的正线上三角形矩阵 R(主对角线元素全为正实数的上三角矩阵), 使得 $A = QR$.

证 记 $A = (\boldsymbol{\alpha}_1, \boldsymbol{\alpha}_2, \cdots, \boldsymbol{\alpha}_n)$, 其中 $\boldsymbol{\alpha}_j$ 为 A 的第 j 个列向量. 因 A 非奇异, 故 $\boldsymbol{\alpha}_1, \boldsymbol{\alpha}_2, \cdots, \boldsymbol{\alpha}_n$ 线性无关. 利用 Gram-Schmidt 正交化方法可以将 $\boldsymbol{\alpha}_1, \boldsymbol{\alpha}_2, \cdots, \boldsymbol{\alpha}_n$ 化成两两正交的向量 $\boldsymbol{\beta}_1, \boldsymbol{\beta}_2, \cdots, \boldsymbol{\beta}_n$:

$$
\begin{cases}
\boldsymbol{\beta}_1 = \boldsymbol{\alpha}_1, \\
\boldsymbol{\beta}_2 = \boldsymbol{\alpha}_2 - \dfrac{(\boldsymbol{\alpha}_2, \boldsymbol{\beta}_1)}{(\boldsymbol{\beta}_1, \boldsymbol{\beta}_1)}\boldsymbol{\beta}_1, \\
\boldsymbol{\beta}_3 = \boldsymbol{\alpha}_3 - \dfrac{(\boldsymbol{\alpha}_3, \boldsymbol{\beta}_1)}{(\boldsymbol{\beta}_1, \boldsymbol{\beta}_1)}\boldsymbol{\beta}_1 - \dfrac{(\boldsymbol{\alpha}_3, \boldsymbol{\beta}_2)}{(\boldsymbol{\beta}_2, \boldsymbol{\beta}_2)}\boldsymbol{\beta}_2, \\
\qquad\qquad\cdots\cdots \\
\boldsymbol{\beta}_n = \boldsymbol{\alpha}_n - \dfrac{(\boldsymbol{\alpha}_n, \boldsymbol{\beta}_1)}{(\boldsymbol{\beta}_1, \boldsymbol{\beta}_1)}\boldsymbol{\beta}_1 - \dfrac{(\boldsymbol{\alpha}_n, \boldsymbol{\beta}_2)}{(\boldsymbol{\beta}_2, \boldsymbol{\beta}_2)}\boldsymbol{\beta}_2 - \cdots - \dfrac{(\boldsymbol{\alpha}_n, \boldsymbol{\beta}_{n-1})}{(\boldsymbol{\beta}_{n-1}, \boldsymbol{\beta}_{n-1})}\boldsymbol{\beta}_{n-1}.
\end{cases}
$$

于是

$$
\begin{cases}
\boldsymbol{\alpha}_1 = \boldsymbol{\beta}_1, \\
\boldsymbol{\alpha}_2 = \dfrac{(\boldsymbol{\alpha}_2, \boldsymbol{\beta}_1)}{(\boldsymbol{\beta}_1, \boldsymbol{\beta}_1)}\boldsymbol{\beta}_1 + \boldsymbol{\beta}_2, \\
\boldsymbol{\alpha}_3 = \dfrac{(\boldsymbol{\alpha}_3, \boldsymbol{\beta}_1)}{(\boldsymbol{\beta}_1, \boldsymbol{\beta}_1)}\boldsymbol{\beta}_1 + \dfrac{(\boldsymbol{\alpha}_3, \boldsymbol{\beta}_2)}{(\boldsymbol{\beta}_2, \boldsymbol{\beta}_2)}\boldsymbol{\beta}_2 + \boldsymbol{\beta}_3, \\
\qquad\qquad\cdots\cdots \\
\boldsymbol{\alpha}_n = \dfrac{(\boldsymbol{\alpha}_n, \boldsymbol{\beta}_1)}{(\boldsymbol{\beta}_1, \boldsymbol{\beta}_1)}\boldsymbol{\beta}_1 + \dfrac{(\boldsymbol{\alpha}_n, \boldsymbol{\beta}_2)}{(\boldsymbol{\beta}_2, \boldsymbol{\beta}_2)}\boldsymbol{\beta}_2 + \cdots + \dfrac{(\boldsymbol{\alpha}_n, \boldsymbol{\beta}_{n-1})}{(\boldsymbol{\beta}_{n-1}, \boldsymbol{\beta}_{n-1})}\boldsymbol{\beta}_{n-1} + \boldsymbol{\beta}_n.
\end{cases}
$$

令 $\gamma_i = \dfrac{\boldsymbol{\beta}_i}{\|\boldsymbol{\beta}_i\|}(i=1,2,\cdots,n)$, 则 $U=(\boldsymbol{\gamma}_1,\boldsymbol{\gamma}_2,\cdots,\boldsymbol{\gamma}_n)$ 为酉矩阵, 且

$$\begin{cases}\boldsymbol{\alpha}_1=\|\boldsymbol{\beta}_1\|\cdot\boldsymbol{\gamma}_1,\\ \boldsymbol{\alpha}_2=(\boldsymbol{\alpha}_2,\boldsymbol{\gamma}_1)\boldsymbol{\gamma}_1+\|\boldsymbol{\beta}_2\|\boldsymbol{\gamma}_2,\\ \boldsymbol{\alpha}_3=(\boldsymbol{\alpha}_3,\boldsymbol{\gamma}_1)\boldsymbol{\gamma}_1+(\boldsymbol{\alpha}_3,\boldsymbol{\gamma}_2)\boldsymbol{\gamma}_2+\|\boldsymbol{\beta}_3\|\boldsymbol{\gamma}_3,\\ \qquad\cdots\cdots\\ \boldsymbol{\alpha}_n=(\boldsymbol{\alpha}_n,\boldsymbol{\gamma}_1)\boldsymbol{\gamma}_1+(\boldsymbol{\alpha}_n,\boldsymbol{\gamma}_2)\boldsymbol{\gamma}_2+\cdots+(\boldsymbol{\alpha}_n,\boldsymbol{\gamma}_{n-1})\boldsymbol{\gamma}_{n-1}+\|\boldsymbol{\beta}_n\|\boldsymbol{\gamma}_n.\end{cases}$$

因而 $A=UR$, 其中 $U=(\boldsymbol{\gamma}_1,\boldsymbol{\gamma}_2,\cdots,\boldsymbol{\gamma}_n)$,

$$R=\begin{pmatrix}\|\boldsymbol{\beta}_1\| & (\boldsymbol{\alpha}_2,\boldsymbol{\gamma}_1) & \cdots & (\boldsymbol{\alpha}_{n-1},\boldsymbol{\gamma}_1) & (\boldsymbol{\alpha}_n,\boldsymbol{\gamma}_1)\\ & \|\boldsymbol{\beta}_2\| & \cdots & (\boldsymbol{\alpha}_{n-1},\boldsymbol{\gamma}_2) & (\boldsymbol{\alpha}_n,\boldsymbol{\gamma}_2)\\ & & \ddots & \vdots & \vdots\\ & & & \|\boldsymbol{\beta}_{n-1}\| & (\boldsymbol{\alpha}_n,\boldsymbol{\gamma}_{n-1})\\ & & & & \|\boldsymbol{\beta}_n\|\end{pmatrix}.$$

设 $A=U_1R_1$ 为另一分解, 其中 U_1 为酉矩阵, R_1 为对角线元素大于零的上三角矩阵, 则从 $UR=U_1R_1$ 中得 $RR_1^{-1}=U^{\mathrm{H}}U_1$ 为上三角的酉矩阵, 故为正规矩阵, 从而 RR_1^{-1} 为对角矩阵, 且对角线元素都大于零, 这样的酉矩阵必须是单位矩阵 (因酉矩阵的特征值都是模为 1 的), 故 $U=U_1$, $R=R_1$, 唯一性获证.

推论 4.2 设 $n\times r$ 矩阵 $A\in\mathbb{C}^{n\times r}\,(\mathbb{R}^{n\times r})$ 且 $\operatorname{rank}(A)=r$, 则存在 n 阶酉 (正交) 矩阵 Q 和 r 阶复 (实) 的正线上三角矩阵 R 使得

$$A=Q\begin{pmatrix}R\\O\end{pmatrix}.$$

证 记 $A=(\boldsymbol{\alpha}_1,\boldsymbol{\alpha}_2,\cdots,\boldsymbol{\alpha}_r)$, 则 n 维列向量组 $\boldsymbol{\alpha}_1,\boldsymbol{\alpha}_2,\cdots,\boldsymbol{\alpha}_r$ 线性无关, 将其扩充成 $\mathbb{C}^n\,(\mathbb{R}^n)$ 的基: $\boldsymbol{\alpha}_1,\boldsymbol{\alpha}_2,\cdots,\boldsymbol{\alpha}_r,\boldsymbol{\alpha}_{r+1},\cdots,\boldsymbol{\alpha}_n$ 再将其标准正交化为 $\boldsymbol{\gamma}_1,\boldsymbol{\gamma}_2,\cdots,\boldsymbol{\gamma}_n$, 由定理 4.4 可知: 存在复 (实) 的正线上三角矩阵 R , 使得

$$\begin{aligned}(\boldsymbol{\alpha}_1,\boldsymbol{\alpha}_2,\cdots,\boldsymbol{\alpha}_r,\boldsymbol{\alpha}_{r+1},\cdots,\boldsymbol{\alpha}_n)&=(\boldsymbol{\gamma}_1,\boldsymbol{\gamma}_2,\cdots,\boldsymbol{\gamma}_n)R\\&=(\boldsymbol{\gamma}_1,\boldsymbol{\gamma}_2,\cdots,\boldsymbol{\gamma}_n)\begin{pmatrix}R & C\\ O & R_0\end{pmatrix},\end{aligned}$$

其中 r 阶矩阵 R, $n-r$ 阶矩阵 R_0 都是正线上三角矩阵, 令 $Q=(\boldsymbol{\gamma}_1,\boldsymbol{\gamma}_2,\cdots,\boldsymbol{\gamma}_n)$, 则由分块矩阵的乘法性质得到 $A=Q\begin{pmatrix}R\\O\end{pmatrix}$.

例 4.5 利用正交化方法对方阵 $A=\begin{pmatrix}1&0&1\\0&1&1\\1&1&0\end{pmatrix}$ 进行 QR 分解.

解 记 $\boldsymbol{\alpha}_1=\begin{pmatrix}1\\0\\1\end{pmatrix},\boldsymbol{\alpha}_2=\begin{pmatrix}0\\1\\1\end{pmatrix},\boldsymbol{\alpha}_3=\begin{pmatrix}1\\1\\0\end{pmatrix}$.

令

$$\boldsymbol{\beta}_1=\boldsymbol{\alpha}_1=\begin{pmatrix}1\\0\\1\end{pmatrix},$$

$$\boldsymbol{\beta}_2=\boldsymbol{\alpha}_2-\frac{(\boldsymbol{\alpha}_2,\boldsymbol{\beta}_1)}{(\boldsymbol{\beta}_1,\boldsymbol{\beta}_1)}\boldsymbol{\beta}_1=\begin{pmatrix}0\\1\\1\end{pmatrix}-\frac{1}{2}\begin{pmatrix}1\\0\\1\end{pmatrix}=\begin{pmatrix}-\frac{1}{2}\\1\\\frac{1}{2}\end{pmatrix},$$

$$\boldsymbol{\beta}_3=\boldsymbol{\alpha}_3-\frac{(\boldsymbol{\alpha}_3,\boldsymbol{\beta}_1)}{(\boldsymbol{\beta}_1,\boldsymbol{\beta}_1)}\boldsymbol{\beta}_1-\frac{(\boldsymbol{\alpha}_3,\boldsymbol{\beta}_2)}{(\boldsymbol{\beta}_2,\boldsymbol{\beta}_2)}\boldsymbol{\beta}_2=\begin{pmatrix}1\\1\\0\end{pmatrix}-\frac{1}{2}\begin{pmatrix}1\\0\\1\end{pmatrix}-\frac{\frac{1}{2}}{\frac{3}{2}}\begin{pmatrix}-\frac{1}{2}\\1\\\frac{1}{2}\end{pmatrix}=\begin{pmatrix}\frac{2}{3}\\\frac{2}{3}\\-\frac{2}{3}\end{pmatrix}.$$

即 $\boldsymbol{\alpha}_1=\boldsymbol{\beta}_1,\quad \boldsymbol{\alpha}_2=\frac{1}{2}\boldsymbol{\beta}_1+\boldsymbol{\beta}_2,\quad \boldsymbol{\alpha}_3=\frac{1}{2}\boldsymbol{\beta}_1+\frac{1}{3}\boldsymbol{\beta}_2+\boldsymbol{\beta}_3$.

令

$$\boldsymbol{\gamma}_1=\frac{\boldsymbol{\beta}_1}{\|\boldsymbol{\beta}_1\|}=\begin{pmatrix}\frac{1}{\sqrt{2}}\\0\\\frac{1}{\sqrt{2}}\end{pmatrix},\quad \boldsymbol{\gamma}_2=\frac{\boldsymbol{\beta}_2}{\|\boldsymbol{\beta}_2\|}=\begin{pmatrix}-\frac{\sqrt{6}}{6}\\\frac{\sqrt{6}}{3}\\\frac{\sqrt{6}}{6}\end{pmatrix},\quad \boldsymbol{\gamma}_3=\frac{\boldsymbol{\beta}_3}{\|\boldsymbol{\beta}_3\|}=\begin{pmatrix}\frac{\sqrt{3}}{3}\\\frac{\sqrt{3}}{3}\\-\frac{\sqrt{3}}{3}\end{pmatrix}.$$

则

$$(\boldsymbol{\alpha}_1,\boldsymbol{\alpha}_2,\boldsymbol{\alpha}_3)=(\boldsymbol{\beta}_1,\boldsymbol{\beta}_2,\boldsymbol{\beta}_3)\begin{pmatrix}1&\frac{1}{2}&\frac{1}{2}\\0&1&\frac{1}{3}\\0&0&1\end{pmatrix}$$

$$
= \left(\gamma_1, \gamma_2, \gamma_3\right) \begin{pmatrix} \|\beta_1\| & 0 & 0 \\ 0 & \|\beta_2\| & 0 \\ 0 & 0 & \|\beta_3\| \end{pmatrix} \begin{pmatrix} 1 & \frac{1}{2} & \frac{1}{2} \\ 0 & 1 & \frac{1}{3} \\ 0 & 0 & 1 \end{pmatrix}
$$

$$
= (\gamma_1, \gamma_2, \gamma_3) \begin{pmatrix} \sqrt{2} & \frac{\sqrt{2}}{2} & \frac{\sqrt{2}}{2} \\ 0 & \frac{\sqrt{6}}{2} & \frac{\sqrt{6}}{6} \\ 0 & 0 & \frac{2\sqrt{3}}{3} \end{pmatrix}.
$$

令

$$
Q = (\gamma_1, \gamma_2, \gamma_3) \begin{pmatrix} \frac{\sqrt{2}}{2} & -\frac{\sqrt{6}}{6} & \frac{\sqrt{3}}{3} \\ 0 & \frac{\sqrt{6}}{3} & \frac{\sqrt{3}}{3} \\ \frac{\sqrt{2}}{2} & \frac{\sqrt{6}}{6} & -\frac{\sqrt{3}}{3} \end{pmatrix}, \quad R = \begin{pmatrix} \sqrt{2} & \frac{\sqrt{2}}{2} & \frac{\sqrt{2}}{2} \\ 0 & \frac{\sqrt{6}}{2} & \frac{\sqrt{6}}{6} \\ 0 & 0 & \frac{2\sqrt{3}}{3} \end{pmatrix},
$$

则 $A = QR$ 为其 QR 分解.

下面再介绍另外两种进行 QR 分解的方法, 首先从 Givens 矩阵谈起.

在平面解析几何中, 通过计算可得使向量 α 顺时针旋转角度 θ 变为 β 的旋转变换为 (如图 4-1)

$$
\beta = \begin{pmatrix} \cos\theta & \sin\theta \\ -\sin\theta & \cos\theta \end{pmatrix} \alpha = T\alpha.
$$

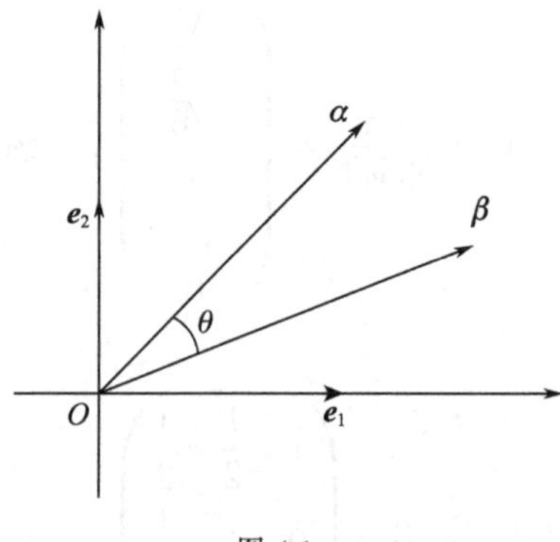

图 4-1

则有 $\|\alpha\| = \|\beta\|$, T 是正交矩阵, 且 $|T| = 1$. 将此推广到 $\mathbb{C}^n$ 上, 有如下定义.

定义 4.6 设 $c,s\in\mathbb{C}$ 且满足 $|c|^2+|s|^2=1$, 称 n 阶方阵

$$T_{ij}=\begin{pmatrix}1&&&&&&&&&\\&\ddots&&&&&&&&\\&&1&&&&&&&\\&&&\bar{c}&&&\bar{s}&&&\\&&&&1&&&&&\\&&&&&\ddots&&&&\\&&&&&&1&&&\\&&&-s&&&c&&&\\&&&&&&&1&&\\&&&&&&&&\ddots&\\&&&&&&&&&1\end{pmatrix}\begin{matrix}\\\\\\i_{\text{行}}\\\\\\\\j_{\text{行}}\\\\\\\\\end{matrix}$$

$$\qquad\qquad i_{\text{列}}\qquad\qquad j_{\text{列}}$$

为 Givens 矩阵或初等旋转矩阵. 由 Givens 矩阵 T_{ij} 确定的 $\mathbb{C}^n$ 上的线性变换, $\boldsymbol{\beta}=T_{ij}\boldsymbol{\alpha}$ 称为 Givens 变换或初等旋转变换.

当 $|c|^2+|s|^2=1$ 时, 存在实数 t, w, θ, 使得 $c=\mathrm{e}^{-\mathrm{i}t}\cos\theta$, $s=\mathrm{e}^{-\mathrm{i}w}\sin\theta$. 当 c, s 为实数且 $c^2+s^2=1$ 时, 存在实数 θ, 使得 $c=\cos\theta$, $s=\sin\theta$, 此时 T_{ij} 可以解释为 $\mathbb{R}^n$ 上由 $\boldsymbol{e}_i$ 和 $\boldsymbol{e}_j$ 构成的平面旋转矩阵.

由定义可验证得, Givens 矩阵 T_{ij} 是酉矩阵且 $|T_{ij}|=1$.

下述结论是 Givens 矩阵得以应用的关键点.

定理 4.5 设 $\boldsymbol{\alpha}=(x_1,x_2,\cdots,x_n)^{\mathrm{T}}\in\mathbb{C}^n$, 则存在有限个 Givens 矩阵 T_{12}, $T_{13},\cdots,T_{1n}$, 使得

$$T_{1n}\cdots T_{13}T_{12}\boldsymbol{\alpha}=\|\boldsymbol{\alpha}\|\boldsymbol{e}_1.$$

证 情形一 $x_1\neq 0$, 对 $\boldsymbol{\alpha}$ 构造 Givens 矩阵 $T_{12}=T_{12}(c,s)$, 其中

$$c=\frac{x_1}{\sqrt{|x_1|^2+|x_2|^2}},\quad s=\frac{x_2}{\sqrt{|x_1|^2+|x_2|^2}}.$$

则有

$$T_{12}\boldsymbol{\alpha}=\begin{pmatrix}\bar{c} & \bar{s} & & \\ -s & c & & \\ & & \ddots & \\ & & & 1\end{pmatrix}\begin{pmatrix}x_1\\x_2\\\vdots\\x_n\end{pmatrix}=\begin{pmatrix}\sqrt{|x_1|^2+|x_2|^2}\\0\\x_3\\\vdots\\x_n\end{pmatrix}.$$

对 $T_{12}\boldsymbol{\alpha}$ 再构造 Givens 矩阵 $T_{13}(c,s)$, 其中

$$c=\frac{\sqrt{|x_1|^2+|x_2|^2}}{\sqrt{|x_1|^2+|x_2|^2+|x_3|^2}},\quad s=\frac{x_3}{\sqrt{|x_1|^2+|x_2|^2+|x_3|^2}}.$$

则

$$T_{13}\left(T_{12}\boldsymbol{\alpha}\right)=\begin{pmatrix}\sqrt{|x_1|^2+|x_2|^2+|x_3|^2}\\0\\0\\x_4\\\vdots\\x_n\end{pmatrix}.$$

按此方法继续下去, 最后对 $T_{1,n-1}\cdots T_{12}\boldsymbol{\alpha}$ 构造 Givens 矩阵 $T_{1n}(c,s)$, 其中

$$c=\frac{\sqrt{|x_1|^2+\cdots+|x_{n-1}|^2}}{\sqrt{|x_1|^2+\cdots+|x_{n-1}|^2+|x_n|^2}},\quad s=\frac{x_n}{\sqrt{|x_1|^2+\cdots+|x_{n-1}|^2+|x_n|^2}}.$$

则

$$T_{1n}\left(T_{1,n-1}\cdots T_{12}\boldsymbol{\alpha}\right)=\begin{pmatrix}\sqrt{|x_1|^2+\cdots+|x_n|^2}\\0\\\vdots\\0\end{pmatrix}.$$

令 $T=T_{1n}T_{1,n-1}\cdots T_{12}$, 则有

$$T\boldsymbol{\alpha}=\|\boldsymbol{\alpha}\|\boldsymbol{e}_1.$$

情形二 $x_1=0$, 考虑 $x_1=\cdots=x_{k-1}=0, x_k\neq 0(1<k\leqslant n)$ 的情形. 此时 $\|\boldsymbol{\alpha}_1\|=\sqrt{|x_k|^2+\cdots+|x_n|^2}$, 上述步骤从 T_{1k} 开始进行即可得结论.

反复应用此方法可得更一般的结论.

推论 4.3 对非零列向量 $\boldsymbol{\alpha}\in\mathbb{C}^n$ 及单位列向量 $\boldsymbol{\beta}\in\mathbb{C}^n$, 存在有限个 Givens 矩阵的乘积, 记作 T, 满足 $T\boldsymbol{\alpha}=\|\boldsymbol{\alpha}\|\boldsymbol{\beta}$.

证 由定理 4.5, 对于向量 $\boldsymbol{\alpha}$, 存在 $T^{(1)}=T_{1n}^{(1)}\cdots T_{13}^{(1)}T_{12}^{(1)}$, 满足

$$T^{(1)}\boldsymbol{\alpha}=\|\boldsymbol{\alpha}\|\boldsymbol{e}_1.$$

对于向量 $\boldsymbol{\beta}$, 存在

$$T^{(2)}=T_{1n}^{(2)}\cdots T_{13}^{(2)}T_{12}^{(2)}$$

满足

$$T^{(2)}\boldsymbol{\beta}=\|\boldsymbol{\beta}\|\cdot\boldsymbol{e}_1=\boldsymbol{e}_1.$$

于是有

$$T^{(1)}\boldsymbol{\alpha}=\|\boldsymbol{\alpha}\|\boldsymbol{e}_1=\|\boldsymbol{\alpha}\|T^{(2)}\boldsymbol{\beta},$$

从而

$$\left[T^{(2)}\right]^{-1}T^{(1)}\boldsymbol{\alpha}=\|\boldsymbol{\alpha}\|\boldsymbol{\beta},$$

则

$$\begin{aligned}T&=\left[T^{(2)}\right]^{-1}T^{(1)}=\left[T_{1n}^{(2)}\cdots T_{13}^{(2)}T_{12}^{(2)}\right]^{-1}T^{(1)}\\&=\left[\left(T_{12}^{(2)}\right)^{\mathrm{H}}\left(T_{13}^{(2)}\right)^{\mathrm{H}}\cdots\left(T_{1n}^{(2)}\right)^{\mathrm{H}}\right]\left[T_{1n}^{(1)}\cdots T_{13}^{(1)}T_{12}^{(1)}\right]\end{aligned}$$

是有限个 Givens 矩阵的乘积.

下面, 我们用 Givens 矩阵技巧对 $A=\begin{pmatrix}1&0&1\\0&1&1\\1&1&0\end{pmatrix}$ 进行 QR 分解, 请读者认真体会该方法与正交化方法的差异.

例 4.6　用 Givens 矩阵对 $A=\begin{pmatrix}1&0&1\\0&1&1\\1&1&0\end{pmatrix}$ 进行 QR 分解.

解　首先, 对 A 的第一列 $\boldsymbol{\alpha}_1^{(1)}=\begin{pmatrix}1\\0\\1\end{pmatrix}$ 构造 T_1, 使 $T_1\boldsymbol{\alpha}_1=\|\boldsymbol{\alpha}_1\|\boldsymbol{e}_1$, 具体做法如下.

取

$$T_{13}=\begin{pmatrix}\frac{\sqrt{2}}{2}&0&\frac{\sqrt{2}}{2}\\0&1&0\\-\frac{\sqrt{2}}{2}&0&\frac{\sqrt{2}}{2}\end{pmatrix},$$

则

$$T_1=T_{13}=\begin{pmatrix}\frac{\sqrt{2}}{2}&0&\frac{\sqrt{2}}{2}\\0&1&0\\-\frac{\sqrt{2}}{2}&0&\frac{\sqrt{2}}{2}\end{pmatrix},$$

$$T_1A=\begin{pmatrix}\frac{\sqrt{2}}{2}&0&\frac{\sqrt{2}}{2}\\0&1&0\\-\frac{\sqrt{2}}{2}&0&\frac{\sqrt{2}}{2}\end{pmatrix}\begin{pmatrix}1&0&1\\0&1&1\\1&1&0\end{pmatrix}=\begin{pmatrix}\sqrt{2}&\frac{\sqrt{2}}{2}&\frac{\sqrt{2}}{2}\\0&1&1\\0&\frac{\sqrt{2}}{2}&-\frac{\sqrt{2}}{2}\end{pmatrix}.$$

其次, 对 $A^{(1)}=\begin{pmatrix}1&1\\\frac{\sqrt{2}}{2}&-\frac{\sqrt{2}}{2}\end{pmatrix}$ 的第一列 $\boldsymbol{\alpha}^{(2)}=\begin{pmatrix}1\\\frac{\sqrt{2}}{2}\end{pmatrix}$ 构造 T_2, 满足 $T_2\boldsymbol{\alpha}^{(2)}=\left\|\boldsymbol{\alpha}^{(2)}\right\|\boldsymbol{e}_1$. 取 $T_{12}=\begin{pmatrix}\frac{\sqrt{6}}{3}&\frac{\sqrt{3}}{3}\\-\frac{\sqrt{3}}{3}&\frac{\sqrt{6}}{3}\end{pmatrix}$, 则 $T_{12}\boldsymbol{\alpha}^{(2)}=\begin{pmatrix}\frac{\sqrt{6}}{2}\\0\end{pmatrix}$. 从而

$$T_2A^{(1)}=T_{12}A^{(1)}=\begin{pmatrix}\frac{\sqrt{6}}{3}&\frac{\sqrt{3}}{3}\\-\frac{\sqrt{3}}{3}&\frac{\sqrt{6}}{3}\end{pmatrix}\begin{pmatrix}1&1\\\frac{\sqrt{2}}{2}&-\frac{\sqrt{2}}{2}\end{pmatrix}=\begin{pmatrix}\frac{\sqrt{6}}{2}&\frac{\sqrt{6}}{6}\\0&-\frac{2\sqrt{3}}{3}\end{pmatrix}.$$

最后, 令

$$T=\begin{pmatrix}1&0\\0&T_2\end{pmatrix}T_1=\begin{pmatrix}1&0&0\\0&\frac{\sqrt{6}}{3}&\frac{\sqrt{3}}{3}\\0&-\frac{\sqrt{3}}{3}&\frac{\sqrt{6}}{3}\end{pmatrix}\begin{pmatrix}\frac{\sqrt{2}}{2}&0&\frac{\sqrt{2}}{2}\\0&1&0\\-\frac{\sqrt{2}}{2}&0&\frac{\sqrt{2}}{2}\end{pmatrix}$$

$$=\begin{pmatrix}\frac{\sqrt{2}}{2}&0&\frac{\sqrt{2}}{2}\\-\frac{\sqrt{6}}{6}&\frac{\sqrt{6}}{3}&\frac{\sqrt{6}}{6}\\-\frac{\sqrt{3}}{3}&-\frac{\sqrt{3}}{3}&\frac{\sqrt{3}}{3}\end{pmatrix}.$$

则有 $A=QR$, 其中

$$Q=T^{\mathrm{H}}=\begin{pmatrix}\frac{\sqrt{2}}{2}&-\frac{\sqrt{6}}{6}&-\frac{\sqrt{3}}{3}\\0&\frac{\sqrt{6}}{3}&-\frac{\sqrt{3}}{3}\\\frac{\sqrt{2}}{2}&\frac{\sqrt{6}}{6}&\frac{\sqrt{3}}{3}\end{pmatrix},\quad R=\begin{pmatrix}\sqrt{2}&\frac{\sqrt{2}}{2}&\frac{\sqrt{2}}{2}\\0&\frac{\sqrt{6}}{2}&\frac{\sqrt{6}}{6}\\0&0&-\frac{2\sqrt{3}}{3}\end{pmatrix}.$$

再来介绍 Householder 矩阵. 先从一个实例看起.

在平面 $\mathbb{R}^2$ 上, 将向量 $\boldsymbol{\alpha}=\begin{pmatrix}x_1\\y_1\end{pmatrix}$ 映射为关于 $\boldsymbol{e}_1=\begin{pmatrix}1\\0\end{pmatrix}$ 轴对称的向量 $\boldsymbol{\beta}$ 的变换称为关于 $\boldsymbol{e_1}$ 轴的镜像 (反射) 变换, 有

$$\boldsymbol{\beta}=\begin{pmatrix}x_1\\-y_1\end{pmatrix}=\begin{pmatrix}1&0\\0&-1\end{pmatrix}\begin{pmatrix}x_1\\y_1\end{pmatrix}=\left(E-2\boldsymbol{e}_2\boldsymbol{e}_2{}^{\mathrm{T}}\right)\boldsymbol{\alpha}=H\boldsymbol{\alpha},$$

其中 $\boldsymbol{e}_2=\begin{pmatrix}0\\1\end{pmatrix}$, H 是正交矩阵, 且 $|H|=-1$.

定义 4.7 若 $\boldsymbol{u}\in\mathbb{C}^n$ 是单位列向量, 即 $\boldsymbol{u}^{\mathrm{H}}\boldsymbol{u}=1$, 称

$$H=E-2\boldsymbol{u}\boldsymbol{u}^{\mathrm{H}}$$

为 Householder 矩阵或初等反射矩阵. 由 Householder 矩阵 H 确定的 $\mathbb{C}^n$ 上的线性变换 $\boldsymbol{\beta}=H\boldsymbol{\alpha}$ 称为 Householder 变换或初等反射变换.

Householder 矩阵具有下述性质:

(1) $H^{\mathrm{H}} = H$(Hermite 矩阵);

(2) $H^{\mathrm{H}}H = E$(酉矩阵);

(3) $H^2 = E$(对合矩阵);

(4) $H^{-1} = H$(自逆矩阵);

(5) $\begin{pmatrix} E_r & O \\ O & H \end{pmatrix}$ 是 $n+r$ 阶 Householder 矩阵;

(6) $|H| = -1$.

用定义可以直接验证 (1)—(4).

下证 (5) 和 (6). 因 H 是 Householder 矩阵, 故存在 $\boldsymbol{u} \in \mathbb{C}^n$ 且 $\boldsymbol{u}^{\mathrm{H}}\boldsymbol{u} = 1$ 满足 $H = E - 2\boldsymbol{u}\boldsymbol{u}^{\mathrm{H}}$. 所以

$$\begin{pmatrix} E_r & O \\ O & H \end{pmatrix} = \begin{pmatrix} E_r & O \\ O & E - 2\boldsymbol{u}\boldsymbol{u}^{\mathrm{H}} \end{pmatrix} = \begin{pmatrix} E_r & O \\ O & E_n \end{pmatrix} - 2\begin{pmatrix} \boldsymbol{0} \\ \boldsymbol{u} \end{pmatrix}(\boldsymbol{0}, \boldsymbol{u}^{\mathrm{H}}) = E_{n+r} - 2\boldsymbol{u}\boldsymbol{u}^{\mathrm{H}},$$

其中 $\widetilde{\boldsymbol{u}} = \begin{pmatrix} \boldsymbol{0} \\ \boldsymbol{u} \end{pmatrix}$.

又

$$\widetilde{\boldsymbol{u}}^{\mathrm{H}}\widetilde{\boldsymbol{u}} = (\boldsymbol{0}^{\mathrm{T}}, \boldsymbol{u}^{\mathrm{H}})\begin{pmatrix} \boldsymbol{0} \\ \boldsymbol{u} \end{pmatrix} = \boldsymbol{u}^{\mathrm{H}}\boldsymbol{u} = 1.$$

故 $\begin{pmatrix} E_r & O \\ O & H \end{pmatrix}$ 是 $n+r$ 阶 Householder 矩阵. 又

$$\begin{pmatrix} E & \boldsymbol{0} \\ -2\boldsymbol{u}^{\mathrm{H}} & 1 \end{pmatrix}\begin{pmatrix} E & \boldsymbol{u} \\ 2\boldsymbol{u}^{\mathrm{H}} & 1 \end{pmatrix} = \begin{pmatrix} E & \boldsymbol{u} \\ \boldsymbol{0}^{\mathrm{T}} & 1 - 2\boldsymbol{u}^{\mathrm{H}}\boldsymbol{u} \end{pmatrix},$$

$$\begin{pmatrix} E & -\boldsymbol{u} \\ \boldsymbol{0}^{\mathrm{T}} & 1 \end{pmatrix}\begin{pmatrix} E & \boldsymbol{u} \\ 2\boldsymbol{u}^{\mathrm{H}} & 1 \end{pmatrix} = \begin{pmatrix} E - 2\boldsymbol{u}\boldsymbol{u}^{\mathrm{H}} & \boldsymbol{0} \\ 2\boldsymbol{u}^{\mathrm{H}} & 1 \end{pmatrix},$$

取行列式可得

$$|H| = \begin{vmatrix} E & \boldsymbol{u} \\ 2\boldsymbol{u}^{\mathrm{H}} & 1 \end{vmatrix} = 1 - 2\boldsymbol{u}^{\mathrm{H}}\boldsymbol{u} = 1 - 2 = -1.$$

类似于对 Givens 矩阵的讨论, Householder 矩阵有如下重要结论, 这是其应用的关键点.

定理 4.6 若 $\boldsymbol{\alpha} \in \mathbb{C}^n$ 是单位列向量, 则对任意 $\boldsymbol{\beta} \in \mathbb{C}^n$, 存在 Householder 矩阵 H, 使得 $H\boldsymbol{\beta} = \lambda\boldsymbol{\alpha}$, 其中 $|\lambda| = \|\boldsymbol{\beta}\|$, 且 $\lambda\boldsymbol{\beta}^{\mathrm{H}}\boldsymbol{\alpha}$ 为实数.

证 (1) 若 $\boldsymbol{\beta} = \mathbf{0}$, 则可任取单位列向量 $\boldsymbol{u}$, 有

$$H\boldsymbol{\beta} = \left(E - 2\boldsymbol{u}\boldsymbol{u}^{\mathrm{H}}\right)\mathbf{0} = \mathbf{0} = 0\boldsymbol{\alpha}.$$

(2) 若 $\boldsymbol{\beta} = \lambda\boldsymbol{\alpha} \neq \mathbf{0}$, 取满足 $\boldsymbol{u}^{\mathrm{H}}\boldsymbol{\beta} = 0$ 的单位向量 $\boldsymbol{u}$, 则

$$H\boldsymbol{\beta} = \left(E - 2\boldsymbol{u}\boldsymbol{u}^{\mathrm{H}}\right)\boldsymbol{\beta} = \boldsymbol{\beta} - 2\boldsymbol{u}\left(\boldsymbol{u}^{\mathrm{H}}\boldsymbol{\beta}\right) = \boldsymbol{\beta} = \lambda\boldsymbol{\alpha}.$$

(3) 若 $\boldsymbol{\beta} \neq \lambda\boldsymbol{\alpha}$, 取

$$\boldsymbol{u} = \frac{\boldsymbol{\beta} - \lambda\boldsymbol{\alpha}}{\|\boldsymbol{\beta} - \lambda\boldsymbol{\alpha}\|},$$

则有

$$\begin{aligned} H\boldsymbol{\beta} &= \left(E - 2\frac{(\boldsymbol{\beta} - \lambda\boldsymbol{\alpha})(\boldsymbol{\beta} - \lambda\boldsymbol{\alpha})^{\mathrm{H}}}{\|\boldsymbol{\beta} - \lambda\boldsymbol{\alpha}\|^2}\right)\boldsymbol{\beta} \\ &= \boldsymbol{\beta} - 2\frac{(\boldsymbol{\beta} - \lambda\boldsymbol{\alpha})^{\mathrm{H}}\boldsymbol{\beta}}{(\boldsymbol{\beta} - \lambda\boldsymbol{\alpha})^{\mathrm{H}}(\boldsymbol{\beta} - \lambda\boldsymbol{\alpha})}(\boldsymbol{\beta} - \lambda\boldsymbol{\alpha}). \end{aligned}$$

因

$$\begin{aligned} (\boldsymbol{\beta} - \lambda\boldsymbol{\alpha})^{\mathrm{H}}(\boldsymbol{\beta} - \lambda\boldsymbol{\alpha}) &= \boldsymbol{\beta}^{\mathrm{H}}\boldsymbol{\beta} - \lambda\boldsymbol{\beta}^{\mathrm{H}}\boldsymbol{\alpha} - \bar{\lambda}\boldsymbol{\alpha}^{\mathrm{H}}\boldsymbol{\beta} + |\lambda|^2\boldsymbol{\alpha}^{\mathrm{H}}\boldsymbol{\alpha} \\ &= \boldsymbol{\beta}^{\mathrm{H}}\boldsymbol{\beta} - \left(\lambda\boldsymbol{\beta}^{\mathrm{H}}\boldsymbol{\alpha}\right)^{\mathrm{H}} - \bar{\lambda}\boldsymbol{\alpha}^{\mathrm{H}}\boldsymbol{\beta} + \|\boldsymbol{\beta}\|^2 \\ &= 2\left(\boldsymbol{\beta}^{\mathrm{H}}\boldsymbol{\beta} - \bar{\lambda}\boldsymbol{\alpha}^{\mathrm{H}}\boldsymbol{\beta}\right) \\ &= 2(\boldsymbol{\beta} - \lambda\boldsymbol{\alpha})^{\mathrm{H}}\boldsymbol{\beta}. \end{aligned}$$

故有

$$\begin{aligned} H\boldsymbol{\beta} &= \boldsymbol{\beta} - 2\frac{(\boldsymbol{\beta} - \lambda\boldsymbol{\alpha})^{\mathrm{H}}\boldsymbol{\beta}}{2(\boldsymbol{\beta} - \lambda\boldsymbol{\alpha})^{\mathrm{H}}\boldsymbol{\beta}}(\boldsymbol{\beta} - \lambda\boldsymbol{\alpha}) \\ &= \lambda\boldsymbol{\alpha}. \end{aligned}$$

由 (1)、(2)、(3) 知结论得证.

现在可以给出任意复方阵 $A \in \mathbb{C}^{n\times n}$ 可以进行 QR 分解的结论.

定理 4.7 任意 $A \in \mathbb{C}^{n\times n}$ 均可作 QR 分解.

证 先用 Givens 矩阵证.

把 A 按列分块 $A=(\boldsymbol{\alpha}_1,\boldsymbol{\alpha}_2,\cdots,\boldsymbol{\alpha}_n)$, 由定理 4.5 知, 存在 n 阶 Givens 矩阵 $T_{12},\cdots,T_{1n}$, 使得

$$T_{1n}\cdots T_{12}\boldsymbol{\alpha}_1=\|\boldsymbol{\alpha}_1\|\,\boldsymbol{e}_1.$$

于是

$$T_{1n}\cdots T_{12}A=\begin{pmatrix}\|\boldsymbol{\alpha}_1\| & * & \cdots & * \\ \boldsymbol{0} & \boldsymbol{\beta}_2 & \cdots & \boldsymbol{\beta}_n\end{pmatrix},\quad \boldsymbol{\beta}_k\in\mathbb{C}^{n-1},\quad k=2,\cdots,n.$$

对于其第二列, 又存在 n 阶 Givens 矩阵 $T_{23},\cdots,T_{2n}$, 使得

$$T_{2n}\cdots T_{23}\begin{pmatrix} * \\ \boldsymbol{\beta}_2\end{pmatrix}=\begin{pmatrix} * \\ \|\boldsymbol{\beta}_2\| \\ 0 \\ \vdots \\ 0\end{pmatrix}.$$

从而

$$T_{2n}\cdots T_{23}T_{1n}\cdots T_{12}A=\begin{pmatrix}\|\boldsymbol{\alpha}_1\| & * & * & \cdots & * \\ 0 & \|\boldsymbol{\beta}_2\| & * & \cdots & * \\ \boldsymbol{0} & \boldsymbol{0} & \boldsymbol{\gamma}_3 & \cdots & \boldsymbol{\gamma}_n\end{pmatrix},$$

其中 $\boldsymbol{\gamma}_k\in\mathbb{C}^{n-2}(k=3,\cdots,n)$, 如此进行, 得

$$T_{n-1,n}\cdots T_{2n}\cdots T_{23}T_{1n}\cdots T_{12}A=R.$$

于是

$$A=T_{12}^{\mathrm{H}}\cdots T_{1n}^{\mathrm{H}}T_{23}^{\mathrm{H}}\cdots T_{2n}^{\mathrm{H}}\cdots T_{n-1,n}^{\mathrm{H}}R=QR,$$

其中 $Q=T_{12}^{\mathrm{H}}\cdots T_{1n}^{\mathrm{H}}T_{23}^{\mathrm{H}}\cdots T_{2n}^{\mathrm{H}}\cdots T_{n-1,n}^{\mathrm{H}}$ 是酉矩阵, R 是上三角矩阵.

再用 Householder 矩阵给出 $A\in\mathbb{C}^{n\times n}$ 进行 QR 分解的方法.

记 $A=(\boldsymbol{\alpha}_1,\ \boldsymbol{\alpha}_2,\ \cdots,\ \boldsymbol{\alpha}_n)$, 由定理 4.6 知, 存在 n 阶 Householder 矩阵 H_1, 使得 $H_1\boldsymbol{\alpha}_1=\lambda_1\boldsymbol{e}_1$, 故

$$H_1A=(H_1\boldsymbol{\alpha}_1,H_1\boldsymbol{\alpha}_2,\cdots,H_1\boldsymbol{\alpha}_n)$$

$$
= \begin{pmatrix} \lambda_1 & * & \cdots & * \\ 0 & & & \\ \vdots & & B_{n-1} & \\ 0 & & & \end{pmatrix},
$$

其中 $B_{n-1} \in \mathbb{C}^{(n-1)\times(n-1)}$.

接下来, 记 $B_{n-1} = (\boldsymbol{\beta}_2, \cdots, \boldsymbol{\beta}_n)$, 则存在 $n-1$ 阶 Householder 矩阵 $\widetilde{H}_2$, 满足 $\widetilde{H}_2\boldsymbol{\beta}_2 = \lambda_2\widetilde{\boldsymbol{e}_1}$, 其中 $\widetilde{\boldsymbol{e}_1} = \begin{pmatrix} 1 \\ 0 \\ \vdots \\ 0 \end{pmatrix} \in \mathbb{C}^{n-1}$.

记

$$
H_2 = \begin{pmatrix} 1 & \mathbf{0}^{\mathrm{T}} \\ \mathbf{0} & \widetilde{H_2} \end{pmatrix},
$$

则 H_2 是 n 阶 Householder 矩阵, 且

$$
\begin{aligned}
H_2(H_1A) &= \begin{pmatrix} \lambda_1 & * \cdots & * \\ 0 & & \\ \vdots & \widetilde{H_2}\, B_{n-1} & \\ 0 & & \end{pmatrix} \\
&= \begin{pmatrix} \lambda_1 & * & * & \cdots & * \\ 0 & \lambda_2 & * & \cdots & * \\ \mathbf{0} & \mathbf{0} & & C_{n-2} & \end{pmatrix},
\end{aligned}
$$

其中 $C_{n-2} \in \mathbb{C}^{(n-2)\times(n-2)}$.

如此继续, 在第 $n-1$ 步得

$$
H_{n-1}\cdots H_2H_1A = \begin{pmatrix} \lambda_1 & & * \\ & \ddots & \\ & & \lambda_n \end{pmatrix} = R,
$$

其中 $H_k\,(k=1,2,\cdots,n-1)$ 都是 n 阶 Householder 矩阵. 从而

$$
A = H_1H_2\cdots H_{n-1}R = QR,
$$

其中 $Q = H_1H_2\cdots H_{n-1}$ 是酉矩阵, R 是上三角矩阵.

例 4.7　用 Householder 矩阵对 $A=\begin{pmatrix}1&0&1\\0&1&1\\1&1&0\end{pmatrix}$ 进行 QR 分解.

解　(1) 对 A 的第一列 $\begin{pmatrix}1\\0\\1\end{pmatrix}$ 构造 Householder 矩阵, 有

$$\boldsymbol{\alpha}^{(1)}=\begin{pmatrix}1\\0\\1\end{pmatrix},\quad \boldsymbol{\alpha}^{(1)}-\left\|\boldsymbol{\alpha}^{(1)}\right\|\boldsymbol{e}_1=\begin{pmatrix}1\\0\\1\end{pmatrix}-\sqrt{2}\begin{pmatrix}1\\0\\0\end{pmatrix}=\begin{pmatrix}1-\sqrt{2}\\0\\1\end{pmatrix},$$

取单位向量

$$\boldsymbol{u}=\frac{\boldsymbol{\alpha}^{(1)}-\left\|\boldsymbol{\alpha}^{(1)}\right\|\boldsymbol{e}_1}{\|\boldsymbol{\alpha}^{(1)}-\|\ \boldsymbol{\alpha}^{(1)}\ \|\boldsymbol{e}_1\|}=\frac{1}{\sqrt{4-2\sqrt{2}}}\begin{pmatrix}1-\sqrt{2}\\0\\1\end{pmatrix},$$

$$H_1=E_3-2\boldsymbol{u}\boldsymbol{u}^{\mathrm{T}}=\begin{pmatrix}\frac{\sqrt{2}}{2}&0&\frac{\sqrt{2}}{2}\\0&1&0\\\frac{\sqrt{2}}{2}&0&-\frac{\sqrt{2}}{2}\end{pmatrix}.$$

则 $H_1\boldsymbol{\alpha}^{(1)}=\left\|\boldsymbol{\alpha}^{(1)}\right\|\boldsymbol{e}_1=\begin{pmatrix}\sqrt{2}\\0\\0\end{pmatrix}$, 且有

$$H_1A=\begin{pmatrix}\sqrt{2}&\frac{\sqrt{2}}{2}&\frac{\sqrt{2}}{2}\\0&1&1\\0&-\frac{\sqrt{2}}{2}&\frac{\sqrt{2}}{2}\end{pmatrix}.$$

(2) 对 $A^{(1)}=\begin{pmatrix}1&1\\-\frac{\sqrt{2}}{2}&\frac{\sqrt{2}}{2}\end{pmatrix}$ 的第一列 $\boldsymbol{\alpha}^{(2)}=\begin{pmatrix}1\\-\frac{\sqrt{2}}{2}\end{pmatrix}$, $\left\|\boldsymbol{\alpha}^{(2)}\right\|=\sqrt{\frac{3}{2}}$,

由

$$\boldsymbol{\alpha}^{(2)}-\left\|\boldsymbol{\alpha}^{(2)}\right\|\widetilde{\boldsymbol{e}}_1=\begin{pmatrix}1-\sqrt{\frac{3}{2}}\\-\frac{\sqrt{2}}{2}\end{pmatrix}$$

取单位向量

$$\boldsymbol{u}=\frac{\boldsymbol{\alpha}^{(2)}-\left\|\boldsymbol{\alpha}^{(2)}\right\|\widetilde{\boldsymbol{e}}_1}{\|\boldsymbol{\alpha}^{(2)}-\|\boldsymbol{\alpha}^{(2)}\|\widetilde{\boldsymbol{e}_1}\|}=\frac{1}{\sqrt{3-\sqrt{6}}}\begin{pmatrix}1-\sqrt{\dfrac{3}{2}}\\ -\dfrac{\sqrt{2}}{2}\end{pmatrix}.$$

作

$$H_2=E_2-2\boldsymbol{u}\boldsymbol{u}^{\mathrm{T}}=\begin{pmatrix}\sqrt{\dfrac{2}{3}} & -\dfrac{1}{\sqrt{3}}\\ -\dfrac{1}{\sqrt{3}} & -\sqrt{\dfrac{2}{3}}\end{pmatrix},$$

则

$$H_2\boldsymbol{\alpha}^{(2)}=\left\|\boldsymbol{\alpha}^{(2)}\right\|\widetilde{\boldsymbol{e}}_1=\sqrt{\frac{3}{2}}\begin{pmatrix}1\\0\end{pmatrix},\quad H_2A^{(1)}=\begin{pmatrix}\dfrac{\sqrt{6}}{2} & \dfrac{\sqrt{6}}{2}\\ 0 & -\dfrac{2\sqrt{3}}{3}\end{pmatrix}.$$

(3) 令

$$\begin{aligned}S=\begin{pmatrix}1 & \mathbf{0}\\ \mathbf{0} & H_2\end{pmatrix}H_1&=\begin{pmatrix}1 & 0 & 0\\ 0 & \sqrt{\dfrac{2}{3}} & -\dfrac{1}{\sqrt{3}}\\ 0 & -\dfrac{1}{\sqrt{3}} & -\sqrt{\dfrac{2}{3}}\end{pmatrix}\begin{pmatrix}\dfrac{\sqrt{2}}{2} & 0 & \dfrac{\sqrt{2}}{2}\\ 0 & 1 & 0\\ \dfrac{\sqrt{2}}{2} & 0 & -\dfrac{\sqrt{2}}{2}\end{pmatrix}\\&=\begin{pmatrix}\dfrac{\sqrt{2}}{2} & 0 & \dfrac{\sqrt{2}}{2}\\ -\dfrac{\sqrt{6}}{6} & \dfrac{\sqrt{6}}{3} & \dfrac{\sqrt{6}}{6}\\ -\dfrac{\sqrt{3}}{3} & -\dfrac{\sqrt{3}}{3} & \dfrac{\sqrt{3}}{3}\end{pmatrix}.\end{aligned}$$

于是有

$$R=SA=\begin{pmatrix}\sqrt{2} & \dfrac{\sqrt{2}}{2} & \dfrac{\sqrt{2}}{2}\\ 0 & \dfrac{\sqrt{6}}{2} & \dfrac{\sqrt{6}}{2}\\ 0 & 0 & -\dfrac{2\sqrt{3}}{3}\end{pmatrix}.$$

正交阵 $Q=S^{-1}=S^{\mathrm{T}}$, 有分解

$$A=QR=\begin{pmatrix} \frac{\sqrt{2}}{2} & -\frac{\sqrt{6}}{6} & -\frac{\sqrt{3}}{3} \\ 0 & \frac{\sqrt{6}}{3} & -\frac{\sqrt{3}}{3} \\ \frac{\sqrt{2}}{2} & \frac{\sqrt{6}}{6} & \frac{\sqrt{3}}{3} \end{pmatrix}\begin{pmatrix} \sqrt{2} & \frac{\sqrt{2}}{2} & \frac{\sqrt{2}}{2} \\ 0 & \frac{\sqrt{6}}{2} & \frac{\sqrt{6}}{2} \\ 0 & 0 & -\frac{2\sqrt{3}}{3} \end{pmatrix}.$$

上述讨论中, 我们分别用 Schmidt 正交化方法, Givens 矩阵及 Householder 矩阵方法对方阵进行了 QR 分解. 请读者认真分析各种方法的条件, 计算复杂度及适用的对象.

4.3 矩阵的满秩分解

设 $A\in\mathbb{C}^{m\times n}$, 其秩 $\operatorname{rank}(A)=r>0$, 记为 $A\in\mathbb{C}_r{}^{m\times n}$.

本节将介绍将 A 分解为列满秩矩阵与行满秩矩阵的乘积问题, 称之为满秩分解, 这种分解在广义逆矩阵的研究和计算中有重要作用.

定义 4.8 设 $A\in\mathbb{C}_r^{m\times n}\,(r>0)$, 若存在矩阵 $B\in\mathbb{C}_r^{m\times r}$ 和 $C\in\mathbb{C}_r^{r\times n}$, 使得

$$A=BC, \tag{4.4}$$

则称式 (4.4) 为矩阵 A 的满秩分解.

下述定理肯定了矩阵 $A\in\mathbb{C}_r^{m\times n}\,(r>0)$ 满秩分解的存在性.

注 满秩分解不唯一. 因为对任意 r 阶可逆矩阵 D, 则

$$A=BC=BDD^{-1}C=(BD)\left(D^{-1}C\right)=B_1C_1$$

且 $B_1\in\mathbb{C}_r^{m\times r}$, $C_1\in\mathbb{C}_r^{r\times n}$.

定理 4.8 若 $A\in\mathbb{C}_r^{m\times n}\,(r>0)$, 则有 $B\in\mathbb{C}_r^{m\times r}$, $C\in\mathbb{C}_r^{r\times n}$ 满足

$$A=BC.$$

以下用两种方法给出该定理的证明, 请读者认真体会.

证 法一 由初等变换理论知, 存在 m 阶可逆阵 P, n 阶可逆阵 Q, 有

$$A=P\begin{pmatrix} E_r & O \\ O & O \end{pmatrix}Q,$$

用分块矩阵的方式得

$$A = P\begin{pmatrix} E_r \\ O \end{pmatrix}(E_r, O)\,Q.$$

令

$$P\begin{pmatrix} E_r \\ O \end{pmatrix} = B, \quad (E_r, O)\,Q = C,$$

便有

$$A = BC,$$

其中 B 是 $m \times r$ 矩阵, 它是 r 个列式非奇异矩阵 P 的前 r 列, 因而线性无关, 即 $\operatorname{rank}(B) = r$, C 是 $r \times n$ 矩阵, 它的 r 个行也是线性无关的, 即 $\operatorname{rank}(C) = r$.

法二 因 $A \in \mathbb{C}_r^{m\times n}$, 则 A 有 r 个线性无关的向量, 不妨设前 r 个列向量线性无关, 于是后 $n-r$ 个列向量均可以表示为前 r 个列向量的线性组合, 可用分块矩阵表示为

$$A = (B \vdots A_2) = (B \vdots BQ),$$

其中 B 是 A 的前 r 个列向量构成的 $m \times r$ 列满秩矩阵, Q 是一个 $r \times (n-r)$ 阶矩阵, 故

$$A = B\,(E_r, Q) = BC,$$

其中 $C = (E_r, Q)$ 是 $r \times n$ 阶行满秩矩阵.

据此可得 A 满秩分解的另一种方法.

首先对 A 进行初等行变换化为行最简矩阵 $\begin{pmatrix} C \\ O \end{pmatrix}$, 再去掉全为零的 $m-r$ 个行即得 C. 再据 C 中单位矩阵 E_r 对应的列, 找出矩阵 A 中的对应列向量 $\boldsymbol{\alpha}_{j_1}, \boldsymbol{\alpha}_{j_2}, \cdots, \boldsymbol{\alpha}_{j_r}$, 令 $B = (\boldsymbol{\alpha}_{j_1}, \cdots, \boldsymbol{\alpha}_{j_r})$, 则 B 列满秩, 满足 $A = BC$ 就是 A 的一个满秩分解.

例 4.8 求矩阵 A 的一个满秩分解, 其中

$$A = \begin{pmatrix} 1 & 1 & 1 & 0 & 1 \\ 2 & 3 & 2 & -1 & 0 \\ 3 & 1 & 2 & -2 & 1 \end{pmatrix}.$$

解

$$A=\begin{pmatrix}1&1&1&0&1\\2&3&2&-1&0\\3&1&2&-2&1\end{pmatrix}\xrightarrow[r_3-3r_1]{r_2-2r_1}\begin{pmatrix}1&1&1&0&1\\0&1&0&-1&-2\\0&-2&-1&-2&-2\end{pmatrix}$$

$$\xrightarrow{r_3+2r_2}\begin{pmatrix}1&1&1&0&1\\0&1&0&-1&-2\\0&0&-1&-4&-6\end{pmatrix}\xrightarrow{-r_3}\begin{pmatrix}1&1&1&0&1\\0&1&0&-1&-2\\0&0&1&4&6\end{pmatrix}$$

$$\xrightarrow{r_1-r_3}\begin{pmatrix}1&1&0&-4&-5\\0&1&0&-1&-2\\0&0&1&4&6\end{pmatrix}\xrightarrow{r_1-r_2}\begin{pmatrix}1&0&0&-3&-3\\0&1&0&-1&-2\\0&0&1&4&6\end{pmatrix}.$$

故 $C=\begin{pmatrix}1&0&0&-3&-3\\0&1&0&-1&-2\\0&0&1&4&6\end{pmatrix}$, C 的前三列构成单位矩阵, 所以 A 的前三列构成矩阵 B, 即

$$B=\begin{pmatrix}1&1&1\\2&3&2\\3&1&2\end{pmatrix},$$

使得

$$A=BC=\begin{pmatrix}1&1&1\\2&3&2\\3&1&2\end{pmatrix}\begin{pmatrix}1&0&0&-3&-3\\0&1&0&-1&-2\\0&0&1&4&6\end{pmatrix}.$$

4.4　矩阵的奇异值分解

矩阵的奇异值分解是矩阵理论和矩阵计算的最基本和最重要的工具之一, 在控制理论、系统辨识和信号处理等诸多领域中都有重要的应用.

为介绍矩阵的奇异值与奇异值分解, 先介绍如下结论.

引理 4.1　设 $A\in\mathbb{C}^{m\times n}$, 则

$$\operatorname{rank}\left(A^{\mathrm{H}}A\right)=\operatorname{rank}\left(AA^{\mathrm{H}}\right)=\operatorname{rank}(A).$$

证　为证 $\operatorname{rank}\left(A^{\mathrm{H}}A\right)=\operatorname{rank}(A)$, 仅需证方程组 $A\boldsymbol{x}=\boldsymbol{0}$ 与 $A^{\mathrm{H}}A\boldsymbol{x}=\boldsymbol{0}$ 同解即可.

若 $\boldsymbol{x} \in \mathbb{C}^n$ 是齐次线性方程组 $A\boldsymbol{x} = \boldsymbol{0}$ 的解, 则 $\boldsymbol{x}$ 显然也是齐次方程组 $A^{\mathrm{H}}A\boldsymbol{x} = \boldsymbol{0}$ 的解.

反之, 如果 $\boldsymbol{x}$ 是 $A^{\mathrm{H}}A\boldsymbol{x} = \boldsymbol{0}$ 的解, 则 $\boldsymbol{x}^{\mathrm{H}}A^{\mathrm{H}}A\boldsymbol{x} = \boldsymbol{0}$, 即 $(A\boldsymbol{x})^{\mathrm{H}}(A\boldsymbol{x}) = \boldsymbol{0}$, 于是 $A\boldsymbol{x} = \boldsymbol{0}$, 这表明 $\boldsymbol{x}$ 也是 $A\boldsymbol{x} = \boldsymbol{0}$ 的解, 故 $A\boldsymbol{x} = \boldsymbol{0}$ 与 $A^{\mathrm{H}}A\boldsymbol{x} = \boldsymbol{0}$ 同解.

同法可证 $\operatorname{rank}\left(AA^{\mathrm{H}}\right) = \operatorname{rank}(A)$, 从而

$$\operatorname{rank}\left(A^{\mathrm{H}}A\right) = \operatorname{rank}\left(AA^{\mathrm{H}}\right) = \operatorname{rank}(A).$$

引理 4.2 设 $A \in \mathbb{C}^{m\times n}$, 则

(1) $A^{\mathrm{H}}A$ 与 AA^{H} 都是半正定 Hermite 矩阵.

(2) $A^{\mathrm{H}}A$ 与 AA^{H} 的非零特征值相同, 并且非零特征值的个数 (重特征值按重数计算) 等于 $\operatorname{rank}(A)$.

证 (1) $\left(A^{\mathrm{H}}A\right)^{\mathrm{H}} = A^{\mathrm{H}}A$, 即 $A^{\mathrm{H}}A$ 与 AA^{H} 都是 Hermite 矩阵. $\left(AA^{\mathrm{H}}\right)^{\mathrm{H}} = AA^{\mathrm{H}}$. 考虑 Hermite 二次型 $f(\boldsymbol{x}) = \boldsymbol{x}^{\mathrm{H}}\left(A^{\mathrm{H}}A\right)\boldsymbol{x}$, 对任意 n 维复向量 $\boldsymbol{x}_0$, 有

$$f(\boldsymbol{x}_0) = \boldsymbol{x}_0^{\mathrm{H}}\left(A^{\mathrm{H}}A\right)\boldsymbol{x}_0 = (A\boldsymbol{x}_0)^{\mathrm{H}}(A\boldsymbol{x}_0) = \|A\boldsymbol{x}_0\|^2 \geqslant 0,$$

故 $f(\boldsymbol{x})$ 为半正定的, 从而 $A^{\mathrm{H}}A$ 为半正定的 Hermite 矩阵, 从而 $A^{\mathrm{H}}A$ 的特征值均为非负实数.

同理可证 AA^{H} 的对应结论.

(2) $A^{\mathrm{H}}A$ 与 AA^{H} 的非零特征值相同, 且它们非零特征值的个数等于$\operatorname{rank}(A^{\mathrm{H}}A)$, 结论成立.

下面给出奇异值的概念.

定义 4.9 设 $A \in \mathbb{C}_r^{m\times n}\,(r>0)$, 则 $A^{\mathrm{H}}A$ 的 n 个特征值 $\lambda_i\,(i=1,2,\cdots,n)$ 均为非负实数, 记为 $\lambda_1 \geqslant \lambda_2 \geqslant \cdots \geqslant \lambda_r > \lambda_{r+1} = \cdots = \lambda_n = 0$, 称 $\sigma_i = \sqrt{\lambda_i}\,(i=1,2,\cdots,n)$ 为矩阵 A 的奇异值, 当 A 为零矩阵时, 它的奇异值全为 0.

若记 $\Sigma = \operatorname{diag}(\sigma_1,\sigma_2,\cdots,\sigma_r)$, 其中 $\sigma_1,\sigma_2,\cdots,\sigma_r$ 是 A 的全部非零奇异值, 则称 $m\times n$ 矩阵

$$S = \begin{pmatrix} \Sigma & O \\ O & O \end{pmatrix}$$

为 A 的奇异值矩阵.

定理 4.9 设 $A \in \mathbb{C}_r^{m\times n}\,(r>0)$, 则存在 m 阶酉矩阵 U 以及 n 阶酉矩阵 V, 使

$$A = U\begin{pmatrix} \Sigma & O \\ O & O \end{pmatrix}V^{\mathrm{H}},$$

其中 $\Sigma = \begin{pmatrix} \sigma_1 & & & \\ & \sigma_2 & & \\ & & \ddots & \\ & & & \sigma_r \end{pmatrix}$, 且 $\sigma_1 \geqslant \sigma_2 \geqslant \cdots \geqslant \sigma_r > 0$, $\sigma_i\,(i=1,2,\cdots,r)$ 是 A 的正奇异值.

证 由引理 4.1 知 $\operatorname{rank}\left(A^{\mathrm{H}}A\right) = \operatorname{rank}\left(AA^{\mathrm{H}}\right) = \operatorname{rank}(A) = r$, 不妨设 $A^{\mathrm{H}}A$ 的特征值为 $\lambda_1 \geqslant \lambda_2 \geqslant \cdots \geqslant \lambda_r > \lambda_{r+1} = \cdots = \lambda_n = 0$. 由定义令 $\sigma_i = \sqrt{\lambda_i}\,(i=1,2,\cdots,n)$ 均为 A 的奇异值, 且 $\sigma_1 \geqslant \sigma_2 \geqslant \cdots \geqslant \sigma_r > 0$, $\sigma_{r+1} = \cdots = \sigma_n = 0$.

由 $A^{\mathrm{H}}A$ 为半正定的 Hermite 矩阵, 从而存在 n 阶酉矩阵 V, 使

$$V^{\mathrm{H}}\left(A^{\mathrm{H}}A\right)V = \begin{pmatrix} \sigma_1^2 & & & & O \\ & \sigma_2^2 & & & \\ & & \ddots & & \\ & & & \sigma_r^2 & \\ O & & & & O \end{pmatrix}_{n\times n} = \begin{pmatrix} \Sigma^2 & O \\ O & O \end{pmatrix}, \quad \sigma_i > 0, \quad i = 1,2,\cdots,r,$$

其中 $\Sigma = \begin{pmatrix} \sigma_1 & & & \\ & \sigma_2 & & \\ & & \ddots & \\ & & & \sigma_r \end{pmatrix}$.

V 的列向量组是 $A^{\mathrm{H}}A$ 的一个标准正交的特征向量组. 将 V 分块为 $V = (V_1, V_2)$, 其中 V_1 是 $n\times r$ 矩阵, 其各列依次为矩阵 $A^{\mathrm{H}}A$ 的与特征值 $\sigma_1^2, \sigma_2^2, \cdots, \sigma_r^2$ 相应的特征向量. V_2 是 $n\times(n-r)$ 矩阵, 它的各列都是与特征值 0 相应的特征向量. 则有

$$\begin{pmatrix} V_1^{\mathrm{H}} \\ V_2^{\mathrm{H}} \end{pmatrix} A^{\mathrm{H}}A\,(V_1, V_2) = \begin{pmatrix} \Sigma^2 & O \\ O & O \end{pmatrix},$$

即

$$\begin{pmatrix} V_1A^{\mathrm{H}}AV_1 & V_1^{\mathrm{H}}A^{\mathrm{H}}AV_2 \\ V_2^{\mathrm{H}}A^{\mathrm{H}}AV_1 & V_2^{\mathrm{H}}A^{\mathrm{H}}AV_2 \end{pmatrix} = \begin{pmatrix} \Sigma^2 & O \\ O & O \end{pmatrix}.$$

从而有

$$\begin{aligned} V_1^{\mathrm{H}}A^{\mathrm{H}}AV_1 &= \Sigma^2, \\ V_2^{\mathrm{H}}A^{\mathrm{H}}AV_2 &= O, \end{aligned} \tag{4.5}$$

故

$$\Sigma^{-1}V_1^{\mathrm{H}}A^{\mathrm{H}}AV_1\Sigma^{-1} = E_r.$$

由式 (4.5) 知 $AV_2 = O$. 记

$$U_1 = AV_1\Sigma^{-1},$$

则 $U_1^{\mathrm{H}}U_1 = E_r$, 表明 U_1 是部分酉阵, 可取部分酉矩阵 U_2, 使 $U = (U_1, U_2)$ 为一个酉矩阵, 此时有 $U_2^{\mathrm{H}}U_1 = O$, 再由 $AV_1 = U_1\Sigma, AV_2 = O$, 则

$$\begin{aligned} U^{\mathrm{H}}AV &= \begin{pmatrix} U_1^{\mathrm{H}} \\ U_2^{\mathrm{H}} \end{pmatrix} A\,(V_1, V_2) = \begin{pmatrix} U_1^{\mathrm{H}}AV_1 & U_1^{\mathrm{H}}AV_2 \\ U_2^{\mathrm{H}}AV_1 & U_2^{\mathrm{H}}AV_2 \end{pmatrix} \\ &= \begin{pmatrix} U_1^{\mathrm{H}}U_1\Sigma & O \\ U_2^{\mathrm{H}}U_1\Sigma & O \end{pmatrix} = S. \end{aligned}$$

从而有

$$A = U\begin{pmatrix} \Sigma & O \\ O & O \end{pmatrix} V^{\mathrm{H}}.$$

从上述定理的证明过程可得对复矩阵 $A_{m\times n}$ 进行奇异值分解的如下步骤.

(1) 求出 $A^{\mathrm{H}}A$ 的全部特征值及 A 的所有奇异值, 由所有非零奇异值 (包括重复的)$\sigma_1, \sigma_2, \cdots, \sigma_r$ 得 Σ, 进而得到奇异矩阵 S.

(2) 对 $A^{\mathrm{H}}A$ 的每一个不同的特征值, 求出与之相应的特征向量的极大无关组, 对其进行正交化、单位化得 $A^{\mathrm{H}}A$ 相应于该特征值的标准正交特征向量组, 将其中与非零特征值对应的那些列向量排成 V_1, 其次序与 Σ 中相关奇异值在对角线上的排列顺序一致. $A^{\mathrm{H}}A$ 相应于零特征值的标准正交特征向量 (极大无关) 组排成矩阵 V_2, 故而得酉矩阵 $V = (V_1, V_2)$.

(3) 计算 $U_1 = AV_1\Sigma^{-1}$.

(4) 求出 AA^{H} 相应于零特征值的一个标准正交向量组, 把它们排成 $m \times (m-r)$ 的部分酉阵 U_2, 可得 $U = (U_1, U_2)$, 从而得到 A 的奇异值分解 $A = USV^{\mathrm{H}}$.

例 4.9 求矩阵 $A = \begin{pmatrix} 0 & 1 \\ 1 & 0 \\ 1 & 1 \end{pmatrix}$ 的奇异值分解.

解 经过计算, 得

$$A^{\mathrm{H}}A = \begin{pmatrix} 2 & 1 \\ 1 & 2 \end{pmatrix}, \quad AA^{\mathrm{H}} = \begin{pmatrix} 1 & 0 & 1 \\ 0 & 1 & 1 \\ 1 & 1 & 2 \end{pmatrix}.$$

可求得 $A^{\mathrm{H}}A$ 的特征值为 $\lambda_1 = 3$, $\lambda_2 = 1$, 故 A 的奇异值矩阵为

$$S = \begin{pmatrix} \sqrt{3} & 0 \\ 0 & 1 \\ 0 & 0 \end{pmatrix}.$$

而 $A^{\mathrm{H}}A$ 分别对应于特征值 $\lambda_1 = 3$, $\lambda_2 = 1$ 的标准正交特征向量为

$$\boldsymbol{v}_1 = \begin{pmatrix} \dfrac{\sqrt{2}}{2} \\ \dfrac{\sqrt{2}}{2} \end{pmatrix}, \quad \boldsymbol{v}_2 = \begin{pmatrix} -\dfrac{\sqrt{2}}{2} \\ \dfrac{\sqrt{2}}{2} \end{pmatrix}.$$

故 $V = V_1 = (\boldsymbol{v}_1, \boldsymbol{v}_2)$.

再计算

$$U_1 = AV_1\Sigma^{-1} = \begin{pmatrix} \dfrac{\sqrt{6}}{6} & -\dfrac{\sqrt{2}}{2} \\ \dfrac{\sqrt{6}}{6} & \dfrac{\sqrt{2}}{2} \\ \dfrac{\sqrt{6}}{3} & 0 \end{pmatrix}.$$

求得 AA^{H} 对应于零特征值的标准正交特征向量组

$$\boldsymbol{u}_2=\begin{pmatrix}-\dfrac{\sqrt{3}}{3}\\-\dfrac{\sqrt{3}}{3}\\\dfrac{\sqrt{3}}{3}\end{pmatrix}.$$

令 $U_2=(\boldsymbol{u}_2)$, 得 $U=(U_1,\boldsymbol{u}_2)$. 从而 A 的奇异值分解为

$$A=USV^{\mathrm{H}}=\begin{pmatrix}\dfrac{\sqrt{6}}{6}&-\dfrac{\sqrt{2}}{2}&-\dfrac{\sqrt{3}}{3}\\\dfrac{\sqrt{6}}{6}&\dfrac{\sqrt{2}}{2}&-\dfrac{\sqrt{3}}{3}\\\dfrac{\sqrt{6}}{3}&0&\dfrac{\sqrt{3}}{3}\end{pmatrix}\begin{pmatrix}\sqrt{3}&0\\0&1\\0&0\end{pmatrix}\begin{pmatrix}\dfrac{\sqrt{2}}{2}&\dfrac{\sqrt{2}}{2}\\-\dfrac{\sqrt{2}}{2}&\dfrac{\sqrt{2}}{2}\end{pmatrix}.$$

习 题 4

1. 求 $A=\begin{pmatrix}5&2&-4&0\\2&1&-2&1\\-4&-2&5&0\\0&1&0&2\end{pmatrix}$ 的 LDU 分解.

2. 用 Schmidt 正交化方法求矩阵

$$A=\begin{pmatrix}0&3&1\\0&4&-2\\2&1&2\end{pmatrix}$$

的 QR 分解.

3. 求下列矩阵的满秩分解.

(1) $A=\begin{pmatrix}1&3&2&1&4\\2&6&1&0&7\\3&9&3&1&11\end{pmatrix}$;

(2) $A=\begin{pmatrix}1&-1&1&1\\-1&1&-1&-1\\1&1&-1&-1\\-1&-1&1&1\end{pmatrix}$.

4. 求 $A=\begin{pmatrix}0&1\\-1&0\\0&2\\1&0\end{pmatrix}$ 的奇异值分解.

5. 设 $B\in\mathbb{R}^{m\times r}$, $r(B)=r>0$, 证明 $B^{\mathrm{T}}B$ 可逆.

第 5 章　范数及其应用

范数是长度概念的推广. 在计算数学, 特别是在数值代数中, 需要用向量和矩阵的范数来研究数值方法的收敛性、稳定性及误差估计等问题.

5.1　向 量 范 数

本节将给出一般线性空间 V 上的范数的定义, 并讨论其性质.

定义 5.1　设 V 是数域 F 上的线性空间, 若对任意向量 $\boldsymbol{\alpha} \in V$, 依据某个对应法则, 都有唯一确定的一个非负实数 $\|\boldsymbol{\alpha}\|$ 与之对应, 且满足以下三个条件:

(1) 正定性: $\forall \boldsymbol{\alpha} \in V, \|\boldsymbol{\alpha}\| \geqslant 0$, 且 $\|\boldsymbol{\alpha}\| = 0$ 当且仅当 $\boldsymbol{\alpha} = \mathbf{0}$;

(2) 齐次性: $\|\lambda\boldsymbol{\alpha}\| = |\lambda|\|\boldsymbol{\alpha}\|, \quad \forall \lambda \in F, \quad \boldsymbol{\alpha} \in V$;

(3) 三角不等式: $\|\boldsymbol{\alpha}+\boldsymbol{\beta}\| \leqslant \|\boldsymbol{\alpha}\| + \|\boldsymbol{\beta}\|, \quad \forall \boldsymbol{\alpha}, \boldsymbol{\beta} \in V$,

则称 $\|\boldsymbol{\alpha}\|$ 为 V 上向量 $\boldsymbol{\alpha}$ 的范数, 简称为向量范数, 并称定义了范数的线性空间为赋范线性空间.

由齐次性可知, $\forall \boldsymbol{\alpha} \neq \mathbf{0}, \boldsymbol{\alpha} \in V$, 有

$$\left\|\frac{\boldsymbol{\alpha}}{\|\boldsymbol{\alpha}\|}\right\| = \frac{1}{\|\boldsymbol{\alpha}\|} \cdot \|\boldsymbol{\alpha}\| = 1; \quad \forall \boldsymbol{\alpha} \in V, \|-\boldsymbol{\alpha}\| = \|\boldsymbol{\alpha}\|.$$

由三角不等式可得 $\|\boldsymbol{\alpha}\| = \|\boldsymbol{\alpha}-\boldsymbol{\beta}+\boldsymbol{\beta}\| \leqslant \|\boldsymbol{\alpha}-\boldsymbol{\beta}\| + \|\boldsymbol{\beta}\|$, 从而 $\|\boldsymbol{\alpha}\| - \|\boldsymbol{\beta}\| \leqslant \|\boldsymbol{\alpha}-\boldsymbol{\beta}\|$, 同理得 $\|\boldsymbol{\beta}\| - \|\boldsymbol{\alpha}\| \leqslant \|\boldsymbol{\beta}-\boldsymbol{\alpha}\| = \|-(\boldsymbol{\alpha}-\boldsymbol{\beta})\| = \|\boldsymbol{\alpha}-\boldsymbol{\beta}\|$, 即 $\|\boldsymbol{\alpha}\| - \|\boldsymbol{\beta}\| \geqslant -\|\boldsymbol{\alpha}-\boldsymbol{\beta}\|$, 故

$$|\|\boldsymbol{\alpha}\| - \|\boldsymbol{\beta}\|| \leqslant \|\boldsymbol{\alpha}-\boldsymbol{\beta}\|.$$

在赋范线性空间 V 中, 可以由范数定义两点间的距离:

$\forall \boldsymbol{\alpha}, \boldsymbol{\beta} \in V$, 定义 $\boldsymbol{\alpha}$ 与 $\boldsymbol{\beta}$ 之间的距离为

$$d(\boldsymbol{\alpha}, \boldsymbol{\beta}) = \|\boldsymbol{\alpha}-\boldsymbol{\beta}\|.$$

这样, 对每个赋范线性空间总可以按上式引入距离, 使之成为度量空间. 据此, 可以度量每一个向量的 “大小” 以及两个向量之间彼此 “接近” 的程度.

为方便引进一般的范数, 先从两个著名的不等式谈起.

定理 5.1 (Hölder 不等式) 设 $\boldsymbol{\alpha}=(x_1,x_2,\cdots,x_n)^{\mathrm{T}}\in\mathbb{C}^n$, $\boldsymbol{\beta}=(y_1,\cdots,y_n)^{\mathrm{T}}\in\mathbb{C}^n$, 则

$$\sum_{i=1}^{n}|x_iy_i|\leqslant\left(\sum_{i=1}^{n}|x_i|^p\right)^{\frac{1}{p}}\left(\sum_{i=1}^{n}|y_i|^q\right)^{\frac{1}{q}},$$

其中实数 $p>1, q>1$ 且 $\dfrac{1}{p}+\dfrac{1}{q}=1$.

证 第一步: 对本定理中的实数 p, q, 先证明如下论断.

对任意非负实数 a, b, 有

$$ab\leqslant\frac{a^p}{p}+\frac{b^q}{q}. \tag{5.1}$$

当 $ab=0$ 时, 式 (5.1) 成立, 下面考虑 $a>0$, $b>0$ 情形.

对 $x>0$, $0<\alpha<1$, 记 $f(x)=x^\alpha-\alpha x$. 易证 $f(x)\leqslant f(1)=1-\alpha$, 即

$$x^\alpha\leqslant1-\alpha+\alpha x,\quad x>0.$$

对任意正实数 A, B, 在上式中令 $x=\dfrac{A}{B}$, $\alpha=\dfrac{1}{p}$, $1-\alpha=\dfrac{1}{q}$, 则

$$A^{\frac{1}{p}}B^{\frac{1}{q}}\leqslant\frac{A}{p}+\frac{B}{q}.$$

再令 $a=A^{\frac{1}{p}}$, $b=B^{\frac{1}{q}}$, 即式 (5.1).

第二步: 如果 $\boldsymbol{\alpha}=\mathbf{0}$ 或 $\boldsymbol{\beta}=\mathbf{0}$, 则定理 5.1 结论显然成立.

下面假设 $\boldsymbol{\alpha}\neq\mathbf{0},\boldsymbol{\beta}\neq\mathbf{0}$, 令

$$a=\frac{|x_i|}{\left(\sum\limits_{i=1}^{n}|x_i|^p\right)^{1/p}},\quad b=\frac{|y_i|}{\left(\sum\limits_{i=1}^{n}|y_i|^q\right)^{\frac{1}{q}}},$$

由式 (5.1) 知

$$\frac{|x_iy_i|}{\left(\sum\limits_{i=1}^{n}|x_i|^p\right)^{1/p}\left(\sum\limits_{i=1}^{n}|y_i|^q\right)^{1/q}}\leqslant\frac{|x_i|^p}{p\left(\sum\limits_{i=1}^{n}|x_i|^p\right)}+\frac{|y_i|^q}{q\left(\sum\limits_{i=1}^{n}|y_i|^q\right)}.$$

从而有

$$\frac{\sum\limits_{i=1}^{n}|x_iy_i|}{\left(\sum\limits_{i=1}^{n}|x_i|^p\right)^{1/p}\left(\sum\limits_{i=1}^{n}|y_i|^q\right)^{1/q}}\leqslant\frac{\sum\limits_{i=1}^{n}|x_i|^p}{p\left(\sum\limits_{i=1}^{n}|x_i|^p\right)}+\frac{\sum\limits_{i=1}^{n}|y_i|^q}{q\left(\sum\limits_{i=1}^{n}|y_i|^q\right)}$$

$$= \frac{1}{p} + \frac{1}{q} = 1.$$

即得 Hölder 不等式.

定理 5.2 (Minkowski 不等式) 设 $\boldsymbol{\alpha} = (x_1, \cdots, x_n)^{\mathrm{T}}$, $\boldsymbol{\beta} = (y_1, \cdots, y_n)^{\mathrm{T}} \in \mathbb{C}^n$, 则

$$\left(\sum_{i=1}^{n} |x_i + y_i|^p\right)^{\frac{1}{p}} \leqslant \left(\sum_{i=1}^{n} |x_i|^p\right)^{1/p} + \left(\sum_{i=1}^{n} |y_i|^p\right)^{1/p}, \tag{5.2}$$

其中实数 $p \geqslant 1$.

证 当 $p = 1$ 时, 式 (5.2) 成立. 下面设 $p > 1$, 记 $q = \dfrac{p}{p-1}$, 则 $q > 1$ 且 $\dfrac{1}{p} + \dfrac{1}{q} = 1$. 由 Hölder 不等式得

$$\begin{aligned}
\sum_{i=1}^{n} |x_i + y_i|^p &= \sum_{i=1}^{n} |x_i + y_i| \cdot |x_i + y_i|^{p-1} \\
&\leqslant \sum_{i=1}^{n} |x_i| \cdot |x_i + y_i|^{p-1} + \sum_{i=1}^{n} |y_i|\,|x_i + y_i|^{p-1} \\
&\leqslant \left(\sum_{i=1}^{n} |x_i|^p\right)^{1/p} \left(\sum_{i=1}^{n} |x_i + y_i|^{(p-1)q}\right)^{1/q} \\
&\quad + \left(\sum_{i=1}^{n} |y_i|^p\right)^{1/p} \left(\sum_{i=1}^{n} |x_i + y_i|^{(p-1)q}\right)^{1/q} \\
&= \left\{\left(\sum_{i=1}^{n} |x_i|^p\right)^{1/p} + \left(\sum_{i=1}^{n} |y_i|^p\right)^{1/p}\right\} \left(\sum_{i=1}^{n} |x_i + y_i|^p\right)^{1/q}.
\end{aligned}$$

因此

$$\left(\sum_{i=1}^{n} |x_i + y_i|^p\right)^{1/p} \leqslant \left(\sum_{i=1}^{n} |x_i|^p\right)^{1/p} + \left(\sum_{i=1}^{n} |y_i|^p\right)^{1/p}.$$

下面给出一般的范数定义.

定义 5.2 对 $1 \leqslant p < +\infty$, 在 $\mathbb{C}^n$ 上定义

$$\|\boldsymbol{\alpha}\|_p = \left(\sum_{i=1}^{n} |x_i|^p\right)^{1/p}, \quad \boldsymbol{\alpha} = (x_1, \cdots, x_n)^{\mathrm{T}} \in \mathbb{C}^n.$$

定义 5.3

$$\|\boldsymbol{\alpha}\|_\infty = \max_{1\leqslant i\leqslant n} |x_i|.$$

易证 $\|\boldsymbol{\alpha}\|_\infty$ 是 $\mathbb{C}^n$ 上的一个范数, 称为 ∞ 范数.

下述定理表明 $\|\boldsymbol{\alpha}\|_p$ 是 $\mathbb{C}^n$ 上的向量范数, 称为 p 范数.

定理 5.3　$\|\boldsymbol{\alpha}\|_p$ 满足范数定义 5.1 的条件 (1) 和 (2), 由 Minkowski 不等式知 $\|\boldsymbol{\alpha}\|_p$ 满足定义中的条件 (3), 因此 $\|\boldsymbol{\alpha}\|_p$ 是 $\mathbb{C}^n$ 上的向量范数.

不妨设 $\boldsymbol{\alpha} \neq \mathbf{0}$,　$|x_{i_0}| = \max\limits_{1\leqslant i\leqslant n} |x_i| > 0$, 则

$$\begin{aligned}\|\boldsymbol{\alpha}\|_p &= \left(\sum_{i=1}^{n} |x_{i_0}|^p \cdot \left|\frac{x_i}{x_{i_0}}\right|^p\right)^{1/p} \\ &= |x_{i_0}| \left(\sum_{i=1}^{n} \left|\frac{x_i}{x_{i_0}}\right|^p\right)^{1/p}.\end{aligned}$$

而

$$|x_{i_0}|^p \leqslant \sum_{i=1}^{n} |x_i|^p \leqslant n\,|x_{i_0}|^p,$$

故

$$1 \leqslant \left(\sum_{i=1}^{n} \left|\frac{x_i}{x_{i_0}}\right|^p\right)^{1/p} \leqslant n^{1/p}.$$

两边令 $p\to\infty$, 取极限得

$$\lim_{p\to\infty} \left(\sum_{i=1}^{n} \left|\frac{x_i}{x_{i_0}}\right|^p\right)^{1/p} = 1.$$

从而

$$\lim_{p\to\infty} \|\boldsymbol{\alpha}\|_p = |x_{i_0}| = \max_{1\leqslant i\leqslant n} |x_i| = \|\boldsymbol{\alpha}\|_\infty.$$

注　当 $p=1$ 时, $\|\boldsymbol{\alpha}\|_1 = \sum\limits_{i=1}^{n} |x_i|$, 称为 1 范数;

当 $p=2$ 时, $\|\boldsymbol{\alpha}\|_2 = \left(\sum\limits_{i=1}^{n} |x_i|^2\right)^{1/2}$, 称为 2 范数 (或 Euclid 范数).

利用已知的向量范数可以构造新范数, 下述定理给出了操作方法.

定理 5.4 设 $\|\cdot\|_b$ 是 $\mathbb{C}^m$ 上的向量范数, $A \in \mathbb{C}^{m\times n}$ 且 $\operatorname{rank}(A) = n$, 则由

$$\|\boldsymbol{\alpha}\|_a = \|A\boldsymbol{\alpha}\|_b, \quad \boldsymbol{\alpha} \in \mathbb{C}^n$$

所定义的 $\|\cdot\|_a$ 是 $\mathbb{C}^n$ 上的向量范数.

证 仅需证明 $\|\cdot\|_a$ 满足定义 5.1 中的三个条件.

(1) 当 $\boldsymbol{\alpha} \neq \mathbf{0}$ 时, $A\boldsymbol{\alpha} \neq \mathbf{0}$, 从而 $\|\boldsymbol{\alpha}\|_a = \|A\boldsymbol{\alpha}\|_b > 0$, 并且当 $\boldsymbol{\alpha} = \mathbf{0}$ 时, $\|\boldsymbol{\alpha}\|_a = \|A\mathbf{0}\|_b = 0$;

(2) 对任意复数 $k \in \mathbb{C}$, 有

$$\|k\boldsymbol{\alpha}\|_a = \|kA\boldsymbol{\alpha}\|_b = |k| \cdot \|A\boldsymbol{\alpha}\|_b = |k|\|\boldsymbol{\alpha}\|_a;$$

(3) 对任意 $\boldsymbol{\alpha}, \boldsymbol{\beta} \in \mathbb{C}^n$, 有

$$\begin{aligned}\|\boldsymbol{\alpha}+\boldsymbol{\beta}\|_a &= \|A(\boldsymbol{\alpha}+\boldsymbol{\beta})\|_b \\ &\leqslant \|A\boldsymbol{\alpha}\|_b + \|A\boldsymbol{\beta}\|_b \\ &= \|\boldsymbol{\alpha}\|_a + \|\boldsymbol{\beta}\|_a.\end{aligned}$$

由该定理知可任选满足 $\operatorname{rank}(A) = n$ 的矩阵 $A \in \mathbb{C}^{m\times n}$, 故可构造无穷多个新的向量范数.

例 5.1 设 A 是 n 阶 Hermite 正定矩阵, 对任意 $\boldsymbol{\alpha} \in \mathbb{C}^n$, 定义

$$\|\boldsymbol{\alpha}\|_A = \sqrt{\boldsymbol{\alpha}^{\mathrm{H}} A\boldsymbol{\alpha}},$$

则 $\|\boldsymbol{\alpha}\|_A$ 是一种向量范数, 称为加权范数或椭圆范数.

证 因 A 是 n 阶 Hermite 正定矩阵, 故存在 n 阶可逆矩阵 P 使得 $A = P^{\mathrm{H}}P$. 于是

$$\begin{aligned}\|\boldsymbol{\alpha}\|_A &= \sqrt{\boldsymbol{\alpha}^{\mathrm{H}} P^{\mathrm{H}} P\boldsymbol{\alpha}} = \sqrt{(P\boldsymbol{\alpha})^{\mathrm{H}}(P\boldsymbol{\alpha})} \\ &= \|P\boldsymbol{\alpha}\|_2.\end{aligned}$$

由定理 5.4 知, $\|\boldsymbol{\alpha}\|_A$ 是 $\mathbb{C}^n$ 上的一种向量范数.

据上分析, 在 F^n 或一般的 n 维线性空间 V 上可以定义无穷多种范数. 自然要问, 这些范数之间有关系吗? 为讨论这个问题, 我们引入如下定义.

定义 5.4 若 $\|\cdot\|_a, \|\cdot\|_b$ 是 n 维线性空间 V 上定义的两种向量范数, 如果存在两个正数 c, d, 使得对任意的 $\boldsymbol{\alpha} \in V$, 有

$$c\|\boldsymbol{\alpha}\|_a \leqslant \|\boldsymbol{\alpha}\|_b \leqslant d\|\boldsymbol{\alpha}\|_a,$$

则称向量范数 $\|\cdot\|_a$ 与 $\|\cdot\|_b$ 等价.

可以验证上述向量范数的等价具有自反性、对称性与传递性.

对数域 F 上的线性空间 V, 其上的向量的范数与该向量在某组基底下的坐标向量的范数之间的关系是什么呢?

定理 5.5 设 V 是数域 F 上的 n 维线性空间, $\boldsymbol{\alpha}_1, \cdots, \boldsymbol{\alpha}_n$ 是 V 的一组基, 则 V 中任一向量 $\boldsymbol{\alpha}$ 可唯一表示为

$$\boldsymbol{\alpha} = \sum_{i=1}^{n} x_i \boldsymbol{\alpha}_i, \quad \boldsymbol{x} = (x_1, x_2, \cdots, x_n)^{\mathrm{T}} \in F^n.$$

已知 $\|\cdot\|$ 是 F^n 上的向量范数, 令

$$\|\boldsymbol{\alpha}\|_v = \|\boldsymbol{x}\|,$$

则 $\|\boldsymbol{\alpha}\|_v$ 是 V 上的向量范数.

证 首先, 注意到 $\boldsymbol{\alpha}$ 与其坐标向量 $\boldsymbol{x}$ 之间有如下关系:

$$\boldsymbol{\alpha} = \mathbf{0} \Leftrightarrow \boldsymbol{x} = \mathbf{0}.$$

故对任意 $\boldsymbol{\alpha} \in V$, $\|\boldsymbol{\alpha}\|_v = \|\boldsymbol{x}\| \geqslant 0$, 且 $\|\boldsymbol{\alpha}\|_v = 0 \Leftrightarrow \boldsymbol{\alpha} = \mathbf{0}$,

其次, 对 $k \in F$, $k\boldsymbol{\alpha} = \sum\limits_{i=1}^{n} k x_i \boldsymbol{\alpha}_i$, 故

$$\|k\boldsymbol{\alpha}\|_v = \|k\boldsymbol{x}\| = |k| \cdot \|\boldsymbol{x}\| = |k| \cdot \|\boldsymbol{\alpha}\|_v.$$

最后, 对 $\boldsymbol{\beta} \in V$, 则 $\boldsymbol{\beta} = \sum\limits_{i=1}^{n} y_i \boldsymbol{\alpha}_i$, $\boldsymbol{y} = (y_1, y_2, \cdots, y_n)^{\mathrm{T}} \in F^n$, $\boldsymbol{\alpha} + \boldsymbol{\beta}$ 的坐标向量为 $\boldsymbol{x} + \boldsymbol{y}$. 于是

$$\begin{aligned} \|\boldsymbol{\alpha} + \boldsymbol{\beta}\|_v &= \|\boldsymbol{x} + \boldsymbol{y}\| \leqslant \|\boldsymbol{x}\| + \|\boldsymbol{y}\| \\ &= \|\boldsymbol{\alpha}\|_v + \|\boldsymbol{\beta}\|_v. \end{aligned}$$

从而 $\|\boldsymbol{\alpha}\|_v$ 是 V 上的向量范数.

利用 Hölder 不等式可以证明, 向量范数是该向量坐标分量的多元连续函数, 该结论在证明范数等价时起到关键作用.

定理 5.6 设 $\|\cdot\|$ 是数域 F 上 n 维线性空间 V 上的任一向量范数,$\boldsymbol{\alpha}_1,\cdots,\boldsymbol{\alpha}_n$ 为 V 的一组基, V 中任意一向量 $\boldsymbol{\alpha}$ 可唯一表示为 $\boldsymbol{\alpha}=\sum\limits_{i=1}^{n}x_i\boldsymbol{\alpha}_i, \boldsymbol{x}=(x_1,\cdots,x_n)^{\mathrm{T}}\in F^n$, 则 $\|\boldsymbol{\alpha}\|$ 是 $x_1,\cdots,x_n$ 的连续函数.

证 对任意给定的 $\varepsilon>0$, 存在 $\delta=\dfrac{\varepsilon}{\left(\sum\limits_{i=1}^{n}\|\boldsymbol{\alpha}_i\|^2\right)^{1/2}}>0$, 使得对向量 $\boldsymbol{\beta}=\sum\limits_{i=1}^{n}y_i\boldsymbol{\alpha}_i\in V$, 当 $\|\boldsymbol{x}-\boldsymbol{y}\|_2=\sqrt{\sum\limits_{i=1}^{n}(x_i-y_i)^2}<\delta$ 时，有

$$\begin{aligned}
|\|\boldsymbol{\alpha}\|-\|\boldsymbol{\beta}\||&\leqslant\|\boldsymbol{\alpha}-\boldsymbol{\beta}\|\\
&=\left\|\sum_{i=1}^{n}(x_i-y_i)\,\boldsymbol{\alpha}_i\right\|\\
&\leqslant\sum_{i=1}^{n}|x_i-y_i|\,\|\boldsymbol{\alpha}_i\|\\
&\overset{\text{Hölder 不等式}}{\leqslant}\sqrt{\sum_{i=1}^{n}|x_i-y_i|^2}\cdot\sqrt{\sum_{i=1}^{n}\|\boldsymbol{\alpha}_i\|^2}\\
&<\varepsilon.
\end{aligned}$$

于是 $\|\boldsymbol{\alpha}\|$ 是 $x_1,\cdots,x_n$ 的连续函数.

现在, 我们给出有限维线性空间上任意两个范数之间的关系刻画.

定理 5.7 有限维线性空间 V 上的任意两个向量范数都是等价的.

证 设 $\boldsymbol{\alpha}_1,\cdots,\boldsymbol{\alpha}_n$ 是数域 F 上的 n 维线性空间 V 的一组基, 对任意的 $\boldsymbol{\alpha}\in V$, 它可唯一表示为

$$\boldsymbol{\alpha}=\sum_{i=1}^{n}x_i\boldsymbol{\alpha}_i,\quad \boldsymbol{x}=(x_1,\cdots,x_n)^{\mathrm{T}}\in F^n.$$

令

$$\|\boldsymbol{\alpha}\|_2=\|\boldsymbol{x}\|_2=\left(\sum_{i=1}^{n}|x_i|^2\right)^{\frac{1}{2}}.$$

由定理 5.5 知 $\|\boldsymbol{\alpha}\|_2$ 是 V 上的一个向量范数.

假设 $\|\boldsymbol{\alpha}\|_v$ 是 V 上的任一向量范数, 由于向量范数的等价具有对称性和传递性, 为证结论, 我们仅需证明 $\|\boldsymbol{\alpha}\|_v$ 与 $\|\boldsymbol{\alpha}\|_2$ 等价即可.

情形一　当 $\boldsymbol{\alpha}=\mathbf{0}$ 时, $\|\mathbf{0}\|_v=\|\mathbf{0}\|_2$, 结论成立.

情形二　当 $\boldsymbol{\alpha}\neq\mathbf{0}$ 时, 由定理 5.6 知 $\|\boldsymbol{\alpha}\|_v$ 是 $x_1,x_2,x_3,\cdots,x_n$ 的连续函数, 故 $\|\boldsymbol{\alpha}\|_v$ 在有界闭集

$$S=\left\{\boldsymbol{x}=(x_1,\cdots,x_n)^{\mathrm{T}}\in F^n\middle||x_1|^2+|x_2|^2+\cdots+|x_n|^2=1\right\}$$

上能取最大值 M 和最小值 m.

若 $\boldsymbol{x}\in S$, 则 $\boldsymbol{x}\neq\mathbf{0}$, 从而 $m>0$.

构造向量

$$\boldsymbol{\beta}=\sum_{i=1}^{n}\frac{x_i}{\|\boldsymbol{x}\|_2}\boldsymbol{\alpha}_i.$$

则 $\boldsymbol{\beta}$ 在基 $\boldsymbol{\alpha}_1,\cdots,\boldsymbol{\alpha}_n$ 下的坐标向量为 $\boldsymbol{y}=\left(\dfrac{x_1}{\|\boldsymbol{x}\|_2},\dfrac{x_2}{\|\boldsymbol{x}\|_2},\cdots,\dfrac{x_n}{\|\boldsymbol{x}\|_2}\right)^{\mathrm{T}}\in S$, 从而有

$$0<m\leqslant\|\boldsymbol{\beta}\|_v\leqslant M.$$

而 $\boldsymbol{\beta}=\dfrac{\boldsymbol{\alpha}}{\|\boldsymbol{x}\|_2}$, 所以

$$m\|\boldsymbol{x}\|_2\leqslant\|\boldsymbol{\alpha}\|_v\leqslant M\|\boldsymbol{x}\|_2$$

即

$$m\|\boldsymbol{\alpha}\|_2\leqslant\|\boldsymbol{\alpha}\|_v\leqslant M\|\boldsymbol{\alpha}\|_2.$$

因此 $\|\boldsymbol{\alpha}\|_v$ 与 $\|\boldsymbol{\alpha}\|_2$ 等价.

这一结果表明, 在涉及向量范数问题时, 我们可以选取性质较好的任意范数作为工具. 如有需要, 再进行转化, 等价的范数会导致相同的收敛性, 而且函数的微积分学都由极限定义, 这表明等价的范数会导致相同的微积分学, 即粗略地讲, 在有限维赋范线性空间中的微积分学本质上都由极限定义.

5.2　矩 阵 范 数

上一节讨论了 $\mathbb{C}^n$ 上的向量范数, 而对任一矩阵 $A\in\mathbb{C}^{m\times n}$ 可看作是空间 $\mathbb{C}^{m\times n}$ 中的一个向量, 故可对矩阵谈论矩阵范数来刻画该矩阵的“大小”问题. 然而, 矩阵之间除了线性运算之外, 有矩阵的乘法, 故需对向量范数定义中再附加一定的条件.

定义 5.5 若对任一矩阵 $A \in \mathbb{C}^{m\times n}$, 都有实数 $\|A\|$ 与之对应, 且满足

(1) 非负性 $\|A\| \geqslant 0$, $\|A\| = 0$ 当且仅当 $A = O$;

(2) 齐次性 对任何 $k \in \mathbb{C}$, $\|kA\| = |k|\,\|A\|$;

(3) 三角不等式 对任何 $A, B \in \mathbb{C}^{m\times n}$, 有

$$\|A+B\| \leqslant \|A\| + \|B\|;$$

(4) 相容性 对 $A \in \mathbb{C}^{m\times n}$, $B \in \mathbb{C}^{n\times s}$, 有

$$\|AB\| \leqslant \|A\|\,\|B\|.$$

则称 $\|A\|$ 为 A 的矩阵范数.

注 相容性又称为次乘性. 若 $\|AB\| \geqslant \|A\|\,\|B\|$, 则幂零矩阵的矩阵范数将是 0, 与正定性不符.

例 5.2 已知 $A = (a_{ij})_{m\times n} \in \mathbb{C}^{m\times n}$, 试证

$$\|A\|_{m_\infty} = \max\{m, n\} \max_{i,j} |a_{ij}|$$

是矩阵范数.

证 (1) 当 $A \neq O$ 时, 至少有一个元素不为零, 所以

$$\|A\|_{m_\infty} = \max\{m, n\} \max_{i,j} |a_{ij}| > 0.$$

当 $A = O$ 时, 有 $\|A\|_{m_\infty} = 0$.

(2) 对任意的 $k \in \mathbb{C}$, $A = (a_{ij}) \in \mathbb{C}^{m\times n}$, 有

$$\begin{aligned}\|kA\|_{m_\infty} &= \max\{m, n\} \max_{i,j} |ka_{ij}| \\ &= |k| \max\{m, n\} \max_{i,j} |a_{ij}| \\ &= |k| \cdot \|A\|_{m_\infty}.\end{aligned}$$

(3) 三角不等式: 对任意 $A = (a_{ij}), B = (b_{ij}) \in \mathbb{C}^{m\times n}$,

$$\|A+B\|_{m_\infty} = \max\{m, n\} \max_{i,j} |a_{ij} + b_{ij}|$$

$$\leqslant \max\{m,n\}\max_{i,j}|a_{ij}| + \max\{m,n\}\max_{i,j}|b_{ij}|$$
$$= \|A\|_{m_\infty} + \|B\|_{m_\infty}.$$

(4) 对任意的 $A=(a_{ij})_{m\times s}\in\mathbb{C}^{m\times s}$, $B=(b_{ij})_{s\times n}\in\mathbb{C}^{s\times n}$,

$$\begin{aligned}
\|AB\|_{m_\infty} &= \max\{m,n\}\cdot\max_{i,j}\left|\sum_{k=1}^{s} a_{ik}b_{kj}\right| \\
&\leqslant \max\{m,n\}\max_{i,j}\sum_{k=1}^{s}|a_{ik}|\,|b_{kj}| \\
&\leqslant \max\{m,n\}\cdot s\cdot\max_{i,k}|a_{ik}|\cdot\max_{k,j}|b_{kj}| \\
&\leqslant \max\{m,s\}\cdot\max_{i,k}|a_{ik}|\cdot\max\{s,n\}\max_{k,j}|b_{kj}| \\
&= \|A\|_{m_\infty}\cdot\|B\|_{m_\infty}.
\end{aligned}$$

因此, $\|A\|_{m_\infty}$ 是矩阵范数.

例 5.3　设 $A=(a_{ij})_{m\times n}\in\mathbb{C}^{m\times n}$, 证明:

$$\|A\|_{m_1} = \sum_{i=1}^{m}\sum_{j=1}^{n}|a_{ij}|$$

是 $\mathbb{C}^{m\times n}$ 上的矩阵范数.

证　非负性和齐次性易证. 下证三角不等式及相容性.

令 $B=(b_{ij})_{m\times n}\in\mathbb{C}^{m\times n}$, 则有

$$\begin{aligned}
\|A+B\|_{m_1} &= \sum_{i=1}^{m}\sum_{j=1}^{n}|a_{ij}+b_{ij}| \\
&\leqslant \sum_{i=1}^{m}\sum_{j=1}^{n}(|a_{ij}|+|b_{ij}|) \\
&= \sum_{i=1}^{m}\sum_{j=1}^{n}|a_{ij}| + \sum_{i=1}^{m}\sum_{j=1}^{n}|b_{ij}| \\
&= \|A\|_{m_1} + \|B\|_{m_1}.
\end{aligned}$$

再令 $B=(b_{ij})_{n\times s}$, 则有

$$\|AB\|_{m_1} = \sum_{i=1}^{m}\sum_{j=1}^{s}|a_{i1}b_{1j}+a_{i2}b_{2j}+\cdots+a_{in}b_{nj}|$$

$$
\begin{aligned}
&\leqslant \sum_{i=1}^{m}\sum_{j=1}^{s}\left(|a_{i1}|\,|b_{1j}|+\cdots+|a_{in}|\,|b_{nj}|\right)\\
&\leqslant \sum_{i=1}^{m}\left(|a_{i1}|+\cdots+|a_{in}|\right)\sum_{j=1}^{s}\left(|b_{1j}|+\cdots+|b_{nj}|\right)\\
&=\left(\sum_{i=1}^{m}\sum_{j=1}^{n}|a_{ij}|\right)\left(\sum_{i=1}^{m}\sum_{j=1}^{s}|b_{ij}|\right)\\
&=\|A\|_{m_1}\cdot\|B\|_{m_1}.
\end{aligned}
$$

因此, $\|A\|_{m_1}$ 是 A 的矩阵范数.

类似于向量范数, 矩阵范数也有诸多形式. 然而, 在实际应用中, 矩阵范数常与向量范数混合出现, 如下概念可以将两者有机联系在一起.

定义 5.6 设 $\|\cdot\|_M$ 是 $\mathbb{C}^{m\times n}$ 上的矩阵范数, $\|\cdot\|_V$ 是 $\mathbb{C}^m$ 与 $\mathbb{C}^n$ 上的同类向量范数.

对任意的 $A\in\mathbb{C}^{m\times n}$, 任意的 $\boldsymbol{\alpha}\in\mathbb{C}^n$, 若有

$$
\|A\boldsymbol{\alpha}\|_V \leqslant \|A\|_M\cdot\|\boldsymbol{\alpha}\|_V,
$$

则称矩阵范数 $\|\cdot\|_M$ 与 $\|\cdot\|_V$ 向量范数是相容的.

下面介绍矩阵的 Frobenius 范数, 简称 F-范数.

例 5.4 设 $A=(a_{ij})_{m\times n}\in\mathbb{C}^{m\times n}$, 证明:

$$
\begin{aligned}
\|A\|_F&=\left(\sum_{i=1}^{m}\sum_{j=1}^{n}|a_{ij}|^2\right)^{1/2}\\
&=\left(\operatorname{tr}\left(A^{\mathrm{H}}A\right)\right)^{1/2}
\end{aligned}
$$

是 $\mathbb{C}^{m\times n}$ 上的矩阵范数, 称为 Frobenius 范数或 F-范数. $\|\cdot\|_F$ 与向量范数 $\|\cdot\|_2$ 相容.

证 易证 $\|A\|_F$ 具有非负性及齐次性. 下证三角不等式及相容性.

三角不等式: 任取 $A=(a_{ij})$, $B=(b_{ij})\in\mathbb{C}^{m\times n}$,

按列分块如下:

$$
A=(\boldsymbol{\alpha}_1,\boldsymbol{\alpha}_2,\cdots,\boldsymbol{\alpha}_n),\quad B=(\boldsymbol{\beta}_1,\boldsymbol{\beta}_2,\cdots,\boldsymbol{\beta}_n).
$$

则有

$$\begin{aligned}\|A+B\|_F^2 &= \|\boldsymbol{\alpha}_1+\boldsymbol{\beta}_1\|_2^2+\|\boldsymbol{\alpha}_2+\boldsymbol{\beta}_2\|_2^2+\cdots+\|\boldsymbol{\alpha}_n+\boldsymbol{\beta}_n\|_2^2\\ &\leqslant (\|\boldsymbol{\alpha}_1\|_2+\|\boldsymbol{\beta}_1\|_2)^2+(\|\boldsymbol{\alpha}_2\|_2+\|\boldsymbol{\beta}_2\|_2)^2+\cdots\\ &\quad+(\|\boldsymbol{\alpha}_n\|_2+\|\boldsymbol{\beta}_n\|_2)^2\\ &=\left(\|\boldsymbol{\alpha}_1\|_2^2+\|\boldsymbol{\alpha}_2\|_2^2+\cdots+\|\boldsymbol{\alpha}_n\|_2^2\right)\\ &\quad+2\left(\|\boldsymbol{\alpha}_1\|_2\cdot\|\boldsymbol{\beta}_1\|_2+\|\boldsymbol{\alpha}_2\|_2\cdot\|\boldsymbol{\beta}_2\|_2+\cdots+\|\boldsymbol{\alpha}_n\|_2\cdot\|\boldsymbol{\beta}_n\|_2\right)\\ &\quad+\left(\|\boldsymbol{\beta}_1\|_2^2+\cdots+\|\boldsymbol{\beta}_n\|_2^2\right).\end{aligned}$$

所以

$$\begin{aligned}\|A+B\|_F^2 &\leqslant \|A\|_F^2+2\|A\|_F\|B\|_F+\|B\|_F^2\\ &=(\|A\|_F+\|B\|_F)^2.\end{aligned}$$

从而有

$$\|A+B\|_F\leqslant\|A\|_F+\|B\|_F.$$

相容性: 任取 $A=(a_{ij})\in\mathbb{C}^{m\times s}$, $B=(b_{ij})\in\mathbb{C}^{s\times n}$,

$$\begin{aligned}\|AB\|_F^2 &= \sum_{i=1}^m\sum_{j=1}^n\left|\sum_{k=1}^s a_{ik}b_{kj}\right|^2\\ &\leqslant \sum_{i=1}^m\sum_{j=1}^n\left(\sum_{k=1}^s |a_{ik}|\,|b_{kj}|\right)^2\\ &\leqslant \sum_{i=1}^m\sum_{j=1}^n\left(\sum_{k=1}^s |a_{ik}|^2\cdot\sum_{k=1}^s |b_{kj}|^2\right)\\ &=\left(\sum_{i=1}^m\sum_{k=1}^s |a_{ik}|^2\right)\cdot\left(\sum_{j=1}^m\sum_{k=1}^s |b_{kj}|^2\right)\\ &=\|A\|_F^2\,\|B\|_F^2.\end{aligned}$$

即 $\|A\|_F$ 是 A 的矩阵范数.

取 $B=\boldsymbol{\alpha}\in\mathbb{C}^n$, 则有

$$\|A\boldsymbol{\alpha}\|_2=\|AB\|_F\leqslant\|A\|_F\|B\|_F$$

$$= \|A\|_F \|\boldsymbol{\alpha}\|_2.$$

即矩阵范数 $\|\cdot\|_F$ 与向量范数 $\|\cdot\|_2$ 相容.

F-范数具有如下良好的性质.

定理 5.8 设 $A \in \mathbb{C}^{m\times n}$, $U \in \mathbb{C}^{m\times m}$ 与 $V \in \mathbb{C}^{n\times n}$ 是酉矩阵, 则

$$\|UA\|_F = \|AV\|_F = \|UAV\|_F = \|A\|_F,$$

称之为 F-范数的酉不变性.

证 法一 记 $A = (\boldsymbol{\alpha}_1, \boldsymbol{\alpha}_2, \cdots, \boldsymbol{\alpha}_n)$, 则有

$$\begin{aligned}
\|UA\|_F^2 &= \|U(\boldsymbol{\alpha}_1, \boldsymbol{\alpha}_2, \cdots, \boldsymbol{\alpha}_n)\|_F^2 \\
&= \|(U\boldsymbol{\alpha}_1, U\boldsymbol{\alpha}_2, \cdots, U\boldsymbol{\alpha}_n)\|_F^2 \\
&= \sum_{j=1}^{n} \|U\boldsymbol{\alpha}_j\|_2^2 \\
&= \sum_{j=1}^{n} \|\boldsymbol{\alpha}_j\|_2^2 \\
&= \|A\|_F^2.
\end{aligned}$$

即

$$\|UA\|_F = \|A\|_F,$$

而

$$\begin{aligned}
\|AV\|_F &= \left\|(AV)^{\mathrm{H}}\right\|_F \\
&= \left\|V^{\mathrm{H}} A^{\mathrm{H}}\right\|_F \\
&= \left\|A^{\mathrm{H}}\right\|_F \\
&= \|A\|_F.
\end{aligned}$$

于是

$$\|UA\|_F = \|A\|_F = \|AV\|_F.$$

法二

$$\|UA\|_F = \sqrt{\operatorname{tr}[(UA)^{\mathrm{H}}(UA)]}$$

$$
\begin{aligned}
&= \sqrt{\operatorname{tr}(A^{\mathrm{H}}U^{\mathrm{H}}UA)} \\
&= \sqrt{\operatorname{tr}(A^{\mathrm{H}}A)} \\
&= \|A\|_F, \\
\|AV\|_F &= \sqrt{\operatorname{tr}(V^{\mathrm{H}}A^{\mathrm{H}}AV)} \\
&= \sqrt{\operatorname{tr}(A^{\mathrm{H}}AVV^{\mathrm{H}})} \\
&= \sqrt{\operatorname{tr}(A^{\mathrm{H}}A)} \\
&= \|A\|_F.
\end{aligned}
$$

如下例子表明与一个矩阵范数相容的向量范数可能不唯一.

例 5.5 证明 $\mathbb{C}^{n\times n}$ 的矩阵 m_1 范数和 F-范数分别与 $\mathbb{C}^n$ 上向量的 1 范数和 2 范数相容.

证 令 $A=(a_{ij})_{n\times n}\in\mathbb{C}^{n\times n}$, $\boldsymbol{\alpha}=(x_1,x_2,\cdots,x_n)^{\mathrm{T}}\in\mathbb{C}^n$, 则

$$
\begin{aligned}
\|A\boldsymbol{\alpha}\|_1 &= \sum_{i=1}^{n}\left|\sum_{k=1}^{n}a_{ik}x_k\right| \\
&\leqslant \sum_{i=1}^{n}\left(\sum_{k=1}^{n}|a_{ik}|\,|x_k|\right) \\
&\leqslant \sum_{i=1}^{n}\left[\left(\sum_{k=1}^{n}|a_{ik}|\right)\left(\sum_{k=1}^{n}|x_k|\right)\right] \\
&= \left(\sum_{i=1}^{n}\sum_{k=1}^{n}|a_{ik}|\right)\left(\sum_{k=1}^{n}|x_k|\right) \\
&= \|A\|_{m_1}\cdot\|\boldsymbol{\alpha}\|_1.
\end{aligned}
$$

利用 Cauchy-Schwarz 不等式得

$$
\begin{aligned}
\|A\boldsymbol{\alpha}\|_2 &= \sqrt{\sum_{i=1}^{n}\left|\sum_{k=1}^{n}a_{ik}x_k\right|^2} \\
&\leqslant \sqrt{\sum_{i=1}^{n}\left(\sum_{k=1}^{n}|a_{ik}|\,|x_k|\right)^2} \\
&\leqslant \sqrt{\sum_{i=1}^{n}\left[\left(\sum_{k=1}^{n}|a_{ik}|^2\right)\left(\sum_{k=1}^{n}|x_k|^2\right)\right]}
\end{aligned}
$$

$$= \|A\|_F \|\boldsymbol{\alpha}\|_2.$$

如下结果表明, 对于 $\mathbb{C}^{m\times n}$ 上的任一矩阵范数 $\|\cdot\|_M$, 一定存在 $\mathbb{C}^m$ 上的向量范数 $\|\cdot\|_V$, 使得 $\|\cdot\|_M$ 与 $\|\cdot\|_V$ 相容.

定理 5.9 设 $\|\cdot\|_M$ 是 $\mathbb{C}^{m\times n}$ 上的任一矩阵范数, 则在 $\mathbb{C}^m$ 上必存在与之相容的向量范数 $\|\cdot\|_V$.

证 任取 $\mathbb{C}^n$ 中的非零列向量 $\boldsymbol{\beta}$, 定义

$$\|\boldsymbol{\alpha}\|_V = \left\|\boldsymbol{\alpha} \cdot \boldsymbol{\beta}^{\mathrm{H}}\right\|_M, \quad \boldsymbol{\alpha} \in \mathbb{C}^m.$$

下证 $\|\cdot\|_V$ 是 $\mathbb{C}^m$ 上的向量范数, 且 $\|\cdot\|_M$ 与 $\|\cdot\|_V$ 相容.

非负性 当 $\boldsymbol{\alpha} \neq \mathbf{0}$ 时, $\boldsymbol{\alpha} \cdot \boldsymbol{\beta}^{\mathrm{H}} \neq O$, 有 $\|\boldsymbol{\alpha}\|_V > 0$; 当 $\boldsymbol{\alpha} = \mathbf{0}$ 时, $\boldsymbol{\alpha}\boldsymbol{\beta}^{\mathrm{H}} = O$, 从而 $\|\boldsymbol{\alpha}\|_V = 0$.

齐次性 对任意 $k \in \mathbb{C}$, 有

$$\|k\boldsymbol{\alpha}\|_V = \left\|k\boldsymbol{\alpha} \cdot \boldsymbol{\beta}^{\mathrm{H}}\right\|_M = |k| \left\|\boldsymbol{\alpha} \cdot \boldsymbol{\beta}^{\mathrm{H}}\right\|_M = |k| \, \|\boldsymbol{\alpha}\|_V.$$

三角不等式 任取 $\boldsymbol{\alpha}_1, \boldsymbol{\alpha}_2 \in \mathbb{C}^m$, 有

$$\begin{aligned}
\|\boldsymbol{\alpha}_1 + \boldsymbol{\alpha}_2\|_V &= \left\|(\boldsymbol{\alpha}_1 + \boldsymbol{\alpha}_2) \cdot \boldsymbol{\beta}^{\mathrm{H}}\right\|_M \\
&= \left\|\boldsymbol{\alpha}_1 \cdot \boldsymbol{\beta}^{\mathrm{H}} + \boldsymbol{\alpha}_2 \cdot \boldsymbol{\beta}^{\mathrm{H}}\right\|_M \\
&\leqslant \left\|\boldsymbol{\alpha}_1 \cdot \boldsymbol{\beta}^{\mathrm{H}}\right\|_M + \left\|\boldsymbol{\alpha}_2 \cdot \boldsymbol{\beta}^{\mathrm{H}}\right\|_M \\
&= \|\boldsymbol{\alpha}_1\|_V + \|\boldsymbol{\alpha}_2\|_V.
\end{aligned}$$

因此, $\|\boldsymbol{\alpha}\|_V$ 是 $\mathbb{C}^m$ 上的向量范数.

当 $A \in \mathbb{C}^{m\times n}$, $\boldsymbol{\alpha} \in \mathbb{C}^n$ 时, 有

$$\begin{aligned}
\|A\boldsymbol{\alpha}\|_V &= \|(A\boldsymbol{\alpha}) \cdot \boldsymbol{\beta}^{\mathrm{H}}\|_M \\
&= \|A\left(\boldsymbol{\alpha} \cdot \boldsymbol{\beta}^{\mathrm{H}}\right)\|_M \\
&\leqslant \|A\|_M \|\boldsymbol{\alpha} \cdot \boldsymbol{\beta}^{\mathrm{H}}\|_M \\
&= \|A\|_M \|\boldsymbol{\alpha}\|_V,
\end{aligned}$$

即矩阵范数 $\|\cdot\|_M$ 与向量范数 $\|\cdot\|_V$ 相容.

5.3 常用的几种矩阵范数

本节将给出一个从向量范数出发构造与之相容的矩阵范数的方法, 在此基础上, 介绍常用的几种矩阵范数.

定理 5.10 已知 $\mathbb{C}^m$ 和 $\mathbb{C}^n$ 上的同类向量范数 $\|\cdot\|$, 设 $A \in \mathbb{C}^{m\times n}$, 则函数

$$\|A\| = \max_{\|\boldsymbol{\alpha}\|=1} \|A\boldsymbol{\alpha}\|$$

是 $\mathbb{C}^{m\times n}$ 上的矩阵范数, 且与已知的向量范数相容.

证 因为向量范数 $\|A\boldsymbol{\alpha}\|$ 是其分量的连续函数, 故对每一个矩阵 $A \in \mathbb{C}^{m\times n}$ 而言, 这个最大值可以取到, 即存在单位向量 $\boldsymbol{\alpha}_0$, 使得 $\|A\boldsymbol{\alpha}_0\| = \|A\|$.

非负性 当 $A = O$ 时, $\|A\| = \max\limits_{\|\boldsymbol{\alpha}\|=1} \|A\boldsymbol{\alpha}\| = \max\limits_{\|\boldsymbol{\alpha}\|=1} \|O\boldsymbol{\alpha}\| = 0$, 当 $A \neq O$ 时, 存在向量 $\boldsymbol{\alpha}_0 \in \mathbb{C}^n$ 满足 $\|\boldsymbol{\alpha}_0\| = 1$, 使得 $A\boldsymbol{\alpha}_0 \neq \mathbf{0}$, 从而

$$\|A\| \geqslant \|A\boldsymbol{\alpha}_0\| > 0.$$

齐次性 任取 $k \in \mathbb{C}$, 有

$$\begin{aligned}\|kA\| &= \max_{\|\boldsymbol{\alpha}\|=1} \|kA\boldsymbol{\alpha}\| = |k| \max_{\|\boldsymbol{\alpha}\|=1} \|A\boldsymbol{\alpha}\| \\ &= |k|\,\|A\|.\end{aligned}$$

三角不等式 设 $B \in \mathbb{C}^{m\times n}$, 对于矩阵 $A+B$, 存在 $\boldsymbol{\alpha}_1 \in \mathbb{C}^n$ 满足 $\|\boldsymbol{\alpha}_1\| = 1$, 使得

$$\|A+B\| = \|(A+B)\,\boldsymbol{\alpha}_1\|.$$

于是

$$\begin{aligned}\|A+B\| &= \|A\boldsymbol{\alpha}_1 + B\boldsymbol{\alpha}_1\| \leqslant \|A\boldsymbol{\alpha}_1\| + \|B\boldsymbol{\alpha}_1\| \\ &\leqslant \|A\| + \|B\|.\end{aligned}$$

现在证明, 对任意的 $\boldsymbol{\beta} \in \mathbb{C}^n$ 及 $A \in \mathbb{C}^{m\times n}$, 有

$$\|A\boldsymbol{\beta}\| \leqslant \|A\| \cdot \|\boldsymbol{\beta}\|.$$

当 $\boldsymbol{\beta}=\mathbf{0}$ 时, 显然成立. 当 $\boldsymbol{\beta}\neq\mathbf{0}$ 时, 令 $\boldsymbol{\beta}_0=\dfrac{\boldsymbol{\beta}}{\|\boldsymbol{\beta}\|}$, 则 $\|\boldsymbol{\beta}_0\|=1$, 且有 $\|A\boldsymbol{\beta}_0\|\leqslant\|A\|$, 于是

$$\begin{aligned}\|A\boldsymbol{\beta}\|&=\|A\left(\|\boldsymbol{\beta}\|\cdot\boldsymbol{\beta}_0\right)\|\\&=\|\boldsymbol{\beta}\|\cdot\|A\boldsymbol{\beta}_0\|\\&\leqslant\|A\|\cdot\|\boldsymbol{\beta}\|.\end{aligned}$$

最后证明, 对任意的 $A\in\mathbb{C}^{m\times n}$, $B\in\mathbb{C}^{n\times l}$, 有 $\|AB\|\leqslant\|A\|\,\|B\|$, 对于矩阵 AB, 存在 $\boldsymbol{\beta}_2\in\mathbb{C}^l$ 满足 $\|\boldsymbol{\beta}_2\|=1$, 使得

$$\begin{aligned}\|AB\|&=\|(AB)\,\boldsymbol{\beta}_2\|=\|A\left(B\boldsymbol{\beta}_2\right)\|\\&\leqslant\|A\|\,\|B\boldsymbol{\beta}_2\|\\&\leqslant\|A\|\,\|B\|\cdot\|\boldsymbol{\beta}_2\|=\|A\|\,\|B\|.\end{aligned}$$

即 $\|A\|$ 是 A 的矩阵范数.

上述范数称为由向量范数导出的矩阵范数, 简称为从属范数, 对于 $\mathbb{C}^{n\times n}$ 上的任何一种从属范数, 有

$$\|E\|=\max_{\|\boldsymbol{\alpha}\|=1}\|E\boldsymbol{\alpha}\|=1.$$

而对于一般的与某向量范数相容的矩阵范数, 由于

$$\|\boldsymbol{\alpha}\|=\|E\boldsymbol{\alpha}\|\leqslant\|E\|\,\|\boldsymbol{\alpha}\|,$$

故 $\|E\|\geqslant 1$.

接下来, 我们用此方法分别取定向量范数为 $\|\boldsymbol{\alpha}\|_1$, $\|\boldsymbol{\alpha}\|_2$, $\|\boldsymbol{\alpha}\|_\infty$, 构造三种常用的矩阵范数, 分别记为 $\|A\|_1$, $\|A\|_2$, $\|A\|_\infty$, 通常分别称为列和范数、谱范数及行和范数.

定理 5.11 设 $A=(a_{ij})_{m\times n}\in\mathbb{C}^{m\times n}$, $\boldsymbol{\alpha}=(x_1,x_2,\cdots,x_n)^{\mathrm{T}}\in\mathbb{C}^n$, 则从属于向量 $\boldsymbol{\alpha}$ 的三种范数 $\|\boldsymbol{\alpha}\|_1$, $\|\boldsymbol{\alpha}\|_2$, $\|\boldsymbol{\alpha}\|_\infty$ 的矩阵范数计算公式依次为

(1) $\|A\|_1=\max\limits_{j}\sum\limits_{i=1}^{m}|a_{ij}|$;

(2) $\|A\|_2=\sqrt{\lambda_1}$, λ_1 为 $A^{\mathrm{H}}A$ 的最大特征值;

(3) $\|A\|_\infty=\max\limits_{i}\sum\limits_{j=1}^{n}|a_{ij}|$.

证 (1) 设 $\|\boldsymbol{\alpha}\|_1 = 1$, 则

$$\begin{aligned}\|A\boldsymbol{\alpha}\|_1 &= \sum_{i=1}^{m}\left|\sum_{j=1}^{n} a_{ij}x_j\right| \\ &\leqslant \sum_{i=1}^{m}\sum_{j=1}^{n}|a_{ij}|\,|x_j| \\ &= \sum_{j=1}^{n}|x_j|\left(\sum_{i=1}^{m}|a_{ij}|\right) \\ &\leqslant \left(\max_j \sum_{i=1}^{m}|a_{ij}|\right)\sum_{j=1}^{n}|x_j| \\ &= \max_j \sum_{i=1}^{m}|a_{ij}|.\end{aligned}$$

因此,

$$\begin{aligned}\|A\|_1 &= \max_{\|\boldsymbol{\alpha}\|_1=1}\|A\boldsymbol{\alpha}\|_1 \\ &\leqslant \max_j \sum_{j=1}^{m}|a_{ij}|.\end{aligned}$$

选取 k, 使得

$$\sum_{i=1}^{m}|a_{ik}| = \max_j \sum_{i=1}^{m}|a_{ij}|.$$

令 $\boldsymbol{e}_k$ 为第 k 个单位坐标向量, 则有 $A\boldsymbol{e}_k = (a_{1k}, a_{2k}, \cdots, a_{mk})^{\mathrm{T}}$, 从而

$$\begin{aligned}\|A\|_1 &= \max_{\|\boldsymbol{\alpha}\|_1=1}\|A\boldsymbol{\alpha}\|_1 \\ &\geqslant \|A\boldsymbol{e}_k\|_1 \\ &= \sum_{i=1}^{m}|a_{ik}| \\ &= \max_j \sum_{i=1}^{m}|a_{ik}|.\end{aligned}$$

故 (1) 结论成立.

(2) 由于 $A^{\mathrm{H}}A$ 是 Hermite 矩阵, 且由

$$\boldsymbol{\alpha}^{\mathrm{H}}\left(A^{\mathrm{H}}A\right)\boldsymbol{\alpha} = (A\boldsymbol{\alpha})^{\mathrm{H}}(A\boldsymbol{\alpha}) = \|A\boldsymbol{\alpha}\|_2^2 \geqslant 0$$

知 $A^{\mathrm{H}}A$ 是半正定的, 从而它的特征值都是非负实数, 设为

$$\lambda_1 \geqslant \lambda_2 \geqslant \cdots \geqslant \lambda_n \geqslant 0.$$

由于 $A^{\mathrm{H}}A$ 是 Hermite 矩阵, 因此它具有 n 个互相正交的且 2 范数为 1 的特征向量 $\boldsymbol{\alpha}_1, \boldsymbol{\alpha}_2, \cdots, \boldsymbol{\alpha}_n$, 并设它们依次属于特征值 $\lambda_1, \lambda_2, \cdots, \lambda_n$. 于是, 任何一个范数 $\|\boldsymbol{\alpha}\|_2 = 1$ 的向量 $\boldsymbol{\alpha}$, 可以用这些特征向量线性表示为

$$\boldsymbol{\alpha} = k_1\boldsymbol{\alpha}_1 + k_2\boldsymbol{\alpha}_2 + \cdots + k_n\boldsymbol{\alpha}_n.$$

由于

$$\begin{aligned} A^{\mathrm{H}}A\boldsymbol{\alpha} &= \sum_{i=1}^{n} A^{\mathrm{H}}Ak_i\boldsymbol{\alpha}_i \\ &= \sum_{i=1}^{n} k_i \left(A^{\mathrm{H}}A\boldsymbol{\alpha}_i\right) \\ &= \sum_{i=1}^{n} \lambda_i k_i \boldsymbol{\alpha}_i. \end{aligned}$$

由向量的内积运算, 有

$$\begin{aligned} \|A\boldsymbol{\alpha}\|_2^2 &= \left(\boldsymbol{\alpha}, A^{\mathrm{H}}A\boldsymbol{\alpha}\right) \\ &= \left(\sum_{i=1}^{n} k_i\boldsymbol{\alpha}_i, \sum_{i=1}^{n} \lambda_i k_i \boldsymbol{\alpha}_i\right) \\ &= \lambda_1|k_1|^2 + \lambda_2|k_2|^2 + \cdots + \lambda_n|k_n|^2 \\ &\leqslant \lambda_1\left(|k_1|^2 + \cdots + |k_n|^2\right) \\ &= \lambda_1. \end{aligned}$$

从而有

$$\|A\|_2 = \max_{\|\boldsymbol{\alpha}\|_2=1} \|A\boldsymbol{\alpha}\|_2 \leqslant \sqrt{\lambda_1}.$$

另一方面, 由于 $\|\boldsymbol{\alpha}_1\|_2 = 1$, 而且

$$\begin{aligned} \|A\boldsymbol{\alpha}_1\|_2^2 &= \left(\boldsymbol{\alpha}_1, A^{\mathrm{H}}A\boldsymbol{\alpha}_1\right) \\ &= \left(\boldsymbol{\alpha}_1, \lambda_1\boldsymbol{\alpha}_1\right) = \lambda_1. \end{aligned}$$

所以

$$\begin{aligned}\|A\|_2 &= \max_{\|\boldsymbol{\alpha}\|_2=1} \|A\boldsymbol{\alpha}\|_2 \\ &\geqslant \|A\boldsymbol{\alpha}_1\|_2 = \sqrt{\lambda_1}.\end{aligned}$$

因此

$$\|A\|_2 = \sqrt{\lambda_1}.$$

(3) 设 $\|\boldsymbol{\alpha}\|_\infty = 1$, 则

$$\begin{aligned}\|A\boldsymbol{\alpha}\|_\infty &= \max_i \left|\sum_{j=1}^n a_{ij}k_j\right| \\ &\leqslant \max_i \sum_{j=1}^n |a_{ij}|\,|k_j| \\ &\leqslant \max_i \sum_{j=1}^n |a_{ij}|.\end{aligned}$$

从而有

$$\begin{aligned}\|A\|_\infty &= \max_{\|\boldsymbol{\alpha}\|_\infty=1} \|A\boldsymbol{\alpha}\|_\infty \\ &\leqslant \max_i \sum_{j=1}^n |a_{ij}|.\end{aligned}$$

选取 k, 使得

$$\sum_{j=1}^n |a_{kj}| = \max_i \sum_{j=1}^n |a_{ij}|.$$

令

$$\boldsymbol{\beta} = \begin{pmatrix} l_1 \\ l_2 \\ \vdots \\ l_n \end{pmatrix}, \quad l_j = \begin{cases} 1, & a_{kj} = 0, \\ \dfrac{|a_{kj}|}{a_{kj}}, & a_{kj} \neq 0, \end{cases}$$

则有 $\|\boldsymbol{\beta}\|_\infty = 1$, 且

$$A\boldsymbol{\beta} = \left(*, \cdots, *, \sum_{j=1}^n |a_{kj}|, *, \cdots, *\right)^{\mathrm{T}}.$$

从而

$$\begin{aligned}\|A\|_\infty &= \max_{\|\boldsymbol{\alpha}\|_\infty=1}\|A\boldsymbol{\alpha}\|_\infty\\&\geqslant \|A\boldsymbol{\beta}\|_\infty\\&\geqslant \sum_{j=1}^{n}|a_{kj}|\\&=\max_i\sum_{j=1}^{n}|a_{ij}|.\end{aligned}$$

因此 $\|A\|_\infty=\max\limits_i\sum\limits_{j=1}^{n}|a_{ij}|$.

加之上节课介绍的 Frobenius 范数, 本书共计介绍了四种常用的矩阵范数. 同时, 需要指出在 $\mathbb{C}^{m\times n}$ 上, 所有的矩阵范数都是互相等价的.

5.4 范数的应用实例

本节中, 我们将介绍范数在矩阵的谱半径、近似逆矩阵的误差及线性方程组的摄动等三方面的实际应用. 方阵的谱半径在特征值估计、数值分析、广义逆矩阵以及数值代数等方面都起着重要的作用.

定义 5.7 设 $A\in\mathbb{C}^{n\times n}$ 的 n 个特征值为 $\lambda_1,\lambda_2,\cdots,\lambda_n$, 称

$$\rho(A)=\max_i|\lambda_i|$$

为 A 的谱半径.

谱半径与矩阵范数间有如下重要关系.

定理 5.12 设 $A\in\mathbb{C}^{n\times n}$, 则对 $\mathbb{C}^{n\times n}$ 上任何一种矩阵范数 $\|\cdot\|$, 有

$$\rho(A)\leqslant\|A\|.$$

证 设 A 的属于特征值 λ 的特征向量为 $\boldsymbol{\alpha}$, 取与矩阵范数 $\|\cdot\|$ 相容的向量范数 $\|\cdot\|_V$, 则由 $A\boldsymbol{\alpha}=\lambda\boldsymbol{\alpha}$ 得

$$|\lambda|\,\|\boldsymbol{\alpha}\|_V=\|\lambda\boldsymbol{\alpha}\|_V=\|A\boldsymbol{\alpha}\|_V\leqslant\|A\|\,\|\boldsymbol{\alpha}\|_V.$$

因 $\boldsymbol{\alpha} \neq \mathbf{0}$, 故 $|\lambda| \leqslant \|A\|$, 从而

$$\rho(A) \leqslant \|A\|.$$

谱半径具有如下性质.

定理 5.13 设 $A \in \mathbb{C}^{n\times n}$, 则

(1) $\rho\left(A^k\right) = \rho^k(A)$, $k = 1, 2, \cdots$;

(2) A 的谱范数

$$\|A\|_2 = \left(\rho\left(A^{\mathrm{H}}A\right)\right)^{\frac{1}{2}} = \left(\rho\left(AA^{\mathrm{H}}\right)\right)^{1/2};$$

(3) 当 A 是 Hermite 矩阵时, 有

$$\|A\|_2 = \rho(A).$$

证 (1) 不妨设 A 的 n 个特征值为 $\lambda_1, \lambda_2, \cdots, \lambda_n$, 则 A^k 的特征值为 λ_1^k, λ_2^k, $\cdots$, λ_n^k, $k = 1, 2, \cdots$. 从而

$$\rho\left(A^k\right) = \max_i \left|\lambda_i^k\right| = \left(\max_i |\lambda_i|\right)^k = \rho^k(A).$$

(2) $\|A\|_2 = (A^{\mathrm{H}}A$ 的特征值的模的最大值$)^{1/2} = (\rho(A^{\mathrm{H}}A))^{1/2} = (\rho(AA^{\mathrm{H}}))^{1/2}$.

(3) 当 $A^{\mathrm{H}} = A$ 时,

$$\|A\|_2^2 = \rho\left(A^{\mathrm{H}}A\right) = \rho\left(A^2\right) = \rho^2(A).$$

故 $\|A\|_2 = \rho(A)$.

下述结果给出了定理 5.12 的“反向”不等式.

定理 5.14 设 $A \in \mathbb{C}^{n\times n}$, 对任意给定的正数 ε, 存在某种矩阵范数 $\|\cdot\|_M$, 使得

$$\|A\|_M \leqslant \rho(A) + \varepsilon.$$

证 因 $A \in \mathbb{C}^{n\times n}$, 由定理 1.16 知, 存在可逆阵 $P \in \mathbb{C}^{n\times n}$, 使 $P^{-1}AP = J$, 记 $\Lambda = \operatorname{diag}(\lambda_1, \lambda_2, \cdots, \lambda_n)$, $\lambda_1, \lambda_2, \cdots, \lambda_n$ 是 A 的 n 个特征值.

$$\widetilde{I}=\begin{pmatrix}0 & \delta_1 & & & \\ & 0 & \delta_2 & & \\ & & \ddots & \ddots & \\ & & & 0 & \delta_{n-1} \\ & & & & 0\end{pmatrix}\quad(\delta_i=0\text{ 或 }1),$$

则有 $J=\Lambda+\widetilde{I}$.

令 $D=\operatorname{diag}(1,\varepsilon,\cdots,\varepsilon^{n-1})$, 则有

$$(PD)^{-1}A(PD)=D^{-1}JD=\Lambda+\varepsilon\widetilde{I}.$$

记 $S=PD$, 则 S 可逆, 且

$$\left\|S^{-1}AS\right\|_\infty=\left\|\Lambda+\varepsilon\widetilde{I}\right\|_\infty\leqslant\rho(A)+\varepsilon.$$

定义 5.8 令 $\|A\|_M=\|S^{-1}AS\|_\infty$, 可以验证 $\|A\|_M$ 是 $\mathbb{C}^{n\times n}$ 上的矩阵范数, 从而

$$\|A\|_M\leqslant\rho(A)+\varepsilon.$$

注 也可以取 $\|A\|_M=\|S^{-1}AS\|_1\leqslant\rho(A)+\varepsilon$.

近似逆矩阵的误差

大量的工程实际问题均可转化为计算 A^{-1} 和线性方程组 $A\boldsymbol{X}=\boldsymbol{b}$, $A\in\mathbb{C}^{n\times n}$, $\boldsymbol{b}\in\mathbb{C}^n$ 的求解问题, 然而矩阵 A 及向量 $\boldsymbol{b}$ 的元素通常由观测或计算得到, 不可避免地有误差 δA 和 $\delta\boldsymbol{b}$. 基于此, 需要讨论以下两个问题:

(1) 若 A 可逆, A 与 δA 满足什么条件时 $A+\delta A$ 也可逆.

(2) 若 δA 也可逆, 如何估计 A^{-1} 与 $(A+\delta A)^{-1}$ 的近似程度.

为此, 先介绍用 $A\in\mathbb{C}^{n\times n}$ 的范数 $\|A\|$ 的大小判断 $E-A$ 是否为可逆矩阵的如下结果.

定理 5.15 设 $A\in\mathbb{C}^{n\times n}$, 且对 $\mathbb{C}^{n\times n}$ 上的某种矩阵范数 $\|\cdot\|$, 有 $\|A\|<1$, 则 $E-A$ 可逆, 且

$$\|(E-A)^{-1}\|\leqslant\frac{\|E\|}{1-\|A\|}.$$

证 设矩阵范数 $\|A\|$ 与向量范数 $\|\cdot\|_V$ 相容, 若 $\det(E-A)=|E-A|=0$, 则方程组 $(E-A)\boldsymbol{\alpha}=\mathbf{0}$ 有非零解 $\boldsymbol{\alpha}_0$, 即

$$(E-A)\boldsymbol{\alpha}_0=\mathbf{0}.$$

从而有

$$\|\boldsymbol{\alpha}_0\|_V=\|A\boldsymbol{\alpha}_0\|_V\leqslant\|A\|\cdot\|\boldsymbol{\alpha}_0\|_V<\|\boldsymbol{\alpha}_0\|_V,$$

矛盾. 从而 $\det(E-A)\neq 0$, 即 $E-A$ 可逆.

由 $(E-A)^{-1}(E-A)=E$ 得

$$(E-A)^{-1}=E+(E-A)^{-1}A.$$

故

$$\begin{aligned}\|(E-A)^{-1}\|&\leqslant\|E\|+\|(E-A)^{-1}A\|\\&\leqslant\|E\|+\|(E-A)^{-1}\|\cdot\|A\|.\end{aligned}$$

从而

$$\|(E-A)^{-1}\|\leqslant\frac{\|E\|}{1-\|A\|}.$$

现在给出本节问题的回答.

定理 5.16 设 $A\in\mathbb{C}^{n\times n}$ 可逆, $\delta A\in\mathbb{C}^{n\times n}$, 若对 $\mathbb{C}^{n\times n}$ 上的某一矩阵范数 $\|\cdot\|$ 有 $\|A^{-1}\delta A\|<1$, 则

(1) $A+\delta A$ 可逆;

(2) $\|(A+\delta A)^{-1}\|\leqslant\dfrac{\|A^{-1}\|}{1-\|A^{-1}\delta A\|}$;

(3) $\dfrac{\|A^{-1}-(A+\delta A)^{-1}\|}{\|A^{-1}\|}\leqslant\dfrac{\|A^{-1}\delta A\|}{1-\|A^{-1}\delta A\|}$.

证 (1) 可以有

$$A+\delta A=A\left(E+A^{-1}\delta A\right).$$

因 $\|A^{-1}\delta A\|<1$ 知 $E+A^{-1}\delta A$ 可逆, 从而 $A+\delta A$ 可逆.

(2) 由 $(A+\delta A)(A+\delta A)^{-1}=E$ 得

$$A(A+\delta A)^{-1}=E-\delta A(A+\delta A)^{-1}$$

即

$$(A+\delta A)^{-1}=A^{-1}-A^{-1}\delta A(A+\delta A)^{-1}.$$

从而

$$\|(A+\delta A)^{-1}\|\leqslant\|A^{-1}\|+\|A^{-1}\delta A\|\,\|(A+\delta A)^{-1}\|.$$

所以

$$\|(A+\delta A)^{-1}\|\leqslant\frac{\|A^{-1}\|}{1-\|A^{-1}\delta A\|}.$$

(3) 因为

$$\begin{aligned}A^{-1}-(A+\delta A)^{-1}&=A^{-1}\left[(A+\delta A)-A\right](A+\delta A)^{-1}\\&=A^{-1}\delta A(A+\delta A)^{-1}.\end{aligned}$$

利用 (2) 得

$$\begin{aligned}\|A^{-1}-(A+\delta A)^{-1}\|&\leqslant\|A^{-1}\delta A\|\,\|(A+\delta A)^{-1}\|\\&\leqslant\|A^{-1}\delta A\|\frac{\|A^{-1}\|}{1-\|A^{-1}\delta A\|}.\end{aligned}$$

所以

$$\frac{\|A^{-1}-(A+\delta A)^{-1}\|}{\|A^{-1}\|}\leqslant\frac{\|A^{-1}\delta A\|}{1-\|A^{-1}\delta A\|}.$$

注意到函数 $\dfrac{x}{1-x}$ 是 $0<x<1$ 上的增函数且 $\|A^{-1}\delta A\|\leqslant\|A^{-1}\|\,\|\delta A\|$, 我们知, 在上述定理中, 若 $\|A^{-1}\|\,\|\delta A\|<1$ 时, 有如下推论.

推论 5.1 设 $A\in\mathbb{C}^{n\times n}$ 可逆, $\delta A\in\mathbb{C}^{n\times n}$, 若对 $\mathbb{C}^{n\times n}$ 上的某一矩阵范数 $\|\cdot\|$ 有 $\|A^{-1}\|\,\|\delta A\|<1$, 则

$$\frac{\|A^{-1}-(A+\delta A)^{-1}\|}{\|A^{-1}\|}\leqslant\frac{\|A\|\cdot\|A^{-1}\|\cdot\dfrac{\|\delta A\|}{\|A\|}}{1-\|A\|\,\|A^{-1}\|\dfrac{\|\delta A\|}{\|A\|}}.$$

上述不等式右侧的量随 $\|A\|\,\|A^{-1}\|$ 变大而变大, 为此引入如下定义.

定义 5.9 设 $A\in\mathbb{C}^{n\times n}$ 可逆, $\|\cdot\|$ 是 $\mathbb{C}^{n\times n}$ 上的矩阵范数, 称

$$\operatorname{cond}(A)=\|A\|\,\|A^{-1}\|$$

为矩阵 A 的条件数.

常用的条件数有

$$\operatorname{cond}_\infty(A)=\|A\|_\infty\left\|A^{-1}\right\|_\infty,$$
$$\operatorname{cond}_2(A)=\|A\|_2\left\|A^{-1}\right\|_2=\sqrt{\frac{\mu_1}{\mu_n}},$$

其中 μ_1, μ_n 分别为 $A^{\mathrm{H}}A$ 的最大和最小特征值, 当 A 为 Hermite 矩阵时, 有

$$\operatorname{cond}_2(A)=\left|\frac{\lambda_1}{\lambda_n}\right|,$$

其中 λ_1, λ_2 分别是 A 的按模最大和最小的特征值.

5.5　线性方程组的摄动

本部分讨论线性方程组

$$A\boldsymbol{x}=\boldsymbol{b},\quad A\in\mathbb{C}^{n\times n}\ \text{可逆},\quad \boldsymbol{b}\in\mathbb{C}^n$$

在 A 具有摄动 δA 时, 方程组解的误差估计问题.

定理 5.17　设 $A\in\mathbb{C}^{n\times n}$ 可逆, $\delta A\in\mathbb{C}^{n\times n}$, $\boldsymbol{b}, \delta\boldsymbol{b}\in\mathbb{C}^n$, 若把 $\mathbb{C}^{n\times n}$ 上的某一矩阵范数 $\|\cdot\|$ 有 $\|A^{-1}\|\,\|\delta A\|<1$, 则非齐次线性方程组

$$A\boldsymbol{x}=\boldsymbol{b}\quad 与\quad (A+\delta A)(\boldsymbol{x}+\delta\boldsymbol{x})=\boldsymbol{b}+\delta\boldsymbol{b}$$

的解满足

$$\frac{\|\delta\boldsymbol{x}\|_V}{\|\boldsymbol{x}\|_V}\leqslant\frac{\|A\|\,\|A^{-1}\|}{1-\|A\|\,\|A^{-1}\|\dfrac{\|\delta A\|}{\|A\|}}\left(\frac{\|\delta A\|}{\|A\|}+\frac{\|\delta\boldsymbol{b}\|_V}{\|\boldsymbol{b}\|_V}\right),$$

其中, $\|\cdot\|_V$ 是 $\mathbb{C}^n$ 上与矩阵范数 $\|\cdot\|$ 相容的向量范数.

证　将 $(A+\delta A)(\boldsymbol{x}+\delta\boldsymbol{x})=\boldsymbol{b}+\delta\boldsymbol{b}$ 整理并利用 $A\boldsymbol{x}=\boldsymbol{b}$ 得

$$A\delta\boldsymbol{x}+(\delta A)\boldsymbol{x}+(\delta A)\delta\boldsymbol{x}=\delta\boldsymbol{b},$$

即

$$\delta\boldsymbol{x}=-A^{-1}(\delta A)\boldsymbol{x}-A^{-1}(\delta A)\delta\boldsymbol{x}+A^{-1}\delta\boldsymbol{b}.$$

于是

$$\|\delta \boldsymbol{x}\|_V \leqslant \left\|A^{-1}\right\| \|\delta A\| \|\boldsymbol{x}\|_V + \left\|A^{-1}\right\| \|\delta A\| \|\delta \boldsymbol{x}\|_V + \left\|A^{-1}\right\| \|\delta \boldsymbol{b}\|_V.$$

整理可得

$$\frac{\|\delta \boldsymbol{x}\|_V}{\|\boldsymbol{x}\|_V} \leqslant \frac{\|A\| \|A^{-1}\|}{1 - \|A^{-1}\| \|\delta A\|} \left(\frac{\|\delta A\|}{\|A\|} + \frac{\|\delta \boldsymbol{b}\|_V}{\|A\| \|\boldsymbol{x}\|_V} \right).$$

又有

$$\|\boldsymbol{b}\|_V = \|A\boldsymbol{x}\|_V \leqslant \|A\| \|\boldsymbol{x}\|_V,$$

代入上式得

$$\frac{\|\delta \boldsymbol{x}\|_V}{\|\boldsymbol{x}\|_V} \leqslant \frac{\|A\| \|A^{-1}\|}{1 - \|A\| \|A^{-1}\| \dfrac{\|\delta A\|}{\|A\|}} \left(\frac{\|\delta A\|}{\|A\|} + \frac{\|\delta \boldsymbol{b}\|_V}{\|\boldsymbol{b}\|_V} \right).$$

习 题 5

1. 设 $\boldsymbol{\alpha} = (2, 1-\mathrm{i}, 4\mathrm{i}, 1)^{\mathrm{T}}$, 求 $\|\boldsymbol{\alpha}\|_1$, $\|\boldsymbol{\alpha}\|_2$, $\|\boldsymbol{\alpha}\|_\infty$.

2. 设 $A = \begin{pmatrix} 2 & -1 & 0 \\ 0 & 2 & 3 \\ 1 & 2 & 0 \end{pmatrix}$, 求 $\|A\|_1$, $\|A\|_2$, $\|A\|_\infty$, $\|A\|_F$.

3. 证明: 对任意 $\boldsymbol{\alpha} \in \mathbb{C}^n$, 有

(1) $\|\boldsymbol{\alpha}\|_2 \leqslant \|\boldsymbol{\alpha}\|_1 \leqslant \sqrt{n}\|\boldsymbol{\alpha}\|_2$;

(2) $\|\boldsymbol{\alpha}\|_\infty \leqslant \|\boldsymbol{\alpha}\|_1 \leqslant n\|\boldsymbol{\alpha}\|_\infty$;

(3) $\|\boldsymbol{\alpha}\|_\infty \leqslant \|\boldsymbol{\alpha}\|_2 \leqslant \sqrt{n}\|\boldsymbol{\alpha}\|_\infty$.

4. 证明: 在 $\mathbb{R}^n$ 中当且仅当 $\boldsymbol{\alpha}, \boldsymbol{\beta}$ 线性相关而且 $\boldsymbol{\alpha}^{\mathrm{T}}\boldsymbol{\beta} \geqslant 0$ 时才有

$$\|\boldsymbol{\alpha} + \boldsymbol{\beta}\|_2 = \|\boldsymbol{\alpha}\|_2 + \|\boldsymbol{\beta}\|_2.$$

5. 对任意范数 $\|A\|$, 证明:

(1) $\|E\| = 1$, E 的 n 阶单位矩阵;

(2) 若 A 可逆, 则 $\left\|A^{-1}\right\| \geqslant \|A\|^{-1}$.

6. 设 $A \in \mathbb{C}^{n\times n}$, λ 是 A 的特征值, 证明:

$$\frac{1}{\|A^{-1}\|_2} \leqslant |\lambda| \leqslant \|A\|_2.$$

第 6 章　矩阵微积分

本章将以极限理论为基础建立矩阵分析理论, 其自身具有丰富的内容, 同时也是研究数值方法、其他数学分支以及许多工程问题的重要工具. 我们将从讨论矩阵序列的极限运算开始, 介绍矩阵序列和矩阵级数的收敛定理、矩阵幂级数和一些矩阵函数, 诸如 $\mathrm{e}^A, \sin A, \cos A, (E-A)^{-1}$ 等; 再介绍矩阵的微分和积分的概念、基本运算及在求解线性微分方程组方面的应用.

6.1　矩 阵 序 列

首先给出矩阵序列 (向量序列可看成矩阵序列的特殊情形) 收敛性的概念.

定义 6.1　对于给定的矩阵序列 $\left\{A^{(k)}\right\}_{k=1}^{\infty}$, 其中 $A^{(k)}=\left(a_{ij}^{(k)}\right)_{m\times n}\in\mathbb{C}^{m\times n}$, 若对任意的 $i=1,2,\cdots,m,\ j=1,2,\cdots,n$, 有 $\lim\limits_{k\to\infty}a_{ij}^{(k)}=a_{ij}\in\mathbb{C}$, 则称矩阵序列 $\left\{A^{(k)}\right\}_{k=1}^{\infty}$ 收敛, 或称 $A=(a_{ij})_{m\times n}$ 为 $\left\{A^{(k)}\right\}_{k=1}^{\infty}$ 的极限, 或称 $\left\{A^{(k)}\right\}_{k=1}^{\infty}$ 收敛于 A, 记为

$$\lim_{k\to\infty}A^{(k)}=A \quad \text{或} \quad A^{(k)}\to A \quad (k\to\infty).$$

不收敛的矩阵序列称为发散的.

例 6.1　设 $A^{(k)}=\begin{pmatrix}\sin\frac{1}{k} & \mathrm{e}^{1+\frac{1}{k}}\\ \cos\frac{1}{k^2} & 1\end{pmatrix}$, 则 $\lim\limits_{k\to\infty}A^{(k)}=\begin{pmatrix}0 & \mathrm{e}\\ 1 & 1\end{pmatrix}$.

令 $B^{(k)}=\begin{pmatrix}\mathrm{e}^k & -1\\ 1 & 0\end{pmatrix}$, 则 $\left\{B^{(k)}\right\}_{k=1}^{\infty}$ 发散.

类似于数列极限, 矩阵序列收敛具有如下性质.

性质 1　设 $\lim\limits_{k\to\infty}A^{(k)}=A$, $\lim\limits_{k\to\infty}B^{(k)}=B$, 则对任意给定的 $\alpha,\beta\in\mathbb{C}$, 有

$$\lim_{k\to\infty}\left(\alpha A^{(k)}+\beta B^{(k)}\right)=\alpha A+\beta B.$$

证　因 $\alpha A^{(k)}+\beta B^{(k)}=\left(\alpha a_{ij}^{(k)}+\beta b_{ij}^{(k)}\right)_{m\times n}$ 且对 $i=1,2,\cdots,m,\ j=1,2,\cdots,n$, 有 $\lim\limits_{k\to\infty}\left(\alpha a_{ij}^{(k)}+\beta b_{ij}^{(k)}\right)=\alpha\lim\limits_{k\to\infty}a_{ij}^{(k)}+\beta\lim\limits_{k\to\infty}b_{ij}^{(k)}=\alpha a_{ij}+\beta b_{ij}$, 故结

论成立.

性质 2 设 $\lim\limits_{k\to\infty} A^{(k)}=A$, $\lim\limits_{k\to\infty} B^{(k)}=B$, 其中 $A^{(k)}\in\mathbb{C}^{m\times n}$, $B^{(k)}\in\mathbb{C}^{n\times l}$, 则

$$\lim_{k\to\infty} A^{(k)}B^{(k)}=AB.$$

证 据题意, 对任意 $i=1,2,\cdots,m$, $j=1,2,\cdots,n$, 有

$$\lim_{k\to\infty} a_{ij}^{(k)}=a_{ij}.$$

对任意 $i=1,2,\cdots,n$, $j=1,2,\cdots,l$, 有

$$\lim_{k\to\infty} b_{ij}^{(k)}=b_{ij}.$$

而

$$A^{(k)}B^{(k)}=\left(\sum_{t=1}^{n} a_{it}^{(k)}b_{tj}^{(k)}\right)_{m\times l}.$$

利用数列极限的性质, 有

$$\lim_{k\to\infty}\sum_{t=1}^{n} a_{it}^{(k)}b_{tj}^{(k)}=\sum_{t=1}^{n} a_{it}b_{tj},$$

这表明

$$\lim_{k\to\infty} A^{(k)}B^{(k)}=AB.$$

性质 3 设 $A^{(k)}\,(k=1,2,\cdots)$ 与 A 都是可逆矩阵, 且 $\lim\limits_{k\to\infty} A^{(k)}=A$, 则

$$\lim_{k\to\infty}\left(A^{(k)}\right)^{-1}=A^{-1}.$$

证 由题

$$\left(A^{(k)}\right)^{-1}=\frac{1}{\left|A^{(k)}\right|}\left(A^{(k)}\right)^{*},$$

其中 $\left(A^{(k)}\right)^{*}$ 是 $A^{(k)}$ 的伴随矩阵, 它的元素与 $\left|A^{(k)}\right|$ 的元素均由 $A^{(k)}$ 的元素的加、减、乘运算而得, 从而有

$$\lim_{k\to\infty}\left(A^{(k)}\right)^{*}=A^{*},\quad \lim_{k\to\infty}\left|A^{(k)}\right|=|A|.$$

所以有

$$\lim_{k\to\infty}\left(A^{(k)}\right)^{-1}=\lim_{k\to\infty}\frac{1}{\left|A^{(k)}\right|}\left(A^{(k)}\right)^{*}$$

$$
\begin{aligned}
&= \frac{A^*}{|A|} \\
&= A^{-1}.
\end{aligned}
$$

按照定义 6.1 判断一个矩阵序列的收敛相当于判断 mn 个数列同时收敛, 计算量大而且不好实现. 下面介绍一个用矩阵范数来判断的方法.

定理 6.1　设 $\left\{A^{(k)}\right\}_{k=1}^{\infty}$ 是 $\mathbb{C}^{m\times n}$ 上的一个矩阵序列, $A \in \mathbb{C}^{m\times n}$, 则 $\lim\limits_{k\to+\infty} A^{(k)} = A$ 的充分必要条件是

$$
\lim_{k\to+\infty} \left\|A^{(k)} - A\right\| = 0,
$$

其中 $\|\cdot\|$ 是 $\mathbb{C}^{m\times n}$ 上的任一矩阵范数.

证　因为 $\mathbb{C}^{m\times n}$ 上的矩阵范数等价, 故仅需用矩阵范数 $\|\cdot\|_{m_\infty}$ 证明结论即可.

若 $A^{(k)} \to A$, $k \to \infty$, 由定义得

$$
a_{ij}^{(k)} \to a_{ij}, \quad i = 1, 2, \cdots, m; \quad j = 1, 2, \cdots, n,
$$

即$\max\limits_{i,j}\left|a_{ij}^{(k)}\right| \to \max\limits_{i,j}|a_{ij}|$. 即 $\left\|A^{(k)}\right\|_{m_\infty} = \max\{m,n\}\cdot\max\limits_{i,j}\left|a_{ij}^{(k)}\right| \to \max\{m,n\}\cdot\max\limits_{i,j}|a_{ij}| = \|A\|_{m_\infty}$.

上述推导可逐步逆推, 故定理结论得证.

由方阵的幂构成的序列 $\left\{A^k\right\}_{k=1}^{\infty}$ 具有特殊的重要性.

定义 6.2　设 $A \in \mathbb{C}^{n\times n}$, 若 $A^k \to O$, $k \to \infty$, 则称 A 为收敛矩阵.

关于收敛矩阵, 有如下结论.

定理 6.2　A 为收敛矩阵的充要条件是 $\rho(A) < 1$.

证　充分性　若 $\rho(A) < 1$, 取定 $\varepsilon_0 = \dfrac{1-\rho(A)}{2} > 0$, 由定理 5.14 知, 存在矩阵范数 $\|\cdot\|_M$ 满足

$$
\|A\|_M \leqslant \rho(A) + \varepsilon_0 = \frac{1+\rho(A)}{2} < 1.
$$

于是有

$$
\left\|A^k\right\|_M \leqslant \|A\|_M^k \to 0 \quad (k\to\infty).
$$

据定理 6.1 知

$$A^k \to O, \quad k \to \infty.$$

必要性　若 $A^k \to O\ (k \to \infty)$. 设 λ 为 A 的任一特征值, $\boldsymbol{\alpha}$ 为属于 λ 的特征向量, 则

$$A\boldsymbol{\alpha} = \lambda\boldsymbol{\alpha}, \quad \boldsymbol{\alpha} \neq \mathbf{0}.$$

而

$$\lambda^k\boldsymbol{\alpha} = A^k\boldsymbol{\alpha} \to \mathbf{0} \quad (k \to \infty).$$

所以 $\lambda^k \to 0\ (k \to \infty)$. 从而 $|\lambda| < 1$.

由 λ 的任意性知 $\rho(A) < 1$.

推论 6.1　设 $A \in \mathbb{C}^{n\times n}$, 若对 $\mathbb{C}^{n\times n}$ 上的某一范数 $\|\cdot\|$, 有 $\|A\| < 1$, 则 A 为收敛矩阵.

例 6.2　判断 $A = \begin{pmatrix} 0.2 & 0.5 \\ 0.3 & 0.45 \end{pmatrix}$ 是否为收敛矩阵.

解　因为 $\|A\|_1 = 0.95 < 1$, 故 A 为收敛矩阵.

6.2 矩阵级数

正如级数理论在数学分析中具有重要地位一样, 矩阵级数是建立矩阵分析理论的重要部分. 本节将详细讨论矩阵级数的基本知识.

定义 6.3　给定一个矩阵序列 $\left\{A^{(k)}\right\}_{k=0}^{\infty}$, 称无穷和 $A^{(0)} + A^{(1)} + A^{(2)} + \cdots + A^{(k)} + \cdots$ 为矩阵级数, 记为

$$\sum_{k=0}^{\infty} A^{(k)} = A^{(0)} + A^{(1)} + \cdots + A^{(k)} + \cdots. \tag{6.1}$$

类似于数项级数, 有如下结论.

定义 6.4　称 $\sum\limits_{k=0}^{N} A^{(k)} = A^{(0)} + A^{(1)} + \cdots + A^{(N)}$ 为矩阵级数式的部分和, 记为 $S^{(N)}$, 若矩阵序列 $\left\{S^{(N)}\right\}$ 收敛, 且有极限 S, 即有

$$\lim_{N\to\infty} S^{(N)} = S.$$

则称矩阵级数式 (6.1) 收敛, 而且有和 S, 记为

$$S=\sum_{k=0}^{\infty}A^{(k)}.$$

不收敛的矩阵级数称为是发散的.

由定义 6.4 知, $\sum\limits_{k=0}^{\infty}A^{(k)}=S$ 指的是

$$\sum_{k=0}^{\infty}a_{ij}^{(k)}=s_{ij},\quad i=1,2,\cdots,m;\quad j=1,2,\cdots,n.$$

例 6.3　讨论矩阵级数 $\sum\limits_{k=1}^{\infty}A^{(k)}$ 的收敛性, 其中

$$A^{(k)}=\begin{pmatrix}\dfrac{1}{3^k} & \dfrac{1}{k^2}\\ \dfrac{1}{k!} & 0\end{pmatrix},\quad k=1,2,\cdots.$$

解　$S^{(N)}=\sum\limits_{k=1}^{N}A^{(k)}=\begin{pmatrix}\sum\limits_{k=1}^{N}\dfrac{1}{3^k} & \sum\limits_{k=1}^{N}\dfrac{1}{k^2}\\ \sum\limits_{k=1}^{N}\dfrac{1}{k!} & 0\end{pmatrix}=\begin{pmatrix}\dfrac{\dfrac{1}{3}\left(1-\dfrac{1}{3^N}\right)}{1-\dfrac{1}{3}} & \sum\limits_{k=1}^{N}\dfrac{1}{k^2}\\ \sum\limits_{k=1}^{N}\dfrac{1}{k!} & 0\end{pmatrix}$. 所以 $S=\lim\limits_{N\to\infty}S^{(N)}=\begin{pmatrix}\dfrac{1}{2} & \dfrac{\pi^2}{6}\\ \mathrm{e}-1 & 0\end{pmatrix}$, 即 $\sum\limits_{k=1}^{\infty}A^{(k)}$ 收敛, 且其和是 S.

定义 6.5　设 $A^{(k)}=\left(a_{ij}^{(k)}\right)_{m\times n}\in\mathbb{C}^{m\times n}\,(k=0,1,2,\cdots)$, 若 mn 个数项级数

$$\sum_{k=0}^{\infty}a_{ij}^{(k)},\quad i=1,2,\cdots,m;\quad j=1,2,\cdots,n$$

都绝对收敛, 即 $\sum\limits_{k=0}^{\infty}\left|a_{ij}^{(k)}\right|$ 都收敛, 则称矩阵级数 $\sum\limits_{k=0}^{\infty}A^{(k)}$ 绝对收敛.

由此定义及数项级数理论知: 绝对收敛的矩阵级数必收敛, 并且任意调换其项的顺序所得的矩阵级数仍然收敛, 且其和不变.

可以利用矩阵范数这一工具将判定矩阵级数是否绝对收敛转化为判定一个正项级数是否收敛的问题.

定理 6.3 给定序列 $\left\{A^{(k)}\right\}_{k=0}^{\infty}$, 其中 $A^{(k)} \in \mathbb{C}^{m\times n}$, 则 $\sum\limits_{k=0}^{\infty} A^{(k)}$ 绝对收敛的充分必要条件是正项级数 $\sum\limits_{k=0}^{\infty} \left\|A^{(k)}\right\|$ 收敛, 其中 $\|\cdot\|$ 是 $\mathbb{C}^{m\times n}$ 上任一矩阵范数.

证 考虑矩阵的 m_1 范数, 若 $\sum\limits_{k=0}^{\infty} A^{(k)}$ 绝对收敛, 则 mn 个数项级数 $\sum\limits_{k=0}^{\infty} \left|a_{ij}^{(k)}\right|$ 都收敛, 故其部分和有界, 即

$$\sum_{k=0}^{N} \left|a_{ij}^{(k)}\right| \leqslant K_{ij} \quad (i=1,2,\cdots,m; j=1,2,\cdots,n).$$

记 $K=\max\limits_{i,j} K_{ij}$, 则有

$$\begin{aligned}\sum_{k=0}^{N} \left\|A^{(k)}\right\|_{m_1} &= \sum_{k=0}^{N} \left(\sum_{i=1}^{m}\sum_{j=1}^{n} \left|a_{ij}^{(k)}\right|\right) \\ &= \sum_{i=1}^{m}\sum_{j=1}^{n} \left(\sum_{k=0}^{N} \left|a_{ij}^{(k)}\right|\right) \\ &\leqslant mnK.\end{aligned}$$

从而 $\sum\limits_{k=0}^{\infty} \left\|A^{(k)}\right\|_{m_1}$ 收敛.

另一方面, 若 $\sum\limits_{k=0}^{\infty} \|A^{(k)}\|_{m_1}$ 收敛, 由于

$$\left|a_{ij}^{(k)}\right| \leqslant \sum_{i=1}^{m}\sum_{j=1}^{n} \left|a_{ij}^{(k)}\right| = \left\|A^{(k)}\right\|_{m_1} \quad (i=1,2,\cdots,m; j=1,2,\cdots,n),$$

由正项级数的比较判别法知 $\sum\limits_{k=0}^{\infty} \left|a_{ij}^{(k)}\right|$ 对任意 $i,j(i=1,2,\cdots,m;\ j=1,2,\cdots,n)$ 都收敛, 从而 $\sum\limits_{k=0}^{\infty} A^{(k)}$ 绝对收敛.

根据矩阵范数的等价性和正项级数的比较判别法知, $\sum\limits_{k=0}^{\infty} \left\|A^{(k)}\right\|_{m_1}$ 收敛的充分必要条件是 $\sum\limits_{k=0}^{\infty} \left\|A^{(k)}\right\|$ 收敛, 其中 $\|\cdot\|$ 是 $\mathbb{C}^{m\times n}$ 上的任一矩阵范数.

利用矩阵级数收敛和绝对收敛的定义可得以下定理.

定理 6.4 设 $\sum\limits_{k=0}^{\infty} A^{(k)} = A$, $\sum\limits_{k=0}^{\infty} B^{(k)} = B$, A, B, P, Q 是适当阶的矩阵, 则

(1) $\lim\limits_{k\to\infty} A^{(k)} = O$;

(2) $\sum\limits_{k=0}^{\infty} \left(aA^{(k)} + bB^{(k)}\right) = aA + bB$, $a, b \in \mathbb{C}$;

(3) 若矩阵级数 $\sum\limits_{k=0}^{\infty} A^{(k)}$ 收敛 (或绝对收敛), 则 $\sum\limits_{k=0}^{\infty} PA^{(k)}Q$ 也收敛 (或绝对收敛), 且有

$$\sum_{k=0}^{\infty} PA^{(k)}Q = P\left(\sum_{k=0}^{\infty} A^{(k)}\right)Q.$$

接下来, 我们研究一类特殊而重要的矩阵级数——矩阵幂级数, 它是研究矩阵函数的重要工具.

定义 6.6 设 $A \in \mathbb{C}^{n\times n}$, $a_k \in \mathbb{C}\,(k=0,1,2,\cdots)$, 称矩阵级数

$$\sum_{k=0}^{\infty} a_k A^k = a_0 E + a_1 A + \cdots + a_k A^k + \cdots$$

为矩阵 A 的幂级数.

由定理 6.3 得以下结论.

定理 6.5 设 $A \in \mathbb{C}^{n\times n}$, 若数项级数 $\sum\limits_{k=0}^{\infty} |a_k|\,\|A\|^k$ 收敛, 则矩阵幂级数 $\sum\limits_{k=0}^{\infty} a_k A^k$ 绝对收敛, 其中 $\|\cdot\|$ 是 $\mathbb{C}^{n\times n}$ 上的某种相容矩阵范数.

推论 6.2 设 $A \in \mathbb{C}^{n\times n}$, 若 $\mathbb{C}^{n\times n}$ 上的某种相容矩阵范数 $\|\cdot\|$ 使得 $\|A\|$ 小于幂级数

$$\sum_{k=0}^{\infty} a_k z^k = a_0 + a_1 z + \cdots + a_k z^k + \cdots$$

的收敛半径, 则 $\sum\limits_{k=0}^{\infty} a_k A^k$ 绝对收敛.

基于上述结论, 有如下定理.

定理 6.6 设 $A \in \mathbb{C}^{n\times n}$, 幂级数 $\sum\limits_{k=0}^{\infty} a_k z^k$ 的收敛半径为 r. 如果 $\rho(A) < r$, 则矩阵幂级数 $\sum\limits_{k=0}^{\infty} a_k A^k$ 绝对收敛; 如果 $\rho(A) > r$, 则矩阵幂级数 $\sum\limits_{k=0}^{\infty} a_k A^k$ 发散.

证 (1) 因 $\rho(A) < r$, 存在 $\varepsilon_0 = \dfrac{r-\rho(A)}{2} > 0$, $\rho(A) + \varepsilon_0 = \dfrac{r+\rho(A)}{2} < r$, 由定理 5.14 知, 存在 $\mathbb{C}^{n\times n}$ 上的矩阵范数 $\|\cdot\|_m$, 使得

$$\|A\|_m \leqslant \rho(A) + \varepsilon_0 < r.$$

从而

$$\left\|a_k A^k\right\|_m \leqslant |a_k| \, \|A\|_m^k \leqslant |a_k| \left(\rho(A)+\varepsilon_0\right)^k.$$

因幂级数 $\sum\limits_{k=0}^{\infty}|a_k|\left(\rho(A)+\varepsilon_0\right)^k$ 收敛, 故矩阵幂级数 $\sum\limits_{k=0}^{\infty}a_kA^k$ 绝对收敛.

(2) 当 $\rho(A)>r$ 时, 不妨记 A 的 n 个特征值为 $\lambda_1,\lambda_2,\cdots,\lambda_n$, 则至少存在某个 λ_i 满足 $|\lambda_i|>r$, 由定理 1.16, 存在 n 阶可逆矩阵 P, 使得

$$P^{-1}AP=J=\begin{pmatrix}\lambda_1 & \delta_1 & & & \\ & \lambda_2 & \ddots & & \\ & & \ddots & \delta_{n-1} \\ & & & \lambda_n\end{pmatrix}, \quad \delta_i=0,1\ (i=1,2,\cdots,n-1).$$

而 $\sum\limits_{k=0}^{\infty}a_kJ^k$ 的对角线元素为 $\sum\limits_{k=0}^{\infty}a_k\lambda_j^k\,(j=1,2,\cdots,n)$, 由于 $\sum\limits_{k=0}^{\infty}a_k\lambda_i^k$ 发散 $(|\lambda_i|>r)$, 从而 $\sum\limits_{k=0}^{\infty}a_kJ^k$ 发散, 故 $\sum\limits_{k=0}^{\infty}a_kA^k$ 也发散.

特别地, 有如下结论.

定理 6.7 *方阵 A 的幂级数 (Neumann 级数)*

$$\sum_{k=0}^{\infty}A^k=E+A+A^2+\cdots+A^k+\cdots$$

收敛的充要条件是 A 为收敛矩阵, 并且在收敛时, 其和为 $(E-A)^{-1}$.

证 若 A 为收敛矩阵, 则 $\rho(A)<1$, 而 $\sum\limits_{k=0}^{\infty}z^k$ 的收敛半径 $r=1$. 根据定理 6.6 知矩阵幂级数 $\sum\limits_{k=0}^{\infty}A^k$ 收敛.

另一方面, 若 $\sum\limits_{k=0}^{\infty}A^k$ 收敛, 记

$$S=\sum_{k=0}^{\infty}A^k, \quad S^{(N)}=\sum_{k=0}^{N}A^k,$$

则 $\lim\limits_{N\to\infty}S^{(N)}=S$, 而

$$\lim_{N\to\infty}A^N=\lim_{N\to\infty}\left(S^{(N)}-S^{(N-1)}\right)$$

$$= \lim_{N\to\infty} S^{(N)} - \lim_{N\to\infty} S^{(N-1)}$$
$$= O.$$

由定理 6.2 知 $\rho(A) < 1$, 即 A 为收敛矩阵.

当 $\sum\limits_{k=0}^{\infty} A^k$ 收敛时, $\rho(A) < 1$, 因此 $E - A$ 可逆. 而

$$S^{(N)}(E-A) = E - A^{N+1},$$

故

$$S^{(N)} = (E-A)^{-1} - A^{N+1}(E-A)^{-1},$$

所以

$$S = \lim_{N\to\infty} S^{(N)} = (E-A)^{-1}.$$

6.3 矩阵函数

本节将介绍一类以矩阵为变量且取值为矩阵的函数——矩阵函数.

定义 6.7 设幂级数 $\sum\limits_{k=0}^{\infty} a_k z^k$ 的收敛半径为 r, 且当 $|z| < r$ 时, 幂级数收敛于函数 $f(z)$, 即

$$f(z) = \sum_{k=0}^{\infty} a_k z^k, \quad |z| < r.$$

如果 $A \in \mathbb{C}^{n\times n}$ 满足 $\rho(A) < r$, 则称收敛的矩阵幂级数 $\sum\limits_{k=0}^{\infty} a_k A^k$ 的和为矩阵函数, 记为 $f(A)$, 即

$$f(A) = \sum_{k=0}^{\infty} a_k A^k.$$

回忆复变函数中的基本结论, 当 $|z| < +\infty$, 即 $z \in \mathbb{C}$ 时, 有

$$\begin{aligned}
\mathrm{e}^z &= 1 + z + \frac{z^2}{2!} + \cdots + \frac{1}{n!}z^n + \cdots, \\
\sin z &= z - \frac{1}{3!}z^3 + \frac{1}{5!}z^5 - \cdots + (-1)^n \cdot \frac{1}{(2n+1)!}z^{2n+1} + \cdots, \\
\cos z &= 1 - \frac{1}{2!}z^2 + \frac{1}{4!}z^4 - \cdots + (-1)^n \frac{1}{(2n)!}z^{2n} + \cdots.
\end{aligned}$$

由上节讨论知, 对任意 $A\in\mathbb{C}^{n\times n}$, 矩阵幂级数

$$
\begin{aligned}
&E+A+\frac{1}{2!}A^2+\cdots+\frac{1}{n!}A^n+\cdots,\\
&A-\frac{1}{3!}A^3+\frac{1}{5!}A^5-\cdots+(-1)^n\cdot\frac{1}{(2n+1)!}A^{2n+1}+\cdots,\\
&E-\frac{1}{2!}A^2+\frac{1}{4!}A^4-\cdots+(-1)^n\cdot\frac{1}{(2n)!}A^{2n}+\cdots
\end{aligned}
$$

都是收敛的, 它们的和分别用 e^A, $\sin A$, $\cos A$ 表示, 即

$$
\begin{aligned}
&\mathrm{e}^A=E+A+\frac{1}{2!}A^2+\cdots+\frac{1}{n!}A^n+\cdots,\\
&\sin A=A-\frac{1}{3!}A^3+\frac{1}{5!}A^5-\cdots+(-1)^n\cdot\frac{1}{(2n+1)!}A^{2n+1}+\cdots,\\
&\cos A=E-\frac{1}{2!}A^2+\frac{1}{4!}A^4-\cdots+(-1)^n\cdot\frac{1}{(2n)!}A^{2n}+\cdots
\end{aligned}
$$

分别称为 A 的指数函数、正弦函数及余弦函数.

经过计算可推导出以下恒等式:

$$
\begin{aligned}
&\mathrm{e}^{\mathrm{i}A}=\cos A+\mathrm{i}\sin A,\\
&\cos A=\frac{1}{2}\left(\mathrm{e}^{\mathrm{i}A}+\mathrm{e}^{-\mathrm{i}A}\right),\\
&\sin A=\frac{1}{2\mathrm{i}}\left(\mathrm{e}^{\mathrm{i}A}-\mathrm{e}^{-\mathrm{i}A}\right),\\
&\cos(-A)=\cos A,\\
&\sin(-A)=-\sin A,
\end{aligned}
$$

其中 $\mathrm{i}=\sqrt{-1}$ 为虚数单位.

这里, 我们指出指数函数的运算规则 $\mathrm{e}^a\mathrm{e}^b=\mathrm{e}^b\mathrm{e}^a=\mathrm{e}^{a+b}$. 对矩阵指数函数一般不再成立. 例如, 取

$$
A=\begin{pmatrix}1&0\\1&0\end{pmatrix},\quad B=\begin{pmatrix}1&0\\-1&0\end{pmatrix},
$$

则 $A=A^2=A^3=\cdots$, $B=B^2=B^3=\cdots$, 且

$$
A+B=\begin{pmatrix}2&0\\0&0\end{pmatrix},\quad (A+B)^k=2^{k-1}(A+B),\quad k\geqslant 1.
$$

从而

$$\mathrm{e}^{A}=E+(\mathrm{e}-1)A=\begin{pmatrix}\mathrm{e} & 0\\ \mathrm{e}-1 & 1\end{pmatrix},$$

$$\mathrm{e}^{B}=E+(\mathrm{e}-1)B=\begin{pmatrix}\mathrm{e} & 0\\ 1-\mathrm{e} & 1\end{pmatrix}.$$

则有

$$\mathrm{e}^{A}\mathrm{e}^{B}=\begin{pmatrix}\mathrm{e}^{2} & 0\\ (\mathrm{e}-1)^{2} & 1\end{pmatrix},\quad \mathrm{e}^{B}\mathrm{e}^{A}=\begin{pmatrix}\mathrm{e}^{2} & 0\\ -(\mathrm{e}-1)^{2} & 1\end{pmatrix},$$

$$\mathrm{e}^{A+B}=E+\frac{1}{2}\left(\mathrm{e}^{2}-1\right)(A+B)=\begin{pmatrix}\mathrm{e}^{2} & 0\\ 0 & 1\end{pmatrix},$$

由此得 $\mathrm{e}^{A}\mathrm{e}^{B}$, $\mathrm{e}^{B}\mathrm{e}^{A}$, e^{A+B} 互不相等.

在附加条件下, 我们有如下结论.

定理 6.8 若 $AB=BA$, 则

$$\mathrm{e}^{A}\mathrm{e}^{B}=\mathrm{e}^{B}\mathrm{e}^{A}=\mathrm{e}^{A+B}.$$

证 由于矩阵加法满足交换律: $A+B=B+A$, 故仅需证明 $\mathrm{e}^{A}\mathrm{e}^{B}=\mathrm{e}^{A+B}$ 即可.

$$\begin{aligned}\mathrm{e}^{A}\mathrm{e}^{B}&=\left(E+A+\frac{1}{2!}A^{2}+\cdots\right)\left(E+B+\frac{1}{2!}B^{2}+\cdots\right)\\&=E+(A+B)+\frac{1}{2!}\left(A^{2}+AB+BA+B^{2}\right)\\&\quad+\frac{1}{3!}\left(A^{3}+3A^{2}B+3AB^{2}+B^{3}\right)+\cdots\\&=E+(A+B)+\frac{1}{2!}(A+B)^{2}+\frac{1}{3!}(A+B)^{3}+\cdots\\&=\mathrm{e}^{A+B}.\end{aligned}$$

推论 6.3 设 $A\in\mathbb{C}^{n\times n}$, 则

(1) $\mathrm{e}^{A}\mathrm{e}^{-A}=\mathrm{e}^{-A}\mathrm{e}^{A}=E$, $\left(\mathrm{e}^{A}\right)^{-1}=\mathrm{e}^{-A}$;

(2) 设 m 为整数, 则 $\left(\mathrm{e}^{A}\right)^{m}=\mathrm{e}^{mA}$.

例 6.4 若 $AB=BA$, 证明:

$$\sin(A+B)=\sin A\cos B+\cos A\sin B,$$

$$\sin 2A=2\sin A\cos A,$$

$$\cos(A+B)=\cos A\cos B-\sin A\sin B,$$

$$\cos 2A=\cos^2 A-\sin^2 A.$$

证 这里只证第三个等式, 其余留给读者.

$$\begin{aligned}\cos(A+B)&=\frac{1}{2}\left(\mathrm{e}^{\mathrm{i}(A+B)}+\mathrm{e}^{-\mathrm{i}(A+B)}\right)\\&=\frac{1}{2}\left(\mathrm{e}^{\mathrm{i}A}\mathrm{e}^{\mathrm{i}B}+\mathrm{e}^{-\mathrm{i}A}\mathrm{e}^{-\mathrm{i}B}\right)\\&=\frac{1}{2}\left(\frac{\left(\mathrm{e}^{\mathrm{i}A}+\mathrm{e}^{-\mathrm{i}A}\right)\left(\mathrm{e}^{\mathrm{i}B}+\mathrm{e}^{-\mathrm{i}B}\right)}{2}+\frac{\left(\mathrm{e}^{\mathrm{i}A}-\mathrm{e}^{-\mathrm{i}A}\right)\left(\mathrm{e}^{\mathrm{i}B}-\mathrm{e}^{-\mathrm{i}B}\right)}{2}\right)\\&=\frac{\mathrm{e}^{\mathrm{i}A}+\mathrm{e}^{-\mathrm{i}A}}{2}\cdot\frac{\mathrm{e}^{\mathrm{i}B}+\mathrm{e}^{-\mathrm{i}B}}{2}-\frac{\mathrm{e}^{\mathrm{i}A}-\mathrm{e}^{-\mathrm{i}A}}{2\mathrm{i}}\cdot\frac{\mathrm{e}^{\mathrm{i}B}-\mathrm{e}^{-\mathrm{i}B}}{2\mathrm{i}}\\&=\cos A\cos B-\sin A\sin B.\end{aligned}$$

例 6.5 设 $A\in\mathbb{C}^{n\times n}$, 则 $\left|\mathrm{e}^A\right|=\mathrm{e}^{\mathrm{tr}(A)}$.

证 设 A 的特征值为 $\lambda_1,\lambda_2,\cdots,\lambda_n$, 则 e^A 的特征值为 $\mathrm{e}^{\lambda_1},\mathrm{e}^{\lambda_2},\cdots,\mathrm{e}^{\lambda_n}$, 因此

$$\left|\mathrm{e}^A\right|=\mathrm{e}^{\lambda_1}\mathrm{e}^{\lambda_2}\cdots\mathrm{e}^{\lambda_n}=\mathrm{e}^{\lambda_1+\lambda_2+\cdots+\lambda_n}=\mathrm{e}^{\mathrm{tr}(A)}.$$

以下结论成立:

例 6.6 $\ln(E+A)=\sum\limits_{k=1}^{\infty}(-1)^{k-1}\dfrac{A^k}{k},\quad \rho(A)<1;$

$$(E+A)^a=E+\sum_{k=1}^{\infty}\frac{a(a-1)\cdots(a-k+1)}{k!}A^k,\quad \rho(A)<1.$$

6.4 矩阵函数值的计算方法

给定一个矩阵 A, 求其矩阵函数值是非常重要的, 然而通过矩阵函数的定义来计算矩阵函数值是相当复杂的, 本部分介绍两种常用的计算方法.

方法一 待定系数法.

设 $A\in\mathbb{C}^{n\times n}$, 其特征多项式为 $\varphi(\lambda)=|\lambda E-A|$, 若首一多项式

$$\psi(\lambda)=\lambda^m+C_1\lambda^{m-1}+\cdots+C_{m-1}\lambda+C_m \quad (1\leqslant m\leqslant n)$$

满足 $\psi(A)=O$ 且 $\psi(\lambda)$ 整除 $\varphi(\lambda)$(例如 A 的最小多项式及特征多项式都满足这些条件). 则 $\psi(\lambda)$ 的零点都是 A 的特征值. 将 $\psi(\lambda)$ 的互异零点记为 $\lambda_1,\lambda_2,\cdots,\lambda_l$, 相应的重数记为 $r_1,r_2,\cdots,r_l$, $r_1+r_2+\cdots+r_l=m$, 则有

$$\psi^{(k)}(\lambda_i)=0 \quad (k=0,1,\cdots,r_i-1;\ i=1,2,\cdots,l),$$

这里, $\psi^{(k)}(\lambda)$ 表示 $\psi(\lambda)$ 的 k 阶导数. 设

$$f(z)=\sum_{k=0}^{\infty}a_kz^k=\psi(z)g(z)+h(z),$$

其中 $h(z)$ 是次数低于 m 的多项式, 从而由

$$f^{(k)}(\lambda_i)=h^{(k)}(\lambda_i),\quad k=0,1,\cdots,r_i-1;\quad i=1,2,\cdots,l$$

确定出 $h(z)$, 再由 $\psi(A)=O$ 可得

$$f(A)=\sum_{k=0}^{\infty}a_kA^k=h(A).$$

例 6.7 已知 $A=\begin{pmatrix}2&0&0\\1&1&1\\1&-1&3\end{pmatrix}$, 用待定系数法求 e^{At}.

解 A 的特征多项式

$$\varphi(\lambda)=|\lambda E-A|=(\lambda-2)^3.$$

可以求得 A 的最小多项式为

$$m(\lambda)=(\lambda-2)^2.$$

设

$$f(\lambda)=\mathrm{e}^{\lambda t}=m(\lambda)q(\lambda)+(a+b\lambda).$$

有

$$\begin{cases}f(2)=\mathrm{e}^{2t}=a+2b,\\ f'(2)=t\mathrm{e}^{2t}=b.\end{cases}$$

解之得

$$\begin{cases} a = (1-2t)\,\mathrm{e}^{2t}, \\ b = t\mathrm{e}^{2t}. \end{cases}$$

从而

$$\begin{aligned} f(A) = \mathrm{e}^{At} &= aE + bA \\ &= \mathrm{e}^{2t}\begin{pmatrix} 1 & 0 & 0 \\ t & 1-t & t \\ t & -t & 1+t \end{pmatrix}. \end{aligned}$$

方法二 相似标准形法.

设 A 的 Jordan 标准形为 J, 即有可逆矩阵 P, 使得

$$P^{-1}AP = J = \begin{pmatrix} J_1 & & \\ & \ddots & \\ & & J_s \end{pmatrix},$$

其中

$$J_i = \begin{pmatrix} \lambda_i & 1 & & \\ & \ddots & \ddots & \\ & & \lambda_i & 1 \\ & & & \lambda_i \end{pmatrix}_{m_i \times m_i}.$$

计算可得

$$\begin{aligned} f(J_i) &= \sum_{k=0}^{\infty} a_k J_i^k \\ &= \sum_{k=0}^{\infty} a_k \begin{pmatrix} \lambda_i^k & \mathrm{C}_k^1 \lambda_i & \cdots & \mathrm{C}_k^{m_i-1}\lambda_i^{k-m_{i+1}} \\ & \lambda_i^k & \ddots & \vdots \\ & & \ddots & \mathrm{C}_k^1 \lambda_i^{k-1} \\ & & & \lambda_i^k \end{pmatrix} \\ &= \begin{pmatrix} f(\lambda_i) & \dfrac{1}{1!}f'(\lambda_i) & \cdots & \dfrac{1}{(m_i-1)!}f^{(m_i-1)}(\lambda_i) \\ & f(\lambda_i) & \ddots & \vdots \\ & & \ddots & \dfrac{1}{1!}f'(\lambda_i) \\ & & & f(\lambda_i) \end{pmatrix}. \end{aligned}$$

从而

$$\begin{aligned}
f(A) &= \sum_{k=0}^{\infty} a_k A^k = \sum_{k=0}^{\infty} a_k P J^k P^{-1} \\
&= P\left(\sum_{k=0}^{\infty} a_k J^k\right) P^{-1} \\
&= P\begin{pmatrix} \sum\limits_{k=0}^{\infty} a_k J_1^k & & \\ & \ddots & \\ & & \sum\limits_{k=0}^{\infty} a_k J_s^k \end{pmatrix} P^{-1} \\
&= P\begin{pmatrix} f(J_1) & & \\ & \ddots & \\ & & f(J_s) \end{pmatrix} P^{-1}.
\end{aligned}$$

例 6.8　已知 $A=\begin{pmatrix} 0 & 1 & 0 \\ 0 & 0 & 1 \\ 2 & 3 & 0 \end{pmatrix}$, 求 e^A 及 $\sin A$.

解　A 的特征多项式

$$\varphi(\lambda)=|\lambda E-A|=\begin{vmatrix} \lambda & -1 & 0 \\ 0 & \lambda & \lambda-1 \\ -2 & -3 & \lambda \end{vmatrix}=(\lambda+1)^2(\lambda-2).$$

A 的特征多项式的不变因子为

$$d_1(\lambda)=d_2(\lambda)=1, \quad d_3(\lambda)=(\lambda+1)^2(\lambda-2).$$

故 A 的 Jordan 标准形为

$$J=\begin{pmatrix} 2 & 0 & 0 \\ 0 & -1 & 1 \\ 0 & 0 & -1 \end{pmatrix}.$$

设 $P=(\boldsymbol{p}_1,\boldsymbol{p}_2,\boldsymbol{p}_3)$, 则由 $P^{-1}AP=J$ 有 $AP=PJ$, 即

$$A(\boldsymbol{p}_1,\boldsymbol{p}_2,\boldsymbol{p}_3)=(\boldsymbol{p}_1,\boldsymbol{p}_2,\boldsymbol{p}_3)\begin{pmatrix} 2 & 0 & 0 \\ 0 & -1 & 1 \\ 0 & 0 & -1 \end{pmatrix}$$

$$= (2\boldsymbol{p}_1, -\boldsymbol{p}_2, \boldsymbol{p}_2 - \boldsymbol{p}_3).$$

故

$$(A-2E)\,\boldsymbol{p}_1 = \boldsymbol{0},$$
$$(A+E)\,\boldsymbol{p}_2 = \boldsymbol{0},$$
$$(A+E)\,\boldsymbol{p}_3 = \boldsymbol{p}_2.$$

解得 $\boldsymbol{p}_1 = \begin{pmatrix} 1 \\ 2 \\ 4 \end{pmatrix}$, $\boldsymbol{p}_2 = \begin{pmatrix} 1 \\ -1 \\ 1 \end{pmatrix}$, $\boldsymbol{p}_3 = \begin{pmatrix} 1 \\ 0 \\ -1 \end{pmatrix}$. 故

$$P = \begin{pmatrix} 1 & 1 & 1 \\ 2 & -1 & 0 \\ 4 & 1 & -1 \end{pmatrix}, \quad P^{-1} = \frac{1}{9}\begin{pmatrix} 1 & 2 & 1 \\ 2 & -5 & 2 \\ 6 & 3 & -3 \end{pmatrix}.$$

则

$$\begin{aligned} \mathrm{e}^A &= P\mathrm{e}^J P^{-1} \\ &= \begin{pmatrix} 1 & 1 & 1 \\ 2 & -1 & 0 \\ 4 & 1 & -1 \end{pmatrix} \begin{pmatrix} \mathrm{e}^2 & 0 & 0 \\ 0 & \mathrm{e}^{-1} & \mathrm{e}^{-1} \\ 0 & 0 & \mathrm{e}^{-1} \end{pmatrix} \frac{1}{9}\begin{pmatrix} 1 & 2 & 1 \\ 2 & -5 & 2 \\ 6 & 3 & -3 \end{pmatrix} \\ &= \frac{1}{9}\begin{pmatrix} \mathrm{e}^2+14\mathrm{e}-1 & 2\mathrm{e}^2+\mathrm{e}-1 & \mathrm{e}^2-4\mathrm{e}-1 \\ 2\mathrm{e}^2-8\mathrm{e}-1 & -4\mathrm{e}^2+2\mathrm{e}-1 & 2\mathrm{e}^2+\mathrm{e}-1 \\ 4\mathrm{e}^2+2\mathrm{e}-1 & 8\mathrm{e}^2-5\mathrm{e}-1 & 4\mathrm{e}^2+2\mathrm{e}-1 \end{pmatrix}. \end{aligned}$$

$$\begin{aligned} \sin A &= P\sin J P^{-1} \\ &= \begin{pmatrix} 1 & 1 & 1 \\ 2 & -1 & 0 \\ 4 & 1 & -1 \end{pmatrix} \begin{pmatrix} \sin 2 & 0 & 0 \\ 0 & -\sin 1 & \cos 1 \\ 0 & 0 & -\sin 1 \end{pmatrix} \frac{1}{9}\begin{pmatrix} 1 & 2 & 1 \\ 2 & -5 & 2 \\ 6 & 3 & -3 \end{pmatrix} \\ &= \frac{1}{9}\begin{pmatrix} \sin 2-8\sin 1+6\cos 1 & 2\sin 2+2\sin 1+3\cos 1 & \sin 2+\sin 1-3\cos 1 \\ 2\sin 2+2\sin 1-6\cos 1 & 4\sin 2-5\sin 1-3\cos 1 & 2\sin 2+2\sin 1+3\cos 1 \\ 4\sin 2+4\sin 1+6\cos 1 & 8\sin 2+8\sin 1+3\cos 1 & 4\sin 2-5\sin 1-3\cos 1 \end{pmatrix}. \end{aligned}$$

6.5 矩阵的微分和积分

本节将研究以函数为元素的矩阵的微分和积分理论.

仿照数学分析或高等数学课程中对函数的极限、连续、导数与积分的定义, 可以按照元素或分量来定义矩阵函数的相应概念.

定义 6.8 设 $A(t)=(a_{ij}(t))_{m\times n}$, 若对任意的 $a_{ij}(t), 1\leqslant i\leqslant m, 1\leqslant j\leqslant n$, 都有 $\lim\limits_{t\to t_0}a_{ij}(t)=a_{ij}$(其中 $a_{ij}\in\mathbb{C}$), 则称函数矩阵 $A(t)$ 在点 t_0 处的极限为 $A=(a_{ij})_{m\times n}$.

性质 设 $\lim\limits_{t\to t_0}A(t)=A$, $\lim\limits_{t\to t_0}B(t)=B$.

(1) 若 $A(t)$, $B(t)$ 是同类型的矩阵, 则

$$\lim_{t\to t_0}(A(t)+B(t))=A+B.$$

(2) 若 $A(t)$, $B(t)$ 分别是 $m\times n$, $n\times s$ 矩阵, 则

$$\lim_{t\to t_0}A(t)B(t)=\lim_{t\to t_0}A(t)\lim_{t\to t_0}B(t)=AB.$$

(3) 设 k 为常数, 则

$$\lim_{t\to t_0}(kA(t))=kA=k\lim_{t\to t_0}A(t).$$

以同样的方式定义 $A(t)$ 在一点在某一区间内连续、可微和可积.

若 $A(t)$ 可微, 其导数定义如下:

$$A'(t)=(a'_{ij}(t))_{m\times n}.$$

若 $A(t)$ 可积, 定义:

$$\int_a^b A(t)\,\mathrm{d}t=\left(\int_a^b a_{ij}(t)\,\mathrm{d}t\right)_{m\times n}.$$

关于函数矩阵, 有如下的求导结论.

定理 6.9 设 $A(t)$ 与 $B(t)$ 是适当阶的可微矩阵, 则

(1) $(A(t)+B(t))'=A'(t)+B'(t)$;

(2) 当 $\lambda(t)$ 为可微函数时, 有

$$(\lambda(t)A(t))' = \lambda'(t)A(t) + \lambda(t)A'(t);$$

(3) $(A(t)B(t))' = A'(t)B(t) + A(t)B'(t)$;

(4) 若 $u = f(t)$ 关于 t 可微, 则

$$\frac{\mathrm{d}}{\mathrm{d}t}A(u) = f'(t)\frac{\mathrm{d}}{\mathrm{d}u}A(u);$$

(5) 当 $A^{-1}(t)$ 是可微矩阵时, 有

$$\left(A^{-1}(t)\right)' = -A^{-1}(t) \cdot A'(t)A^{-1}(t).$$

定理 6.10 设 $A \in \mathbb{C}^{n\times n}$, 则有

(1) $\left(\mathrm{e}^{At}\right)' = A\mathrm{e}^{At}$;

(2) $(\sin At)' = A\cos At = (\cos At)A$;

(3) $(\cos At)' = -A\sin At = -(\sin At)A$.

证 仅证 (1), (2) 与 (3) 类似.

由 $\mathrm{e}^{At} = \sum\limits_{k=0}^{\infty}\frac{t^k}{k!}A^k$, 利用绝对收敛级数可以逐次求导, 得

$$\begin{aligned}
(\mathrm{e}^{At})' &= \left(\sum_{k=0}^{\infty}\frac{t^k}{k!}A^k\right)' \\
&= \sum_{k=0}^{\infty}\frac{t^{k-1}}{(k-1)!}A^k \\
&= A\sum_{k=1}^{\infty}\frac{t^{k-1}}{(k-1)!}A^{k-1} \\
&= A\mathrm{e}^{At}.
\end{aligned}$$

同样

$$\begin{aligned}
(\mathrm{e}^{At})' &= \sum_{k=1}^{\infty}\frac{t^{k-1}}{(k-1)!}A^k \\
&= \left(\sum_{k=1}^{\infty}\frac{t^{k-1}}{(k-1)!}A^{k-1}\right)A \\
&= \mathrm{e}^{At}A.
\end{aligned}$$

可以定义函数矩阵的高阶导数

$$\frac{\mathrm{d}^k}{\mathrm{d}t^k}A(t)=\frac{\mathrm{d}}{\mathrm{d}t}\left(\frac{\mathrm{d}^{k-1}}{\mathrm{d}t^{k-1}}A(t)\right).$$

关于积分, 有如下结论.

定理 6.11 记 $A(t)$, $B(t)$ 是区间 $[a,b]$ 上适当阶的可积矩阵, A, B 是适当阶的常数矩阵. $\lambda\in\mathbb{C}$, 则

(1) $\int_a^b \lambda A(t)\,\mathrm{d}t=\lambda\int_a^b A(t)\,\mathrm{d}t$;

(2) $\int_a^b (A(t)+B(t))\,\mathrm{d}t=\int_a^b A(t)\,\mathrm{d}t+\int_a^b B(t)\,\mathrm{d}t$;

(3) $\int_a^b A(t)\,B\mathrm{d}t=\left(\int_a^b A(t)\,\mathrm{d}t\right)B$, $\int_a^b AB(t)\,\mathrm{d}t=A\left(\int_a^b B(t)\,\mathrm{d}t\right)$;

(4) 若 $A(t)$ 在 $[a,b]$ 上连续, 则对任意 $t\in(a,b)$, 有

$$\frac{\mathrm{d}}{\mathrm{d}t}\left(\int_a^t A(\tau)\,\mathrm{d}\tau\right)=A(t);$$

(5) 当 $A(t)$ 在 $[a,b]$ 上连续可微时, 有

$$\int_a^b A'(t)\,\mathrm{d}t=A(b)-A(a).$$

类似亦可考虑矩阵值函数的不定积分.

函数对矩阵的导数

定义 6.9 设 $\boldsymbol{x}=(x_{ij})_{m\times n}\in\mathbb{R}^{m\times n}$, $f(\boldsymbol{x})=f(x_{11},\cdots,x_{1n},\cdots,x_{m1},\cdots,x_{mn})$ 是以 $\boldsymbol{x}$ 中诸元素为变量的多元函数, 并且偏导数

$$\frac{\partial f}{\partial x_{ij}},\quad i=1,2,\cdots,m;\quad j=1,2,\cdots,n$$

都存在, 则定义函数 $f(\boldsymbol{x})$ 对矩阵 $\boldsymbol{x}$ 的导数为

$$\frac{\mathrm{d}f}{\mathrm{d}\boldsymbol{x}}=\begin{pmatrix}\dfrac{\partial f}{\partial x_{11}} & \dfrac{\partial f}{\partial x_{12}} & \cdots & \dfrac{\partial f}{\partial x_{1n}}\\ \dfrac{\partial f}{\partial x_{21}} & \dfrac{\partial f}{\partial x_{22}} & \cdots & \dfrac{\partial f}{\partial x_{2n}}\\ \vdots & \vdots & & \vdots\\ \dfrac{\partial f}{\partial x_{m1}} & \dfrac{\partial f}{\partial x_{m2}} & \cdots & \dfrac{\partial f}{\partial x_{mn}}\end{pmatrix}.$$

特别地, 当 $\boldsymbol{x}$ 为向量 $\boldsymbol{x}=(x_1,x_2,\cdots,x_n)^{\mathrm{T}}$ 时, 函数 $f(x_1,x_2,\cdots,x_n)$ 对 $\boldsymbol{x}$ 的导数 (梯度) 为

$$\frac{\mathrm{d}f}{\mathrm{d}\boldsymbol{x}}=\left(\frac{\partial f}{\partial x_1},\frac{\partial f}{\partial x_2},\cdots,\frac{\partial f}{\partial x_n}\right)^{\mathrm{T}}=\nabla f(\boldsymbol{x}).$$

例 6.9 设 $A=(a_{ij})_{m\times n}$ 是给定的矩阵, $\boldsymbol{x}=(x_{ij})_{n\times m}$ 是矩阵变量, 且 $f(\boldsymbol{x})=\mathrm{tr}(A\boldsymbol{x})$, 求 $\dfrac{\mathrm{d}f}{\mathrm{d}\boldsymbol{x}}$.

解 $A\boldsymbol{x}=\left(\sum\limits_{k=1}^{n}a_{ik}x_{kj}\right)_{m\times m}$, 故

$$f(\boldsymbol{x})=\mathrm{tr}(A\boldsymbol{x})=\sum_{s=1}^{m}\sum_{k=1}^{n}a_{sk}x_{ks}.$$

而 $\dfrac{\partial f}{\partial x_{ij}}=a_{ji}(i=1,2,\cdots,n;\ j=1,2,\cdots,m)$, 从而

$$\frac{\mathrm{d}f}{\mathrm{d}\boldsymbol{x}}=\left(\frac{\partial f}{\partial x_{ij}}\right)_{n\times m}=(a_{ji})_{n\times m}=A^{\mathrm{T}}.$$

矩阵对矩阵的导数

定义 6.10 假设 $A=(a_{kl})_{m\times n}$ 中每一个元素 a_{kl} 都是矩阵 $B=(b_{ij})_{p\times q}$ 中各元素 $b_{ij}(i=1,2,\cdots,p;\ j=1,2,\cdots,q)$ 的函数, 当 A 对 B 中各元素都可导时, 则称矩阵 A 对矩阵 B 可导, A 对 B 的导数定义为

$$\frac{\mathrm{d}A}{\mathrm{d}B}=\begin{pmatrix}\dfrac{\partial A}{\partial b_{11}} & \dfrac{\partial A}{\partial b_{12}} & \cdots & \dfrac{\partial A}{\partial b_{1q}}\\ \dfrac{\partial A}{\partial b_{21}} & \dfrac{\partial A}{\partial b_{22}} & \cdots & \dfrac{\partial A}{\partial b_{2q}}\\ \vdots & \vdots & & \vdots\\ \dfrac{\partial A}{\partial b_{p1}} & \dfrac{\partial A}{\partial b_{p2}} & \cdots & \dfrac{\partial A}{\partial b_{pq}}\end{pmatrix},$$

其中

$$\frac{\partial A}{\partial b_{ij}}=\begin{pmatrix}\dfrac{\partial a_{11}}{\partial b_{ij}} & \dfrac{\partial a_{12}}{\partial b_{ij}} & \cdots & \dfrac{\partial a_{1n}}{\partial b_{ij}}\\ \dfrac{\partial a_{21}}{\partial b_{ij}} & \dfrac{\partial a_{22}}{\partial b_{ij}} & \cdots & \dfrac{\partial a_{2n}}{\partial b_{ij}}\\ \vdots & \vdots & & \vdots\\ \dfrac{\partial a_{m1}}{\partial b_{ij}} & \dfrac{\partial a_{m2}}{\partial b_{ij}} & \cdots & \dfrac{\partial a_{mn}}{\partial b_{ij}}\end{pmatrix},$$

$\dfrac{\mathrm{d}A}{\mathrm{d}B}$ 是一个 $mp \times nq$ 矩阵.

例 6.10 设 $\boldsymbol{x} = (\eta_1, \eta_2, \cdots, \eta_n)^{\mathrm{T}}$ 是向量变量, 求 $\dfrac{\mathrm{d}\boldsymbol{x}^{\mathrm{T}}}{\mathrm{d}\boldsymbol{x}}$ 和 $\dfrac{\mathrm{d}\boldsymbol{x}}{\mathrm{d}\boldsymbol{x}^{\mathrm{T}}}$.

解 $$\frac{\mathrm{d}\boldsymbol{x}^{\mathrm{T}}}{\mathrm{d}\boldsymbol{x}} = \begin{pmatrix} \dfrac{\partial \boldsymbol{x}^{\mathrm{T}}}{\partial \eta_1} \\ \dfrac{\partial \boldsymbol{x}^{\mathrm{T}}}{\partial \eta_2} \\ \vdots \\ \dfrac{\partial \boldsymbol{x}^{\mathrm{T}}}{\partial \eta_n} \end{pmatrix} = \begin{pmatrix} 1 & 0 & \cdots & 0 \\ 0 & 1 & \cdots & 0 \\ \vdots & \vdots & & \vdots \\ 0 & 0 & \cdots & 1 \end{pmatrix} = E_n.$$

同法可得 $\dfrac{\mathrm{d}\boldsymbol{x}}{\mathrm{d}\boldsymbol{x}^{\mathrm{T}}} = \left(\dfrac{\partial \boldsymbol{x}}{\partial \eta_1}, \dfrac{\partial \boldsymbol{x}}{\partial \eta_2}, \cdots, \dfrac{\partial \boldsymbol{x}}{\partial \eta_n} \right) = E_n$.

6.6 矩阵函数的几个应用

本节利用矩阵及其矩阵函数来讨论微分方程的特解及通解问题, 这种方法较易操作.

一阶常系数齐次线性微分方程组的解

设有一阶常系数齐次微分方程组

$$\begin{cases} \dfrac{\mathrm{d}x_1}{\mathrm{d}t} = a_{11}x_1(t) + a_{12}x_2(t) + \cdots + a_{1n}x_n(t), \\ \dfrac{\mathrm{d}x_2}{\mathrm{d}t} = a_{21}x_1(t) + a_{22}x_2(t) + \cdots + a_{2n}x_n(t), \\ \qquad\qquad \cdots\cdots \\ \dfrac{\mathrm{d}x_n}{\mathrm{d}t} = a_{n1}x_1(t) + a_{n2}x_2(t) + \cdots + a_{nn}x_n(t), \end{cases} \tag{6.2}$$

其中 $x_i = x_i(t)(i = 1, 2, \cdots, n)$ 都是自变量 t 的函数, $a_{ij} \in \mathbb{C}(i = 1, 2, \cdots, n)$ 为系数.

若记 $A = (a_{ij})_{n \times n}$, $\boldsymbol{x}(t) = (x_1(t), \cdots, x_n(t))^{\mathrm{T}}$, 则方程组 (6.2) 可简记为矩阵形式

$$\frac{\mathrm{d}\boldsymbol{x}}{\mathrm{d}t} = A\boldsymbol{x}.$$

若方程组 (6.2) 还满足初始条件

$$\begin{aligned}\boldsymbol{x}_0 &= \boldsymbol{x}(t_0) \\ &= (x_1(t_0), x_2(t_0), \cdots, x_n(t_0))^{\mathrm{T}},\end{aligned}$$

则该方程组的特解问题为

$$\begin{cases}\dfrac{\mathrm{d}\boldsymbol{x}}{\mathrm{d}t} = A\boldsymbol{x}, \\ \boldsymbol{x}(t_0) = \boldsymbol{x}_0.\end{cases}$$

设 $\boldsymbol{x}(t) = (x_1(t), x_2(t), \cdots, x_n(t))^{\mathrm{T}}$ 是方程组 (6.2) 的解, 将各分量 $x_i(t)$ $(i = 1, 2, \cdots, n)$ 在 $t = t_0$ 处展开成 Taylor 级数

$$x_i(t) = x_i(t_0) + x_i'(t_0)(t - t_0) + \frac{x''_i(t_0)}{2!}(t - t_0)^2 + \cdots \quad (i = 1, 2, \cdots, n),$$

则有

$$\boldsymbol{x}(t) = \boldsymbol{x}(t_0) + \boldsymbol{x}'(t_0)(t - t_0) + \frac{\boldsymbol{x}''(t_0)}{2!}(t - t_0)^2 + \cdots.$$

据 $\dfrac{\mathrm{d}\boldsymbol{x}}{\mathrm{d}t} = A\boldsymbol{x}$ 逐次求导可得

$$\boldsymbol{x}'' = A\boldsymbol{x}' = A^2\boldsymbol{x},$$

$$\boldsymbol{x}''' = A^2\boldsymbol{x}' = A^3\boldsymbol{x},$$

$$\cdots\cdots$$

$$\boldsymbol{x}^{(k)} = A^k\boldsymbol{x}, \cdots.$$

所以

$$\begin{aligned}\boldsymbol{x}(t) &= \boldsymbol{x}(t_0) + A\boldsymbol{x}(t_0)(t - t_0) + \frac{A^2\boldsymbol{x}(t_0)}{2!}(t - t_0)^2 + \cdots \\ &= \mathrm{e}^{A(t - t_0)}\boldsymbol{x}(t_0).\end{aligned}$$

基于上述分析, 有如下定理.

定理 6.12 一阶常系数齐次微分方程组 (6.2) 有唯一解

$$\boldsymbol{x} = \boldsymbol{x}(t) = \mathrm{e}^{A(t - t_0)} \cdot \boldsymbol{x}(t_0). \tag{6.3}$$

证 因为

$$\begin{aligned}\frac{\mathrm{d}\boldsymbol{x}}{\mathrm{d}t}&=\frac{\mathrm{d}}{\mathrm{d}t}\left[\mathrm{e}^{A(t-t_0)}\cdot\boldsymbol{x}\left(t_0\right)\right]\\&=A\mathrm{e}^{A(t-t_0)}\cdot\boldsymbol{x}\left(t_0\right)\\&=A\boldsymbol{x}.\end{aligned}$$

当 $t=t_0$ 时, $\left[\mathrm{e}^{A(t-t_0)}\cdot\boldsymbol{x}\left(t_0\right)\right]_{t=t_0}=\mathrm{e}^{O}\cdot\boldsymbol{x}\left(t_0\right)=\boldsymbol{x}\left(t_0\right)$, 所以式 (6.3) 是矩阵方程 (6.2) 的解.

下证唯一性.

若方程组 (6.2) 还有解 $\boldsymbol{y}=\boldsymbol{y}\left(t\right)$, 则

$$\begin{cases}\dfrac{\mathrm{d}\boldsymbol{y}}{\mathrm{d}t}=A\boldsymbol{y},\\ \boldsymbol{y}\left(t_0\right)=\boldsymbol{x}_0.\end{cases}$$

令

$$\boldsymbol{z}=\boldsymbol{z}\left(t\right)=\mathrm{e}^{-A(t-t_0)}\cdot\boldsymbol{y}\left(t\right),$$

则

$$\begin{aligned}\frac{\mathrm{d}\boldsymbol{z}}{\mathrm{d}t}&=-A\mathrm{e}^{-A(t-t_0)}\cdot\boldsymbol{y}\left(t\right)+\mathrm{e}^{-A(t-t_0)}\cdot\frac{\mathrm{d}\boldsymbol{y}}{\mathrm{d}t}\\&=-A\mathrm{e}^{-A(t-t_0)}\cdot\boldsymbol{y}\left(t\right)+\mathrm{e}^{-A(t-t_0)}\cdot A\boldsymbol{y}\left(t\right)\\&=\boldsymbol{0}.\end{aligned}$$

于是 $\boldsymbol{z}\equiv\boldsymbol{c}$ (常数向量)，特别取 $t=t_0$, 则有

$$\begin{aligned}\boldsymbol{z}\left(t_0\right)&=\mathrm{e}^{-A(t-t_0)}\boldsymbol{y}\left(t_0\right)\\&=\boldsymbol{y}\left(t_0\right)=\boldsymbol{x}_0.\end{aligned}$$

即

$$\boldsymbol{x}_0=\mathrm{e}^{-A(t-t_0)}\cdot\boldsymbol{y}(t).$$

从而

$$\boldsymbol{y}(t)=\mathrm{e}^{A(t-t_0)}\boldsymbol{x}_0.$$

唯一性获证.

例 6.11 求解线性常系数齐次微分方程组初值问题

$$\begin{cases}\dfrac{\mathrm{d}\boldsymbol{x}}{\mathrm{d}t}=A\boldsymbol{x},\\ \boldsymbol{x}(0)=(1,1,0)^{\mathrm{T}},\end{cases}$$

其中 $A=\begin{pmatrix}3&-1&1\\2&0&-1\\1&-1&2\end{pmatrix}$.

解 A 的特征多项式为

$$|\lambda E-A|=\begin{vmatrix}\lambda-3&1&-1\\-2&\lambda&1\\-1&1&\lambda-2\end{vmatrix}=\lambda(\lambda-2)(\lambda-3).$$

则 A 的特征值为

$$\lambda_1=0,\quad \lambda_2=2,\quad \lambda_3=3.$$

从而 A 可以对角化, 求得三个特征值所对应的特征向量为

$$\boldsymbol{p}_1=\begin{pmatrix}1\\5\\2\end{pmatrix},\quad \boldsymbol{p}_2=\begin{pmatrix}1\\1\\0\end{pmatrix},\quad \boldsymbol{p}_3=\begin{pmatrix}2\\1\\1\end{pmatrix}.$$

故

$$P=\begin{pmatrix}1&1&2\\5&1&1\\2&0&1\end{pmatrix},\quad P^{-1}=-\frac{1}{6}\begin{pmatrix}1&-1&-1\\-3&-3&9\\-2&2&-4\end{pmatrix}.$$

从而

$$\mathrm{e}^{At}=P\begin{pmatrix}1&0&0\\0&\mathrm{e}^{2t}&0\\0&0&\mathrm{e}^{3t}\end{pmatrix}P^{-1}.$$

从而方程组的解为

$$\boldsymbol{x}(t)=\mathrm{e}^{At}\boldsymbol{x}_0$$

$$
= \begin{pmatrix} 1 & 1 & 2 \\ 5 & 1 & 1 \\ 2 & 0 & 1 \end{pmatrix} \begin{pmatrix} 1 & 0 & 0 \\ 0 & \mathrm{e}^{2t} & 0 \\ 0 & 0 & \mathrm{e}^{3t} \end{pmatrix} \left(-\frac{1}{6}\right) \begin{pmatrix} 1 & -1 & -1 \\ -3 & -3 & 9 \\ -2 & 2 & -4 \end{pmatrix} \begin{pmatrix} 1 \\ 1 \\ 0 \end{pmatrix}
$$

$$
= \mathrm{e}^{2t} \begin{pmatrix} 1 \\ 1 \\ 0 \end{pmatrix}.
$$

6.7 一阶常系数非齐次线性微分方程组的解

定理 6.13 设 A 是 n 阶常系数矩阵, 则满足如下初始条件的非齐次微分方程组

$$
\begin{cases} \dfrac{\mathrm{d}\boldsymbol{x}}{\mathrm{d}t} = A\boldsymbol{x} + g(t), \\ \boldsymbol{x}(t_0) = \boldsymbol{x}(0) \end{cases}
$$

的解为

$$
\boldsymbol{x}(t) = \mathrm{e}^{A(t-t_0)} \cdot \boldsymbol{x}_0 + \int_{t_0}^{t} \mathrm{e}^{A(t-\tau)} g(\tau)\,\mathrm{d}\tau.
$$

证 将 $\dfrac{\mathrm{d}\boldsymbol{x}}{\mathrm{d}t} = A\boldsymbol{x} + g(t)$ 改写为

$$
\frac{\mathrm{d}\boldsymbol{x}}{\mathrm{d}t} - A\boldsymbol{x} = g(t).
$$

方程组两边同乘 e^{-At}, 得

$$
\mathrm{e}^{-At}\left(\frac{\mathrm{d}\boldsymbol{x}}{\mathrm{d}t} - A\boldsymbol{x}\right) = \mathrm{e}^{-At} g(t),
$$

即

$$
\frac{\mathrm{d}}{\mathrm{d}t}\left(\mathrm{e}^{-At}\boldsymbol{x}\right) = \mathrm{e}^{-At} g(t).
$$

在 $[t_0, t]$ 上对上式积分, 得

$$
\mathrm{e}^{-At}\boldsymbol{x}(t) - \mathrm{e}^{-At_0}\boldsymbol{x}(t_0) = \int_{t_0}^{t} \mathrm{e}^{-A\tau} g(\tau)\,\mathrm{d}\tau.
$$

从而

$$
\boldsymbol{x}(t) = \mathrm{e}^{A(t-t_0)}\boldsymbol{x}_0 + \int_{t_0}^{t} \mathrm{e}^{A(t-\tau)} g(\tau)\,\mathrm{d}\tau
$$

是满足题设条件 $\boldsymbol{x}(t_0) = \boldsymbol{x}_0$ 的解.

例 6.12 求下列初值问题的解.

$$\begin{cases} \dfrac{\mathrm{d}x_1}{\mathrm{d}t} = -x_1(t) - 2x_2(t) + 6x_3(t) - \mathrm{e}^t, \\ \dfrac{\mathrm{d}x_2}{\mathrm{d}t} = -x_1(t) + 3x_3(t), \\ \dfrac{\mathrm{d}x_3}{\mathrm{d}t} = -x_1(t) - x_2(t) + 4x_3(t) + \mathrm{e}^t, \\ x_1(0) = 1, x_2(0) = 0, x_3(0) = 0. \end{cases}$$

解 记

$$A = \begin{pmatrix} -1 & -2 & 6 \\ -1 & 0 & 3 \\ -1 & -1 & 4 \end{pmatrix}, \quad \boldsymbol{x}(t) = (\boldsymbol{x}_1(t), \boldsymbol{x}_2(t), \boldsymbol{x}_3(t))^{\mathrm{T}},$$

$$\boldsymbol{g}(t) = (-\mathrm{e}^t, 0, \mathrm{e}^t)^{\mathrm{T}}, \quad \boldsymbol{x}(0) = \boldsymbol{x}_0 = (1, 0, 0)^{\mathrm{T}},$$

则所求方程组可表示为

$$\begin{cases} \dfrac{\mathrm{d}\boldsymbol{x}}{\mathrm{d}t} = A\boldsymbol{x} + g(t), \\ \boldsymbol{x}(0) = \boldsymbol{x}_0. \end{cases}$$

可以求得

$$\mathrm{e}^{At} = \mathrm{e}^t \begin{pmatrix} 1-2t & -2t & 6t \\ -t & 1-t & 3t \\ -t & -t & 1+3t \end{pmatrix}, \quad \mathrm{e}^{At}\boldsymbol{x}_0 = \mathrm{e}^t \begin{pmatrix} 1-2t \\ -t \\ -t \end{pmatrix},$$

$$\mathrm{e}^{A(t-\tau)} = \mathrm{e}^{t-\tau} \begin{pmatrix} 1-2(t-\tau) & -2(t-\tau) & 6(t-\tau) \\ -(t-\tau) & 1-(t-\tau) & 3(t-\tau) \\ -(t-\tau) & -(t-\tau) & 1+3(t-\tau) \end{pmatrix},$$

$$\mathrm{e}^{A(t-\tau)}\boldsymbol{g}(\tau) = \mathrm{e}^t \begin{pmatrix} 1+8(t-\tau) \\ 4(t-\tau) \\ 4(t-\tau)+1 \end{pmatrix}, \quad \int_0^t \mathrm{e}^{A(t-\tau)}\boldsymbol{g}(\tau)\,\mathrm{d}\tau = \mathrm{e}^t \begin{pmatrix} 4t^2-t \\ 2t^2 \\ 2t^2+t \end{pmatrix}.$$

从而可得所求方程组的解为

$$\boldsymbol{x}(t) = \mathrm{e}^t \begin{pmatrix} 1-3t+4t^2 \\ -t+2t^2 \\ 2t^2 \end{pmatrix}.$$

习　题　6

1. 分析下列向量序列 $\{\boldsymbol{x}_k\}$ 的收敛性.

(1) $\boldsymbol{x}_k=\left(2,\dfrac{1}{3^k}\right)^{\mathrm{T}}$; (2) $\boldsymbol{x}_k=\left(\sum\limits_{i=1}^{k}\dfrac{1}{4^i},\sum\limits_{i=1}^{k}\dfrac{2}{i}\right)^{\mathrm{T}}$.

2. 设

$$A(t)=\begin{pmatrix}\cos t & \sin t\\ -\sin t & \cos t\end{pmatrix},$$

求 $\dfrac{\mathrm{d}}{\mathrm{d}t}A(t)$, $\dfrac{\mathrm{d}}{\mathrm{d}t}(|A(t)|)$, $\left|\dfrac{\mathrm{d}}{\mathrm{d}t}A(t)\right|$, $\dfrac{\mathrm{d}}{\mathrm{d}t}A^{-1}(t)$.

3. 设 $A(t)=\begin{pmatrix}t & \sin t\\ \mathrm{e}^{-t} & 2t\end{pmatrix}$, 求 $\displaystyle\int_1^2 A(t)\,\mathrm{d}t$ 与 $\dfrac{\mathrm{d}}{\mathrm{d}t}\displaystyle\int_0^{t^2}A(u)\,\mathrm{d}u$.

4. 设 A 为三阶方阵, 可逆矩阵 P 使

$$P^{-1}AP=\begin{pmatrix}\lambda_1 & 0 & 0\\ 0 & \lambda_2 & 0\\ 0 & 0 & \lambda_3\end{pmatrix},$$

求 e^A, $\cos A$.

5. 已知 $A=\begin{pmatrix}1 & 0 & -2\\ 0 & 1 & -2\\ -\dfrac{1}{2} & \dfrac{1}{2} & 1\end{pmatrix}$, 求 e^{At}.

6. 已知 $A=\begin{pmatrix}-2 & 1 & 0\\ -4 & 2 & 0\\ 1 & 0 & 1\end{pmatrix}$, $\boldsymbol{b}(t)=\begin{pmatrix}1\\ 2\\ \mathrm{e}^t-1\end{pmatrix}$.

(1) 求 e^{At}.

(2) 用矩阵函数方法求微分方程 $\dfrac{\mathrm{d}}{\mathrm{d}t}\boldsymbol{x}(t)=A\boldsymbol{x}(t)+\boldsymbol{b}(t)$ 满足初始条件 $\boldsymbol{x}(0)=(1,1,-1)^{\mathrm{T}}$ 的解.

第 7 章　广义逆矩阵

当 n 阶方阵 A 非奇异 ($|A| \neq 0$) 时, A 具有唯一的逆矩阵 A^{-1}, 这时线性方程组 $A\boldsymbol{x} = \boldsymbol{b}$ 的唯一解可以表示为 $\boldsymbol{x} = A^{-1}\boldsymbol{b}$, 然而, 大量的实际问题遇到的却是奇异方阵或长方阵的情形. 一个自然的问题是: 能否将逆矩阵的概念进一步推广, 使得这种矩阵具有通常逆矩阵的一些性质, 并且在方阵可逆时, 它与通常的逆矩阵相一致, 同时使方程组 $A\boldsymbol{x} = \boldsymbol{b}$ 在满足一定条件下的解能用推广后的逆矩阵表示.

E. H. Moore 于 1920 年利用正交投影算子首先引进了广义逆矩阵这一概念, 称之为 Moore 广义逆矩阵, 但限于对其应用的局限性, 一直未受到重视. 直到 1955 年, R. Penrose (2020 年诺贝尔物理学奖得主) 利用四个矩阵方程给出广义逆矩阵的更为简便实用的定义后, 引起了人们的高度重视并迅速发展, 之后证明出与 Moore 广义逆矩阵是等价的, 因此人们把这两种广义逆矩阵称为 Moore-Penrose 广义逆矩阵. 已成为矩阵论的一个重要分支, 在系统理论、数理统计、最优化理论、控制理论、数字图像处理等诸多领域中都具有重要应用.

本章将重点介绍几种常见的广义逆矩阵及其在解线性方程组中的应用.

7.1　Moore-Penrose 广义逆矩阵

定义 7.1　设 $A \in \mathbb{C}^{m\times n}$, 如果 $X \in \mathbb{C}^{n\times m}$ 满足下列四个 Penrose 方程组

(1) $AXA = A$;

(2) $XAX = X$;

(3) $(AX)^{\mathrm{H}} = AX$;

(4) $(XA)^{\mathrm{H}} = XA$

的某几个或全部, 则称 X 为 A 的广义逆矩阵. 满足全部四个方程的广义逆矩阵 X 称为 A 的 Moore-Penrose 逆.

对 n 阶非奇异矩阵 A, A^{-1} 满足四个 Penrose 方程.

由上述定义, 分为满足一个、两个、三个或四个 Penrose 方程的广义逆矩阵,

共有 $C_4^1+C_4^2+C_4^3+C_4^4=15$ 类. 通常, 将满足 Penrose 方程组中等式 $i_1,\cdots,i_j$ 的矩阵 X 称为矩阵 A 的 $\{i_1,\cdots,i_j\}$-逆, 比如满足第一及第四个等式的矩阵 X 称为 A 的 $\{1,4\}$-逆, 记为 $A^{(1,4)}$; 而矩阵 A 的 Moore-Penrose 广义逆 $A^+=A^{(1,2,3,4)}$ 研究最深刻, 应用最广的当属 Moore-Penrose 广义逆 A^+ 以及 $\{1\}$-逆 $A^{(1)}$, 通常记为 A^-.

下述定理表明 Moore-Penrose 逆是存在并且唯一的, 从而上述 15 类广义逆矩阵都是存在的.

定理 7.1　*设 $A\in\mathbb{C}^{m\times n}$, 则 A 的 Moore-Penrose 逆存在且唯一.*

证　设 $\operatorname{rank}(A)=r$, 若 $r=0$, 则 A 是 $m\times n$ 零矩阵, 满足四个 Penrose 方程.

若 $r>0$, 则由 SVD 分解存在 m 阶酉矩阵 U 和 n 阶酉矩阵 V, 使得

$$A=U\begin{pmatrix}\Sigma & O\\ O & O\end{pmatrix}V^{\mathrm{H}},$$

其中 $\Sigma=\operatorname{diag}(\sigma_1,\sigma_2,\cdots,\sigma_r)$, $\sigma_i\,(i=1,2,\cdots,r)$ 是 A 的非零奇异值.

令

$$X=V\begin{pmatrix}\Sigma^{-1} & O\\ O & O\end{pmatrix}U^{\mathrm{H}},$$

可以验证 X 满足四个 Penrose 方程. 故 A 的 Moore-Penrose 逆存在.

下证唯一性. 设 X, Y 都满足四个 Penrose 方程, 则

$$\begin{aligned}X&=XAX=X(AX)^{\mathrm{H}}=X[(AYA)X]^{\mathrm{H}}\\&=X(AX)^{\mathrm{H}}(AY)^{\mathrm{H}}=XAXAY\\&=XAY=XA(YAY)=(XA)^{\mathrm{H}}(YA)^{\mathrm{H}}Y\\&=(YAXA)^{\mathrm{H}}Y=(YA)^{\mathrm{H}}Y=YAY=Y.\end{aligned}$$

即 A 的 Moore-Penrose 逆是唯一的.

该定理实际上给出了利用奇异值分解计算 A^+ 的一种方法, 然而这里指出只要 A 不是可逆矩阵, 则除 Moore-Penrose 逆以外的其他 14 类广义逆矩阵都不是唯一的.

例 7.1 用奇异法分解求 A^+, 其中

$$A=\begin{pmatrix}1&1\\1&1\\0&0\end{pmatrix}.$$

解 A 的奇异值分解为

$$A=UDV^{\mathrm{H}}=\begin{pmatrix}\frac{1}{\sqrt{2}}&\frac{1}{\sqrt{2}}&0\\\frac{1}{\sqrt{2}}&-\frac{1}{\sqrt{2}}&0\\0&0&1\end{pmatrix}\begin{pmatrix}2&0\\0&0\\0&0\end{pmatrix}\begin{pmatrix}\frac{1}{\sqrt{2}}&\frac{1}{\sqrt{2}}\\\frac{1}{\sqrt{2}}&-\frac{1}{\sqrt{2}}\end{pmatrix},$$

从而

$$A^+=\begin{pmatrix}\frac{1}{\sqrt{2}}&\frac{1}{\sqrt{2}}\\\frac{1}{\sqrt{2}}&-\frac{1}{\sqrt{2}}\end{pmatrix}\begin{pmatrix}\frac{1}{2}&0&0\\0&0&0\end{pmatrix}\begin{pmatrix}\frac{1}{\sqrt{2}}&\frac{1}{\sqrt{2}}&0\\\frac{1}{\sqrt{2}}&-\frac{1}{\sqrt{2}}&0\\0&0&1\end{pmatrix}=\frac{1}{4}\begin{pmatrix}1&1&0\\1&1&0\end{pmatrix}.$$

利用矩阵的满秩分解也可以计算 A^+, 有如下定理.

定理 7.2 设 $A\in\mathbb{C}^{m\times n}$, $\operatorname{rank}(A)=r>0$, A 具有满秩分解 $A=FG$, $F\in\mathbb{C}_r^{m\times r}$, $G\in\mathbb{C}_r^{r\times n}$, 则 $A^+=G^{\mathrm{H}}\left(GG^{\mathrm{H}}\right)^{-1}\left(F^{\mathrm{H}}F\right)^{-1}F^{\mathrm{H}}$.

证 由矩阵的秩分解理论知, $\operatorname{rank}\left(GG^{\mathrm{H}}\right)=\operatorname{rank}(G)=r$, $\operatorname{rank}\left(F^{\mathrm{H}}F\right)=\operatorname{rank}(F)=r$, 从而 GG^{H} 与 $F^{\mathrm{H}}F$ 都是 r 阶可逆矩阵. 记

$$X=G^{\mathrm{H}}\left(GG^{\mathrm{H}}\right)^{-1}\left(F^{\mathrm{H}}F\right)^{-1}F^{\mathrm{H}},$$

可以验证 X 满足四个 Penrose 方程, 故 $X=A^+$.

推论 7.1 设 $A\in\mathbb{C}^{m\times n}$, 则当 $\operatorname{rank}(A)=m$ 时, 有

$$A^+=A^{\mathrm{H}}\left(AA^{\mathrm{H}}\right)^{-1};$$

当 $\operatorname{rank}(A)=n$ 时, 有

$$A^+=\left(A^{\mathrm{H}}A\right)^{-1}A^{\mathrm{H}}.$$

例 7.2 $A=\begin{pmatrix}1&0&1\\2&1&3\\0&1&1\end{pmatrix}$, 求 A^{+}.

解 A 的满秩分解为

$$A=FG=\begin{pmatrix}1&0\\2&1\\0&1\end{pmatrix}\begin{pmatrix}1&0&1\\0&1&1\end{pmatrix}.$$

则

$$F^{\mathrm{H}}F=\begin{pmatrix}1&2&0\\0&1&1\end{pmatrix}\begin{pmatrix}1&0\\2&1\\0&1\end{pmatrix}=\begin{pmatrix}5&2\\2&2\end{pmatrix},$$

$$\left(F^{\mathrm{H}}F\right)^{-1}=\frac{1}{6}\begin{pmatrix}2&-2\\-2&5\end{pmatrix},$$

$$GG^{\mathrm{H}}=\begin{pmatrix}1&0&1\\0&1&1\end{pmatrix}\begin{pmatrix}1&0\\0&1\\1&1\end{pmatrix}=\begin{pmatrix}2&1\\1&2\end{pmatrix},$$

$$\left(GG^{\mathrm{H}}\right)^{-1}=\frac{1}{3}\begin{pmatrix}2&-1\\-1&2\end{pmatrix}.$$

所以

$$\begin{aligned}A^{+}&=G^{\mathrm{H}}\left(GG^{\mathrm{H}}\right)^{-1}\left(F^{\mathrm{H}}F\right)^{-1}F^{\mathrm{H}}\\&=\frac{1}{18}\begin{pmatrix}1&0\\0&1\\1&1\end{pmatrix}\begin{pmatrix}2&-1\\-1&2\end{pmatrix}\begin{pmatrix}2&-2\\-2&5\end{pmatrix}\begin{pmatrix}1&2&0\\0&1&1\end{pmatrix}\\&=\frac{1}{6}\begin{pmatrix}2&1&-3\\-2&0&4\\0&1&1\end{pmatrix}.\end{aligned}$$

A 的 Moore-Penrose 逆 A^{+} 具有如下性质.

定理 7.3 对任意矩阵 $A\in\mathbb{C}^{m\times n}$, 有

(1) $(A^+)^+ = A$;

(2) $(A^+)^{\mathrm{H}} = (A^{\mathrm{H}})^+$, $(A^{\mathrm{T}})^+ = (A^+)^{\mathrm{T}}$;

(3) $(\lambda A)^+ = \lambda^+ A^+$, 其中 $\lambda^+ = \begin{cases} \lambda^{-1}, & \lambda \neq 0, \\ 0, & \lambda = 0, \end{cases}$ $\lambda \in \mathbb{C}$;

(4) $\mathrm{rank}\,(A) = \mathrm{rank}\,(A^+) = \mathrm{rank}\,(AA^+) = \mathrm{rank}\,(A^+A) = \mathrm{tr}\,(A^+A)$;

(5) $A^+ = (A^{\mathrm{H}}A)^+ A^{\mathrm{H}} = A^{\mathrm{H}}(AA^{\mathrm{H}})^+$;

(6) $(A^{\mathrm{H}}A)^+ = A^+(A^{\mathrm{H}})^+$, $(AA^{\mathrm{H}})^+ = (A^{\mathrm{H}})^+ A^+$;

(7) $\mathrm{diag}(\lambda_1, \cdots, \lambda_n)^+ = \mathrm{diag}\,(\lambda_1^+, \cdots, \lambda_n^+)$;

(8) 若 U 和 V 分别是 m 阶与 n 阶酉矩阵, 则

$$(UAV)^+ = V^{\mathrm{H}} A^+ U^{\mathrm{H}};$$

(9) $AA^+ = E_m$ 的充分必要条件是 $\mathrm{rank}\,(A) = m$;

(10) $A^+A = E_n$ 的充分必要条件是 $\mathrm{rank}\,(A) = n$;

(11) 设 $A = B + C$, $B^{\mathrm{H}}C = BC^{\mathrm{H}} = O$, 则 $A^+ = B^+ + C^+$.

证 仅证 (5), 其余留给读者完成.

若 $A = O$, 则 $A^+ = O$, (5) 成立.

若 $A \neq O$, 设 $\mathrm{rank}\,(A) = r > 0$, A 的秩分解为 $A = FG$, 其中 $F_{n\times r}$ 与 $G_{r\times n}$ 的秩都是 r, 若记

$$F_1 = G^{\mathrm{H}}, \quad G_1 = F^{\mathrm{H}}FG,$$

则 F_1 为 $n \times r$ 矩阵, G_1 为 $r \times n$ 矩阵, 且二者的秩都是 r, 于是

$$A^{\mathrm{H}}A = F_1G_1,$$

即得到 $A^{\mathrm{H}}A$ 的一种满秩分解.

由定理 7.2, $A^{\mathrm{H}}A$ 的 Moore-Penrose 广义逆为

$$\begin{aligned}(A^{\mathrm{H}}A)^+ &= G_1^{\mathrm{H}}(G_1G_1^{\mathrm{H}})^{-1}(F_1^{\mathrm{H}}F_1)^{-1}F_1^{\mathrm{H}} \\ &= G^{\mathrm{H}}F^{\mathrm{H}}F(F^{\mathrm{H}}FGG^{\mathrm{H}}F^{\mathrm{H}}F)^{-1}(GG^{\mathrm{H}})^{-1}G \\ &= G^{\mathrm{H}}(GG^{\mathrm{H}})^{-1}(F^{\mathrm{H}}F)^{-1}(GG^{\mathrm{H}})^{-1}G.\end{aligned}$$

于是

$$(A^{\mathrm{H}}A)^+A^{\mathrm{H}} = G^{\mathrm{H}}(GG^{\mathrm{H}})^{-1}(F^{\mathrm{H}}F)^{-1}(GG^{\mathrm{H}})^{-1}GG^{\mathrm{H}}F^{\mathrm{H}}$$

$$
\begin{aligned}
&= G^{\mathrm{H}}\left(GG^{\mathrm{H}}\right)^{-1}\left(F^{\mathrm{H}}F\right)^{-1}F^{\mathrm{H}} \\
&= A^{+}.
\end{aligned}
$$

7.2　广义逆矩阵 A^{-}

本节讨论 A^{-} 的计算问题及其在求解线性方程组时的应用.

对 $A=\begin{pmatrix}1&1\\0&0\end{pmatrix}$, 则 $X=\begin{pmatrix}1&b\\0&0\end{pmatrix}$, $b\in\mathbb{C}$ 均是 A 的 $\{1\}$-逆, 即 A 的 $\{1\}$-逆不是唯一的.

一般地, 我们有如下结果.

定理 7.4　设 $A\in\mathbb{C}^{m\times n}$ 且 $\operatorname{rank}(A)=r\geqslant 1$. 若存在非奇异矩阵 P 和 Q 使得

$$
PAQ=\begin{pmatrix}E_r&O\\O&O\end{pmatrix},
$$

则 $X\in A\{1\}$ 的充分必要条件是

$$
X=Q\begin{pmatrix}E_r&X_{12}\\X_{21}&X_{22}\end{pmatrix}P,
$$

其中 $X_{12}\in\mathbb{C}^{r\times(m-r)}$, $X_{21}\in\mathbb{C}^{(n-r)\times r}$ 和 $X_{22}\in\mathbb{C}^{(n-r)\times(m-r)}$ 是任意的矩阵.

证　证明分两步完成.

首先证明 $B=\begin{pmatrix}E_r&O\\O&O\end{pmatrix}$ 的 $\{1\}$-逆有且仅有形式 $\begin{pmatrix}E_r&X_{12}\\X_{21}&X_{22}\end{pmatrix}$. 为此, 令 $X=\begin{pmatrix}X_{11}&X_{12}\\X_{21}&X_{22}\end{pmatrix}$, 由 $BXB=B$, 即

$$
\begin{pmatrix}E_r&O\\O&O\end{pmatrix}\begin{pmatrix}X_{11}&X_{12}\\X_{21}&X_{22}\end{pmatrix}\begin{pmatrix}E_r&O\\O&O\end{pmatrix}=\begin{pmatrix}E_r&O\\O&O\end{pmatrix}.
$$

据分块矩阵的运算得 $X_{11}=E_r$, X_{12}, X_{21}, X_{22} 任取时, $X\in B\{1\}$.

再证若 $PAQ=B$, 则

$$
A\{1\}=\left\{QB^{(1)}P:B^{(1)}\in B\{1\}\right\}.
$$

任取 $B^{(1)}\in B\{1\}$, 由已知 $A=P^{-1}BQ^{-1}$, 则

$$
A\left(QB^{(1)}P\right)A=\left(P^{-1}BQ^{-1}\right)\left(QB^{(1)}P\right)\left(P^{-1}BQ^{-1}\right)
$$

$$= P^{-1}BQ^{-1} = A.$$

故 $QB^{(1)}P \in A\{1\}$;

反之, 任取 $A^{(1)} \in A\{1\}$, 则有 $AA^{(1)}A = A$, 即

$$\left(P^{-1}BQ^{-1}\right) A^- \left(P^{-1}BQ^{-1}\right) = P^{-1}BQ^{-1}.$$

两端左乘 P, 右乘 Q, 得

$$BQ^{-1}A^-P^{-1}B = B,$$

即

$$Q^{-1}A^-P^{-1} \in B\{1\}.$$

即存在 $B^- \in B\{1\}$, 使

$$Q^{-1}A^-P^{-1} = B^-.$$

即有

$$A^- = QB^-P.$$

综上所述

$$A\{1\} = \left\{Q\begin{pmatrix} E_r & X_{12} \\ X_{21} & X_{22} \end{pmatrix} P | X_{12}, X_{21}, X_{22} \text{ 为任取矩阵 } \right\}.$$

特别地, 当 A 为非奇异方阵时, 存在非奇异同阶方阵 P, Q, 使 $PAQ = E_n$, 从而

$$A\{1\} = QE_nP = QP = A^{-1},$$

即满秩方阵的 $\{1\}$-逆是唯一的, 且等于 A^{-1}.

例 7.3 已知 $A = \begin{pmatrix} 1 & 0 & -1 & 1 \\ 0 & 2 & 2 & 2 \\ -1 & 4 & 5 & 3 \end{pmatrix}$, 求 $A\{1\}$.

解 可求得

$$P = \begin{pmatrix} 1 & 0 & 0 \\ 0 & \dfrac{1}{2} & 0 \\ 1 & -2 & 1 \end{pmatrix}, \quad Q = \begin{pmatrix} 1 & 0 & 1 & -1 \\ 0 & 1 & -1 & -1 \\ 0 & 0 & 1 & 0 \\ 0 & 0 & 0 & 1 \end{pmatrix}.$$

使得

$$PAQ = \begin{pmatrix} E_2 & O \\ O & O \end{pmatrix}.$$

于是

$$A\{1\} = \left\{ \begin{pmatrix} 1 & 0 & 1 & -1 \\ 0 & 1 & -1 & -1 \\ 0 & 0 & 1 & 0 \\ 0 & 0 & 0 & 1 \end{pmatrix} \begin{pmatrix} 1 & 0 & x_1 \\ 0 & 1 & x_2 \\ y_{11} & y_{12} & z_1 \\ y_{21} & y_{22} & z_2 \end{pmatrix} \begin{pmatrix} 1 & 0 & 0 \\ 0 & \frac{1}{2} & 0 \\ 1 & -2 & 1 \end{pmatrix} \middle| \begin{array}{l} x_i, y_{ij}, z_j \text{为任意复数} \\ (i=1,2; \quad j=1,2) \end{array} \right\}$$

取 $x_i = y_{ij} = z_i = 0(i=1,2; j=1,2)$ 可得 A 的一个 $\{1\}$-逆, 即

$$X = \begin{pmatrix} 1 & 0 & 1 & -1 \\ 0 & 1 & -1 & -1 \\ 0 & 0 & 1 & 0 \\ 0 & 0 & 0 & 1 \end{pmatrix} \begin{pmatrix} 1 & 0 & 0 \\ 0 & 1 & 0 \\ 0 & 0 & 0 \\ 0 & 0 & 0 \end{pmatrix} \begin{pmatrix} 1 & 0 & 0 \\ 0 & \frac{1}{2} & 0 \\ 1 & -2 & 1 \end{pmatrix}$$

$$= \begin{pmatrix} 1 & 0 & 0 \\ 0 & \frac{1}{2} & 0 \\ 0 & 0 & 0 \\ 0 & 0 & 0 \end{pmatrix} \in A\{1\}.$$

广义逆 A^- 具有以下性质.

定理 7.5 设 $A \in \mathbb{C}^{m\times n}$, $\lambda \in \mathbb{C}$, 则

(1) $\operatorname{rank}(A) \leqslant \operatorname{rank}(A^-)$;

(2) $(A^-)^{\mathrm{H}} \in A^{\mathrm{H}}\{1\}$;

(3) $\lambda^+ A^- \in (\lambda A)\{1\}$, $\lambda^+ = \begin{cases} \lambda^{-1}, & \lambda \neq 0, \\ 0, & \lambda = 0; \end{cases}$

(4) AA^- 与 A^-A 都是幂等阵, 且 $\operatorname{rank}(AA^-) = \operatorname{rank}(A^-A) = \operatorname{rank}(A)$.

下面给出 A^- 在求线性方程组解当中的应用, 称有解的线性方程组为相容方程组, 否则称为不相容或矛盾方程组.

对相容方程组有如下结果.

定理 7.6 给定 $A \in \mathbb{C}^{m\times n}$, 则 $G \in A\{1\}$ 的充分必要条件是 $\boldsymbol{x} = G\boldsymbol{b}$ 是相容方程组 $A\boldsymbol{x} = \boldsymbol{b}$ 的解.

证 充分性 要证 $G \in A\{1\}$, 即证 $AGA = A$. 为此, 需证对任意 $\boldsymbol{y} \in \mathbb{C}^n$, 有 $AGA\boldsymbol{y} = A\boldsymbol{y}$.

令 $\boldsymbol{b} = A\boldsymbol{y}$. 因为 $\boldsymbol{x} = G\boldsymbol{b}$ 是 $A\boldsymbol{x} = \boldsymbol{b}$ 的解, 则有 $AG\boldsymbol{b} = \boldsymbol{b}$ 代入 $\boldsymbol{b} = A\boldsymbol{y}$ 得 $AGA\boldsymbol{y} = A\boldsymbol{y}$. 由 $\boldsymbol{y}$ 的任意性知 $AGA = A$.

必要性 若 $G \in A\{1\}$, 则 $AGA = A$. 对任意的 $\boldsymbol{b} \in R(A)$, 存在某个 $\boldsymbol{y} \in \mathbb{C}^n$ 使得 $A\boldsymbol{y} = \boldsymbol{b}$.

对这个 $\boldsymbol{y}$ 有 $AGA\boldsymbol{y} = A\boldsymbol{y}$, 即 $AG\boldsymbol{b} = \boldsymbol{b}$. 这表明 $\boldsymbol{x} = G\boldsymbol{b}$ 是 $A\boldsymbol{x} = \boldsymbol{b}$ 的解.

下面给出 Penrose 定理, 由它可导出线性方程组的可解性、通解表达式及广义逆 A^- 的通式.

定理 7.7 (Penrose 定理) 给定 $A \in \mathbb{C}^{m\times n}$, $B \in \mathbb{C}^{p\times q}$, $C \in \mathbb{C}^{m\times q}$, 则矩阵方程

$$AXB = C$$

有解的充分必要条件是

$$AA^-CB^-B = C.$$

在有解的情况下, 其通解为

$$X = A^-CB^- + Y - A^-AYBB^-,$$

其中 $Y \in \mathbb{C}^{n\times p}$ 是任意矩阵.

证 充分性 若 $AA^-CB^-B = C$, 则 $X = A^-CB^-$ 是 $AXB = C$ 的解, 即 $AXB = C$ 有解.

下面证明 $X = A^-CB^- + Y - A^-AYBB^-$ 是 $AXB = C$ 的通解. 可以证明 X 是 $AXB = C$ 的解; 另一方面, $AXB = C$ 的任一解 X 可以通过选取适当的矩阵 Y 得到, 即

$$X = A^-CB^- + Y - A^-AYBB^-.$$

必要性 若 $AXB = C$ 有解且 X 为其任意解, 则

$$C = AXB = AA^{-}AXBB^{-}B = AA^{-}CB^{-}B.$$

将该结果应用到线性方程组 $A\boldsymbol{x} = \boldsymbol{b}$ 上, 即得其可解性条件及通解的表达式.

定理 7.8 给定 $A \in \mathbb{C}^{m\times n}$, $\boldsymbol{b} \in \mathbb{C}^{m}$, 则 $A\boldsymbol{x} = \boldsymbol{b}$ 有解的充分必要条件是

$$AA^{-}\boldsymbol{b} = \boldsymbol{b}.$$

此时, $A\boldsymbol{x} = \boldsymbol{b}$ 的通解是

$$\boldsymbol{x} = A^{-}\boldsymbol{b} + (E_n - A^{-}A)\,\boldsymbol{y},$$

其中 $\boldsymbol{y} \in \mathbb{C}^{n}$ 是任意的.

如下结果表明, 在已知 A 的一个 $\{1\}$-逆 A^{-} 的条件下, 可以写出 $A\{1\}$ 的通式.

定理 7.9 设 $A^{-} \in A\{1\}$, 则

$$A\{1\} = \left\{A^{-} + U - A^{-}AUAA^{-} : U \in \mathbb{C}^{n\times m}\right\}.$$

7.3 广义逆 $A^{(1,4)}$ 与线性方程组的极小范数解

先讨论广义逆 $A^{(1,4)}$, 类似于定理 4.9 的分解, 有如下结果.

定理 7.10 $A \in \mathbb{C}^{m\times n}$, 其奇异值分解为

$$A = U\begin{pmatrix} \Sigma & O \\ O & O \end{pmatrix}V^{\mathrm{H}},$$

其中 $U \in \mathbb{C}^{m\times m}$, $V \in \mathbb{C}^{n\times n}$ 是酉矩阵, $\Sigma = \mathrm{diag}\,(\sigma_1, \cdots, \sigma_r)$, $\mathrm{rank} = r\,(A) \geqslant 1$. 则 $G \in A\{1,4\}$ 的充分必要条件是

$$G = V\begin{pmatrix} \Sigma^{-1} & G_{12} \\ O & G_{22} \end{pmatrix}U^{\mathrm{H}},$$

其中 $G_{12} \in \mathbb{C}^{r\times(m-r)}$, $G_{22} \in \mathbb{C}^{(n-r)\times(m-r)}$ 是任意矩阵.

该结果表明 $A^{(1,4)}$ 存在但不唯一, 有以下刻画.

定理 7.11 给定 $A\in\mathbb{C}^{m\times n}$, 则 $G\in A^{(1,4)}$ 的充分必要条件是 G 满足

$$GAA^{\mathrm{H}}=A^{\mathrm{H}},$$

另外

$$A\{1,4\}=\left\{G\in\mathbb{C}^{n\times m}:GA=A^{(1,4)}A\right\}.$$

证 若 $G\in A\{1,4\}$, 则

$$GAA^{\mathrm{H}}=(GA)^{\mathrm{H}}A^{\mathrm{H}}=A^{\mathrm{H}}G^{\mathrm{H}}A^{\mathrm{H}}=A^{\mathrm{H}}.$$

反之, 若 $GAA^{\mathrm{H}}=A^{\mathrm{H}}$, 则 $GAA^{\mathrm{H}}G^{\mathrm{H}}=A^{\mathrm{H}}G^{\mathrm{H}}$, 即 $(GA)(GA)^{\mathrm{H}}=(GA)^{\mathrm{H}}$. 故 GA 是 Hermite 矩阵, 即

$$(GA)^{\mathrm{H}}=GA.$$

从而有

$$\begin{aligned}&(AGA-A)^{\mathrm{H}}(AGA-A)\\=&\left((GA)^{\mathrm{H}}A^{\mathrm{H}}-A^{\mathrm{H}}\right)(AGA-A)\\=&\left(GAA^{\mathrm{H}}-A^{\mathrm{H}}\right)(AGA-A)=O.\end{aligned}$$

则 $AGA=A$, 于是 $G\in A\{1,4\}$.

对任一 $G\in A\{1,4\}$, 则

$$\begin{aligned}A^{(1,4)}A&=A^{(1,4)}AGA=\left(A^{(1,4)}A\right)^{\mathrm{H}}(GA)^{\mathrm{H}}\\&=A^{\mathrm{H}}\left(A^{(1,4)}\right)^{\mathrm{H}}A^{\mathrm{H}}G^{\mathrm{H}}\\&=A^{\mathrm{H}}G^{\mathrm{H}}=(GA)^{\mathrm{H}}=GA.\end{aligned}$$

故 $G\in\{G\in\mathbb{C}^{n\times m}:GA=A^{(1,4)}A\}$.

任取 $G\in\{G\in\mathbb{C}^{n\times m}:GA=A^{(1,4)}A\}$, 则 $AGA=AA^{(1,4)}A=A$, $(GA)^{\mathrm{H}}=(A^{(1,4)}A)^{\mathrm{H}}=A^{(1,4)}A=GA$. 从而知 $G\in A\{1,4\}$.

这表明

$$A\{1,4\}=\left\{G\in\mathbb{C}^{n\times m}:GA=A^{(1,4)}A\right\}.$$

类似于定理 7.9, 可得 $A\{1,4\}$ 的通式

$$A\{1,4\}=\left\{A^{(1,4)}+Z\left(E-AA^{-}\right),Z\in\mathbb{C}^{n\times m}\right\},$$

其中 $A^{(1,4)}$ 是任一 $\{1,4\}$-逆, A^- 是任一 $\{1\}$-逆.

在相容方程组 $A\boldsymbol{x}=\boldsymbol{b}$ 的解的集合中, 范数最小的解具有重要的意义, 我们称之为极小范数解.

下述定理给出了相容线性方程组极小范数解的刻画.

定理 7.12　给定 $A\in\mathbb{C}^{m\times n}$, 则 $G\in A\{1,4\}$ 的充分必要条件是 $\boldsymbol{x}=G\boldsymbol{b}$ 是相容线性方程组 $A\boldsymbol{x}=\boldsymbol{b}$ 的极小范数解.

证　充分性　若 $\boldsymbol{x}=G\boldsymbol{b}$ 是相容性线性方程组 $A\boldsymbol{x}=\boldsymbol{b}$ 的极小范数解, 则由定理 7.6 知 $G\in A\{1\}$, 故 $A\boldsymbol{x}=\boldsymbol{b}$ 的通解为 $\boldsymbol{x}=G\boldsymbol{b}+(E-GA)\,\boldsymbol{y}$. 由题设, $G\boldsymbol{b}$ 是 $A\boldsymbol{x}=\boldsymbol{b}$ 的极小范数解, 故对任意的 $\boldsymbol{b}$, $\boldsymbol{y}\in\mathbb{C}^n$,

$$\|G\boldsymbol{b}\|_2\leqslant\|G\boldsymbol{b}+(E-GA)\,\boldsymbol{y}\|_2.$$

令 $\boldsymbol{b}=A\boldsymbol{z}$, $\boldsymbol{z}\in\mathbb{C}^n$, 则

$$\|GA\boldsymbol{z}\|_2\leqslant\|GA\boldsymbol{z}+(E-GA)\,\boldsymbol{y}\|_2.$$

要使上式不等式恒成立, 则充分必要条件是

$$(GA\boldsymbol{z})^{\mathrm{H}}\,(E-GA)\,\boldsymbol{y}=O.$$

对任意的 $\boldsymbol{y},\boldsymbol{z}\in\mathbb{C}^n$ 恒成立. 由 $\boldsymbol{y}$, $\boldsymbol{z}$ 的任意性得

$$(GA)^{\mathrm{H}}\,(E-GA)=O.$$

这表明 GA 是 Hermite 矩阵, 即 $(GA)^{\mathrm{H}}=GA$, 从而 $G\in A\{1,4\}$.

必要性　若 $G\in A\{1\}$, 则相容线性方程组 $A\boldsymbol{x}=\boldsymbol{b}$ 的通解为

$$\boldsymbol{x}=G\boldsymbol{b}+(E-GA)\,\boldsymbol{y}.$$

若 G 还满足 $(GA)^{\mathrm{H}}=GA$, 则 $\boldsymbol{x}=G\boldsymbol{b}$ 是 $A\boldsymbol{x}=\boldsymbol{b}$ 的极小范数解.

这是因为

$$\begin{aligned}\|\boldsymbol{x}\|_2^2&=\|G\boldsymbol{b}+(E-GA)\,\boldsymbol{y}\|_2^2\\&=(G\boldsymbol{b}+(E-GA)\,\boldsymbol{y})^{\mathrm{H}}\,(G\boldsymbol{b}+(E-GA)\,\boldsymbol{y})\\&=\|G\boldsymbol{b}\|_2^2+\|(E-GA)\,\boldsymbol{y}\|_2^2+(G\boldsymbol{b})^{\mathrm{H}}\,(E-GA)\,\boldsymbol{y}\end{aligned}$$

$$+ ((E - GA)\,\boldsymbol{y})^{\mathrm{H}} G\boldsymbol{b}.$$

对任意的 $\boldsymbol{b} \in R(A)$, 存在 $\boldsymbol{z} \in \mathbb{C}^n$ 使得 $A\boldsymbol{z} = \boldsymbol{b}$, 则

$$\begin{aligned}(G\boldsymbol{b})^{\mathrm{H}} (E - GA)\,\boldsymbol{y} &= (GA\boldsymbol{z})^{\mathrm{H}} (E - GA)\,\boldsymbol{y} \\ &= \boldsymbol{z}^{\mathrm{H}} (GA)^{\mathrm{H}} (E - GA)\,\boldsymbol{y} \\ &= \boldsymbol{z}^{\mathrm{H}} GA\,(E - GA)\,\boldsymbol{y} \\ &= \boldsymbol{z}^{\mathrm{H}} (GA - GAGA)\,\boldsymbol{y} \\ &= \boldsymbol{z}^{\mathrm{H}} (GA - GA)\,\boldsymbol{y} \\ &= O.\end{aligned}$$

同理可证 $((E - GA)\,\boldsymbol{y})^{\mathrm{H}} G\boldsymbol{b} = O$, 因此有

$$\|\boldsymbol{x}\|_2^2 = \|G\boldsymbol{b}\|_2^2 + \|(E - GA)\,\boldsymbol{y}\|_2^2 \geqslant \|G\boldsymbol{b}\|_2^2.$$

这表明 $\boldsymbol{x} = G\boldsymbol{b}$ 是 $A\boldsymbol{x} = \boldsymbol{b}$ 的极小范数解.

相容线性方程组的极小范数解是唯一的.

定理 7.13 相容线性方程组 $A\boldsymbol{x} = \boldsymbol{b}$ 的极小范数解是唯一的.

证 对 $\boldsymbol{b} \in R(A)$, 存在 $\boldsymbol{z} \in \mathbb{C}^n$, 使得 $A\boldsymbol{z} = \boldsymbol{b}$. 设 G_1, G_2 是两个不同的 $\{1,4\}$-逆, 则

$$\boldsymbol{x}_1 = G_1\boldsymbol{b} = G_1 A\boldsymbol{z},$$
$$\boldsymbol{x}_2 = G_2\boldsymbol{b} = G_2 A\boldsymbol{z}$$

都是 $A\boldsymbol{x} = \boldsymbol{b}$ 的极小范数解.

则由定理 7.11 知

$$(G_1 - G_2)\,AA^{\mathrm{H}} = O.$$

上式两边右乘 $(G_1 - G_2)^{\mathrm{H}}$, 则

$$[(G_1 - G_2)\,A]\,[(G_1 - G_2)\,A]^{\mathrm{H}} = O,$$

则有

$$(G_1 - G_2)\,A = O,$$

故

$$\boldsymbol{x}_1-\boldsymbol{x}_2=(G_1-G_2)\,A\boldsymbol{z}=\mathbf{0}.$$

从而

$$\boldsymbol{x}_1=\boldsymbol{x}_2.$$

7.4 广义逆 $A^{(1,3)}$ 与矛盾方程组的最小二乘解

类似于定理 7.10, 有以下结论.

定理 7.14 给定 $A\in\mathbb{C}^{m\times n}$, 其奇异值分解为

$$A=U\begin{pmatrix}\varSigma & O\\ O & O\end{pmatrix}V^{\mathrm{H}},$$

其中 $U\in\mathbb{C}^{m\times m}$ 和 $U\in\mathbb{C}^{n\times n}$ 是酉矩阵, $\varSigma=\operatorname{diag}(\sigma_1,\cdots,\sigma_r)$, $r=\operatorname{rank}(A)\geqslant 1$, 则 $G\in A\{1,3\}$ 的充分必要条件是

$$G=V\begin{pmatrix}\varSigma^{-1} & O\\ G_{21} & G_{22}\end{pmatrix}U^{\mathrm{H}},$$

其中 $G_{21}\in\mathbb{C}^{(n-r)\times r}$ 和 $G_{22}\in\mathbb{C}^{(n-r)\times(m-r)}$ 是任意的矩阵.

如上节讨论, 有以下刻画.

定理 7.15 设 $A\in\mathbb{C}^{m\times n}$, $G\in A\{1,3\}$ 的充分必要条件是 G 满足

$$A^{\mathrm{H}}AG=A^{\mathrm{H}}.$$

若 $A^{(1,3)}$ 是 A 的任一 $\{1,3\}$-逆, 则

$$A\{1,3\}=\left\{G\in\mathbb{C}^{n\times m}:AG=AA^{(1,3)}\right\}.$$

大量实际问题中经常出现不相容的线性方程组 $A\boldsymbol{x}=\boldsymbol{b}$, 它没有通常意义下的解. 对此类方程组, 我们可以求残量 $A\boldsymbol{x}-\boldsymbol{b}$ 范数为最小的解, 即

$$\|A\boldsymbol{x}-\boldsymbol{b}\|_2=\min\{\|A\boldsymbol{x}-\boldsymbol{b}\||\boldsymbol{x}\in\mathbb{C}^n\}. \tag{7.1}$$

通常称式 (7.1) 为线性最小二乘问题, 把这样的 $\boldsymbol{x}$ 称为 $A\boldsymbol{x}=\boldsymbol{b}$ 的最小二乘解.

定理 7.16 给定 $A \in \mathbb{C}^{m\times n}$, 则 $G \in A\{1,3\}$ 的充分必要条件是 $\boldsymbol{x} = G\boldsymbol{b}$ 是 $A\boldsymbol{x} = \boldsymbol{b}$ 的最小二乘解.

证 必要性 若 $G \in A\{1,3\}$, 则对任意的 $\boldsymbol{x} \in \mathbb{C}^n$, 有

$$\begin{aligned}\|A\boldsymbol{x}-\boldsymbol{b}\|_2^2 &= \|(AG\boldsymbol{b}-\boldsymbol{b})+A(\boldsymbol{x}-G\boldsymbol{b})\|_2^2 \\ &= \|AG\boldsymbol{b}-\boldsymbol{b}\|_2^2+\|A(\boldsymbol{x}-G\boldsymbol{b})\|_2^2 \\ &\quad + 2\mathrm{Re}(A(\boldsymbol{x}-G\boldsymbol{b}))^{\mathrm{H}}\cdot(AG\boldsymbol{b}-\boldsymbol{b}).\end{aligned} \tag{7.2}$$

而

$$(A(\boldsymbol{x}-G\boldsymbol{b}))^{\mathrm{H}}(AG\boldsymbol{b}-\boldsymbol{b}) = (\boldsymbol{x}-G\boldsymbol{b})^{\mathrm{H}}A^{\mathrm{H}}(AG-E)\boldsymbol{b} = 0. \tag{7.3}$$

因此, 有

$$\begin{aligned}\|A\boldsymbol{x}-\boldsymbol{b}\|_2^2 &= \|AG\boldsymbol{b}-\boldsymbol{b}\|_2^2+\|A(\boldsymbol{x}-G\boldsymbol{b})\|_2^2 \\ &\geqslant \|AG\boldsymbol{b}-\boldsymbol{b}\|_2^2.\end{aligned}$$

这证明了 $\boldsymbol{x} = G\boldsymbol{b}$ 是 $A\boldsymbol{x} = \boldsymbol{b}$ 的最小二乘解.

充分性 若 $\boldsymbol{x} = G\boldsymbol{b}$ 是 $A\boldsymbol{x} = \boldsymbol{b}$ 的最小二乘解, 则对任意的 $\boldsymbol{x} \in \mathbb{C}^n$, $\boldsymbol{b} \in \mathbb{C}^m$, 都有

$$\|AG\boldsymbol{b}-\boldsymbol{b}\|_2^2 \leqslant \|A\boldsymbol{x}-\boldsymbol{b}\|_2^2. \tag{7.4}$$

由式 (7.2) 知, 不等式 (7.4) 恒成立的充分必要条件是对任意的 $\boldsymbol{x} \in \mathbb{C}^n$, $\boldsymbol{b} \in \mathbb{C}^m$, 等式 (7.3) 恒成立. 由 $\boldsymbol{b}$ 和 $\boldsymbol{x}-G\boldsymbol{b}$ 的任意性得 $A^{\mathrm{H}}(AG-E) = O$, 故 $G \in A\{1,3\}$.

如下结果给出了最小二乘解的刻画.

定理 7.17 不相容线性方程组 $A\boldsymbol{x} = \boldsymbol{b}$ 的最小二乘解必为相容线性方程组 $A^{\mathrm{H}}A\boldsymbol{X} = A^{\mathrm{H}}\boldsymbol{b}$ 的解; 反之亦然.

证 由定理 7.16 知 $\boldsymbol{x} = A^{(1,3)}\boldsymbol{b}$ 是线性方程组 $A^{\mathrm{H}}A\boldsymbol{x} = A^{\mathrm{H}}\boldsymbol{b}$ 的解, 故 $A^{\mathrm{H}}A\boldsymbol{x} = A^{\mathrm{H}}\boldsymbol{b}$ 相容. 如果 $\boldsymbol{y}$ 为不相容线性方程组 $A\boldsymbol{x} = \boldsymbol{b}$ 的最小二乘解, 则 $\boldsymbol{y}$ 是 $A^{\mathrm{H}}A\boldsymbol{x} = A^{\mathrm{H}}\boldsymbol{b}$ 的解.

反过来, 若 $\boldsymbol{y}$ 是 $A^{\mathrm{H}}A\boldsymbol{x}=A^{\mathrm{H}}\boldsymbol{b}$ 的解, 则

$$\begin{aligned}\|A\boldsymbol{x}-\boldsymbol{b}\|_2^2&=\|A(\boldsymbol{x}-\boldsymbol{y})+(A\boldsymbol{y}-\boldsymbol{b})\|_2^2\\&=\|A(\boldsymbol{x}-\boldsymbol{y})\|_2^2+\|A\boldsymbol{y}-\boldsymbol{b}\|_2^2\\&\quad+2\mathrm{Re}(\boldsymbol{x}-\boldsymbol{y})^{\mathrm{H}}A^{\mathrm{H}}(A\boldsymbol{y}-\boldsymbol{b})\\&=\|A(\boldsymbol{x}-\boldsymbol{y})\|_2^2+\|A\boldsymbol{y}-\boldsymbol{b}\|_2^2\\&\geqslant\|A\boldsymbol{y}-\boldsymbol{b}\|_2^2.\end{aligned}$$

上式说明 $\boldsymbol{y}$ 是不相容方程组 $A\boldsymbol{x}=\boldsymbol{b}$ 的最小二乘解.

进一步, 可以得到 $A\boldsymbol{x}=\boldsymbol{b}$ 的最小二乘解的通式.

定理 7.18　$\boldsymbol{x}$ 是不相容线性方程组 $A\boldsymbol{x}=\boldsymbol{b}$ 的最小二乘解, 当且仅当 $\boldsymbol{x}$ 是相容线性方程组

$$A\boldsymbol{x}=AA^{(1,3)}\boldsymbol{b}$$

的解, 并且 $A\boldsymbol{x}=\boldsymbol{b}$ 的最小二乘解的通式为

$$\boldsymbol{x}=A^{(1,3)}\boldsymbol{b}+\left(E-A^{(1,3)}A\right)\boldsymbol{y},$$

其中 $\boldsymbol{y}\in\mathbb{C}^n$ 是任意的.

本节的最后, 我们指出可以结合上述分析并利用 Moore-Penrose 逆 A^+ 给出 $A\boldsymbol{x}=\boldsymbol{b}$ 的可解性条件和通解表达式.

定理 7.19　给定 $A\in\mathbb{C}^{m\times n}$, $\boldsymbol{b}\in\mathbb{C}^m$, 则线性方程组 $A\boldsymbol{x}=\boldsymbol{b}$ 有解的充分必要条件是

$$AA^+\boldsymbol{b}=\boldsymbol{b}.$$

这时 $A\boldsymbol{x}=\boldsymbol{b}$ 的通解是

$$\boldsymbol{x}=A^+\boldsymbol{b}+(E-A^+A)\boldsymbol{y},$$

其中 $\boldsymbol{y}\in\mathbb{C}^n$ 是任意的.

定理 7.20　给定 $A\in\mathbb{C}^{m\times n}$, $\boldsymbol{b}\in\mathbb{C}^m$, 则不相容线性方程组 $A\boldsymbol{x}=\boldsymbol{b}$ 的最小二乘解的通式为

$$\boldsymbol{x}=A^+\boldsymbol{b}+(E-A^+A)\boldsymbol{y},$$

其中 $\boldsymbol{y} \in \mathbb{C}^n$ 是任意的.

不相容线性方程组 $A\boldsymbol{x}=\boldsymbol{b}$ 的最小二乘解一般不唯一, 设 $\boldsymbol{x}_0$ 是 $A\boldsymbol{x}=\boldsymbol{b}$ 的一个最小二乘解, 如果对任意的最小二乘解 $\boldsymbol{x}$ 都有

$$\|\boldsymbol{x}_0\|_2 \leqslant \|\boldsymbol{x}\|_2,$$

则称 $\boldsymbol{x}_0$ 为 $A\boldsymbol{x}=\boldsymbol{b}$ 的极小最小二乘解.

定理 7.21 给定 $A \in \mathbb{C}^{m\times n}$, 则 G 是 Moore-Penrose 广义逆 A^+ 的充分必要条件是 $\boldsymbol{x}=G\boldsymbol{b}$ 是不相容线性方程组 $A\boldsymbol{x}=\boldsymbol{b}$ 的极小最小二乘解.

例 7.4 求方程组 $A\boldsymbol{x}=\boldsymbol{b}$, 其中

$$A=\begin{pmatrix} 1 & 0 & -1 & 1 \\ 0 & 2 & 2 & 2 \\ -1 & 4 & 5 & 3 \end{pmatrix}, \quad \boldsymbol{b}=\begin{pmatrix} 4 \\ 1 \\ 2 \end{pmatrix}$$

的极小最小二乘解.

解 先计算 A^+. 对 A 进行满秩分解

$$A=BC=\begin{pmatrix} 1 & 0 \\ 0 & 2 \\ -1 & 4 \end{pmatrix}\begin{pmatrix} 1 & 0 & -1 & 1 \\ 0 & 1 & 1 & 1 \end{pmatrix}.$$

所以

$$\begin{aligned} A^+ &= C^{\mathrm{H}}\left(CC^{\mathrm{H}}\right)^{-1}\left(B^{\mathrm{H}}B\right)^{-1}B^{\mathrm{H}} \\ &= \begin{pmatrix} 1 & 0 \\ 0 & 1 \\ -1 & 1 \\ 1 & 1 \end{pmatrix}\begin{pmatrix} 3 & 0 \\ 0 & 3 \end{pmatrix}^{-1}\begin{pmatrix} 2 & -4 \\ -4 & 20 \end{pmatrix}^{-1}\begin{pmatrix} 1 & 0 & -1 \\ 0 & 2 & 4 \end{pmatrix} \\ &= \frac{1}{18}\begin{pmatrix} 5 & 2 & -1 \\ 1 & 1 & 1 \\ -4 & -1 & 2 \\ 6 & 3 & 0 \end{pmatrix}. \end{aligned}$$

从而 $A\boldsymbol{x}=\boldsymbol{b}$ 的极小最小二乘解为

$$\boldsymbol{x}=A^+\boldsymbol{b}=\frac{1}{18}\begin{pmatrix}5&2&-1\\1&1&1\\-4&-1&2\\6&3&0\end{pmatrix}\begin{pmatrix}4\\1\\2\end{pmatrix}$$

$$=\frac{1}{18}\begin{pmatrix}20\\7\\-13\\27\end{pmatrix}.$$

习 题 7

1. 已知 $A=\begin{pmatrix}0&-1&3&0\\2&-4&1&5\\-4&5&7&-10\end{pmatrix}$, 求 A 的一个广义逆矩阵 A^-.

2. 设 $A=\begin{pmatrix}1&1&0&1&0\\0&1&1&1&1\\1&0&1&1&0\end{pmatrix}$, 求广义逆矩阵 A^+.

3. 设 $\boldsymbol{\alpha},\boldsymbol{\beta}\in\mathbb{C}^n$, 证明: $\boldsymbol{\alpha}^+=\left(\boldsymbol{\alpha}^{\mathrm{H}}\boldsymbol{\alpha}\right)^+\boldsymbol{\alpha}^{\mathrm{H}}$, $\left(\boldsymbol{\alpha}\boldsymbol{\beta}^{\mathrm{H}}\right)^+=\left(\boldsymbol{\alpha}^{\mathrm{H}}\boldsymbol{\alpha}\right)^+\left(\boldsymbol{\beta}^{\mathrm{H}}\boldsymbol{\beta}\right)^+\boldsymbol{\beta}\boldsymbol{\alpha}^{\mathrm{H}}$.

4. 证明: $\begin{pmatrix}A\\O\end{pmatrix}^+=(A^+,O)$.

5. 已知 $A=\begin{pmatrix}1&2\\0&0\\2&4\end{pmatrix}$, $\boldsymbol{\beta}=\begin{pmatrix}0\\1\\0\end{pmatrix}$, 求不相容线性方程组 $A\boldsymbol{\alpha}=\boldsymbol{\beta}$ 的最小二乘解和极小最小二乘解.

第 8 章　特征值的估计

矩阵的特征值在理论上及实际应用中都具有十分重要的意义, 而精确计算出矩阵的特征值一般是比较困难的. 1825 年左右, Abel 与 Galois 等证明了 5 次及 5 次以上的代数方程无根式解. 因此, 由矩阵元素的简单关系式估计出特征值的范围就显得尤为重要. 本章将主要给出特征值的估计及圆盘定理.

8.1　特征值界的估计

首先给出矩阵特征值模之平方和的上界估计.

定理 8.1 (Schur 不等式)　设 $A=(a_{ij})\in\mathbb{C}^{n\times n}$, $\lambda_1,\lambda_2,\cdots,\lambda_n$ 为 A 的特征值, 则

$$\sum_{i=1}^{n}|\lambda_i|^2\leqslant\sum_{i,j=1}^{n}|a_{ij}|^2=\|A\|_F^2,$$

等号当且仅当 A 为正规矩阵时成立.

证　根据 Schur 引理, 存在酉矩阵 U 及上三角矩阵 $T=\begin{pmatrix} t_{11} & t_{12} & \cdots & t_{1n}\\ & t_{22} & \cdots & t_{2n}\\ & & \ddots & \vdots\\ & & & t_{nn}\end{pmatrix}$, 使得 $U^{\mathrm{H}}AU=T$. 于是 T 的对角线上的元素 t_{kk} 都是 A 的特征值, 从而

$$\begin{aligned}\sum_{i=1}^{n}|\lambda_i|^2&=\sum_{k=1}^{n}|t_{kk}|^2\\&\leqslant\sum_{i=1}^{n}|t_{ii}|^2+\sum_{i<j}|t_{ij}|^2\\&=\|T\|_F^2.\end{aligned}\tag{8.1}$$

由于在酉相似下矩阵的 F-范数不变, 所以

$$\sum_{i=1}^{n}|\lambda_i|^2\leqslant\|T\|_F^2=\|A\|_F^2.$$

由式 (8.1) 知结论中等号成立当且仅当

$$\sum_{i<j}|t_{ij}|^2=0,$$

即 T 为对角阵, 故结论中等号成立当且仅当 A 酉相似于对角阵, 即 A 为正规矩阵.

例 8.1 已知矩阵 $A=\begin{pmatrix}3+\mathrm{i} & -2-3\mathrm{i} & 2\mathrm{i}\\ 1 & 0 & 0\\ 0 & 1 & 0\end{pmatrix}$ 的一个特征值为 2, 估计其他两个特征值的上界.

解 记 $\lambda_1=2$, A 的另外两个特征值为 λ_2,λ_3, 由定理 8.1 得

$$\begin{aligned}|\lambda_2|^2&\leqslant\sum_{i=1}^{3}|\lambda_i|^2-|\lambda_1|^2\\&\leqslant\sum_{i,j=1}^{3}|a_{ij}|^2-|\lambda_1|^2\\&=25,\end{aligned}$$

故 $|\lambda_2|\leqslant 5$.

同理可得 $|\lambda_3|\leqslant 5$.

现在给出一些利用矩阵元素直接估计矩阵特征值上下界的方法.

注意到对 $A=(a_{ij})_{n\times n}\in\mathbb{C}^{n\times n}$, 有如下分解式

$$A=B+C,$$

其中 $B=(b_{ij})=\dfrac{A+A^{\mathrm{H}}}{2}$, $C=(c_{ij})=\dfrac{A-A^{\mathrm{H}}}{2}$, 则 $B^{\mathrm{H}}=B$, $C^{\mathrm{H}}=-C$, 即 B 为 Hermite 矩阵, C 为反 Hermite 矩阵.

定理 8.2 给定 $A=(a_{ij})\in\mathbb{C}^{n\times n}$, A 的特征值为 $\lambda_i\,(i=1,2,\cdots,n)$, 则

$$\begin{aligned}|\lambda_k|&\leqslant n\cdot\max_{i,j}|a_{ij}|,\\|\mathrm{Re}\,(\lambda_k)|&\leqslant n\cdot\max_{i,j}|b_{ij}|,\\|\mathrm{Im}\,(\lambda_k)|&\leqslant n\cdot\max_{i,j}|c_{ij}|.\end{aligned}$$

证 由定理 8.1 得

$$\begin{aligned}|\lambda_k|^2 &\leqslant \sum_{i=1}^{n}|\lambda_i|^2\\ &\leqslant \sum_{i,j=1}^{n}|a_{ij}|^2\\ &\leqslant n^2\cdot\max_{i,j}|a_{ij}|^2.\end{aligned}$$

即 $|\lambda_k|\leqslant n\cdot\max\limits_{i,j}|a_{ij}|$.

根据 Schur 引理, 存在酉矩阵 U 使得

$$U^{\mathrm{H}}AU=T,\quad U^{\mathrm{H}}A^{\mathrm{H}}U=T^{\mathrm{H}},$$

其中 T 为上三角矩阵, T 的对角线元素 $t_{ii}\,(i=1,2,\cdots,n)$ 为 A 的特征值. 从而有

$$\begin{aligned}U^{\mathrm{H}}BU&=U^{\mathrm{H}}\cdot\frac{A+A^{\mathrm{H}}}{2}U=\frac{T+T^{\mathrm{H}}}{2},\\ U^{\mathrm{H}}CU&=U^{\mathrm{H}}\frac{A-A^{\mathrm{H}}}{2}U=\frac{T-T^{\mathrm{H}}}{2},\end{aligned}$$

$$\begin{aligned}|\mathrm{Re}\lambda_k|^2&\leqslant\sum_{i=1}^{n}|\mathrm{Re}\lambda_i|^2\\ &=\sum_{i=1}^{n}\left|\frac{\lambda_i+\overline{\lambda}_i}{2}\right|^2\\ &=\sum_{i=1}^{n}\left|\frac{t_{ii}+\bar{t}_{ii}}{2}\right|^2,\end{aligned}$$

$$\begin{aligned}|\mathrm{Im}\lambda_k|^2&\leqslant\sum_{i=1}^{n}|\mathrm{Im}\lambda_i|^2\\ &=\sum_{i=1}^{n}\left|\frac{\lambda_i-\overline{\lambda}_i}{2}\right|^2\\ &=\sum_{i=1}^{n}\left|\frac{t_{ii}-\bar{t}_{ii}}{2}\right|^2.\end{aligned}$$

因为在酉相似下矩阵的 F-范数不变, 故

$$\begin{aligned}
&\sum_{i=1}^{n}\left|\frac{t_{ii}+\bar{t}_{ii}}{2}\right|^2+\sum_{\substack{i,j=1\\ i<j}}^{n}\frac{|t_{ij}|^2}{2}\\
&=\left\|\frac{T+T^{\mathrm{H}}}{2}\right\|_F^2\\
&=\|B\|_F^2\leqslant n^2\cdot\max_{i,j}|b_{ij}|^2,\\
&\sum_{i=1}^{n}\left|\frac{t_{ii}-\bar{t}_{ii}}{2}\right|^2+\sum_{\substack{i,j=1\\ i<j}}^{n}\frac{|t_{ij}|^2}{2}\\
&=\left\|\frac{T-T^{\mathrm{H}}}{2}\right\|_F^2\\
&=\|C\|_F^2\\
&\leqslant n^2\cdot\max_{i,j}|c_{ij}|^2.
\end{aligned}$$

从而

$$|\mathrm{Re}\lambda_k|^2\leqslant n^2\cdot\max_{i,j}|b_{ij}|^2,$$

$$|\mathrm{Im}\lambda_k|^2\leqslant n^2\cdot\max_{i,j}|c_{ij}|^2.$$

从而

$$|\mathrm{Re}\lambda_k|\leqslant n\cdot\max_{i,j}|b_{ij}|,$$

$$|\mathrm{Im}\lambda_k|\leqslant n\cdot\max_{i,j}|c_{ij}|.$$

若 A 为 Hermite 矩阵, 则 $A^{\mathrm{H}}=A$, $C=\dfrac{A-A^{\mathrm{H}}}{2}=O$, 则 $\mathrm{Im}\lambda_k=0$ $(k=1, 2,\cdots,n)$, 即 Hermite 矩阵的特征值都是实数.

同理可得反 Hermite 矩阵的全部特征值为 0 或是纯虚数.

在 A 为 n 阶实方阵时, 有如下更为精细的估计式.

定理 8.3 若 $A\in\mathbb{R}^{n\times n}$, 则对 A 的任一特征值 $\lambda_k\,(k=1,2,\cdots,n)$, 有

$$|\mathrm{Im}\lambda_k|\leqslant\sqrt{\frac{n(n-1)}{2}}\max_{i,j}|c_{ij}|.$$

证 因 $A\in\mathbb{R}^{n\times n}$, 则 $c_{ii}=0\,(i=1,2,\cdots,n)$, 由定理 8.2 的证明得

$$\sum_{i=1}^{n}|\mathrm{Im}\lambda_k|^2\leqslant\sum_{\substack{i,j=1\\i\neq j}}^{n}|c_{ij}|^2$$

$$\leqslant n\,(n-1)\max_{i,j}|c_{ij}|.$$

因为实矩阵的特征多项式为实系数多项式, 其复特征值必然成对出现, 则

$$\sum_{i=1}^{n}|\mathrm{Im}\lambda_i|^2\geqslant 2|\mathrm{Im}\lambda_k|^2.$$

故

$$2|\mathrm{Im}\lambda_k|^2\leqslant n\,(n-1)\max_{i,j}|c_{ij}|^2.$$

即

$$|\mathrm{Im}\lambda_k|\leqslant\sqrt{\frac{n\,(n-1)}{2}}\max_{i,j}|c_{ij}|.$$

8.2 特征值的包含区域

本节将介绍利用矩阵的元素更准确地估计其特征值在复平面上的分布区域.

定义 8.1 给定 $A=(a_{ij})\in\mathbb{C}^{n\times n}$, 称由不等式

$$|z-a_{ii}|\leqslant R_i$$

在复平面上确定的区域为矩阵 A 的第 i 个 Gerschgorin 圆 (盖尔圆), 并用记号 G_i 来表示, 其中

$$R_i=R_i\,(A)=\sum_{\substack{j=1\\j\neq i}}^{n}|a_{ij}|$$

称为盖尔圆 G_i 的半径 $(i=1,2,\cdots,n)$.

定理 8.4 (盖尔定理 1) 给定 $A=(a_{ij})\in\mathbb{C}^{n\times n}$, 则 A 的一切特征值都在它的 n 个盖尔圆的并集之内, 即 A 的任一特征值 λ 满足

$$\lambda\in\bigcup_{i=1}^{n}G_i.$$

证 设 λ 为 A 的任一特征值, $\boldsymbol{\alpha}=(\xi_1,\xi_2,\cdots,\xi_n)^{\mathrm{T}}$ 为属于 λ 的特征向量, 记

$$|\xi_{i_0}| = \max_{1\leqslant i\leqslant n} |\xi_i|, \quad 则\ \xi_{i_0} \neq 0.$$

因为 $A\boldsymbol{\alpha} = \lambda\boldsymbol{\alpha}$, 则

$$\sum_{j=1}^{n} a_{i_0 j}\xi_j = \lambda\xi_{i_0}, \quad (\lambda - a_{i_0,i_0})\,\xi_{i_0} = \sum_{j\neq i_0} a_{i_0 j}\xi_j.$$

从而有

$$\begin{aligned} |\lambda - a_{i_0,i_0}| &= \left|\sum_{j\neq i_0} a_{i_0 j}\frac{\xi_j}{\xi_{i_0}}\right| \\ &\leqslant \sum_{j\neq i_0} |a_{i_0 j}| \cdot \frac{|\xi_j|}{|\xi_{i_0}|} \\ &\leqslant R_{i_0}. \end{aligned}$$

即 $\lambda \in G_{i_0}$, 从而 $\lambda \in \bigcup\limits_{i=1}^{n} G_i$.

例 8.2 估计矩阵 $A = \begin{pmatrix} 1 & 0.2 & 0.1 & 0.3 \\ 0.1 & 0 & 0.3 & 0.4 \\ 0.3 & 0.2 & 3 & 0.5 \\ 0.2 & -0.3 & 0.1 & 2\mathrm{i} \end{pmatrix}$ 的特征值的分布范围.

解 A 的四个盖尔圆为

$$\begin{aligned} G_1 &= \{z : |z-1| \leqslant 0.6\}, \\ G_2 &= \{z : |z| \leqslant 0.8\}, \\ G_3 &= \{z : |z-3| \leqslant 1\}, \\ G_4 &= \{z : |z-2\mathrm{i}| \leqslant 0.6\}, \end{aligned}$$

从而 A 的任一特征值 $\lambda \in \bigcup\limits_{i=1}^{4} G_i$.

定理 8.4 仅是说明矩阵的特征值均在其全部盖尔圆的并集内, 并未明确指出哪个盖尔圆中有多少个特征值.

例 8.2 中, 圆盘 G_1 与 G_2 相交, $G_1 \cup G_2$ 构成一个连通区域, 而 G_3 与 G_4 是孤立的.

基于这种观察, 称矩阵的 k 个相交的盖尔圆的并集构成的连通区域称为一个连通部分, 并说它是由 k 个盖尔圆组成. 一个孤立的盖尔圆组成一个单独的连通部分.

如下定理更为准确地刻画了特征值的分布情况.

定理 8.5 *若方阵 A 的 n 个盖尔圆中有 k 个互相连通且与其余 $n-k$ 个不相交, 则这个连通区域中恰有 A 的 k 个特征值 (当 A 的主对角线上有相同元素时, 则按重复次数计算, 有特征值相同时也按重复次数计算).*

证 考虑带参数 u 的矩阵

$$A(u)=\begin{pmatrix} a_{11} & ua_{12} & \cdots & ua_{1n} \\ ua_{21} & a_{22} & & ua_{2n} \\ \vdots & \vdots & & \vdots \\ ua_{n1} & ua_{n2} & \cdots & a_{nn} \end{pmatrix}.$$

则 $A(1)=A$,

$$A(0)=\begin{pmatrix} a_{11} & 0 & \cdots & 0 \\ 0 & a_{22} & & 0 \\ \vdots & \vdots & & \vdots \\ 0 & 0 & \cdots & a_{nn} \end{pmatrix}$$

为对角阵, 且 $A(0)$ 的特征值就是 $a_{11},a_{22},\cdots,a_{nn}$, 即盖尔圆 $G_i\,(i=1,2,\cdots,n)$ 的圆心.

由根与系数的连续依赖定理: 首项系数不为零的 n 次多项式的 n 个根都是其系数的连续函数, 即矩阵的特征值连续依赖于矩阵元素, 从而 $A(u)$ 的特征值 $\lambda_i(u)\,(i=1,2,\cdots,n)$ 是连续依赖于 u 的, 考虑 $u\in[0,1]$ 的情形, 此时 $\lambda_i(0)=a_{ii}$ 是 $A(0)$ 的特征值, $\lambda_i(1)$ 是 A 的特征值, 从而, $\lambda_i(u)$ 在复平面上画出的连续曲线必以 $\lambda_i(0)$ 为起点, 以 $\lambda_i(1)$ 为终点.

现在设 $A(1)=A$ 的一个连通部分是由它的 k 个盖尔圆构成的, 记作 D. 因此, $A(0)$ 的 k 个特征值必在其中, 如果 D 中没有 $A(1)=A$ 的 k 个特征值, 则至少有一个 i_0, 使得点 $\lambda_{i_0}(0)$ 连续地变动到点 $\lambda_{i_0}(1)$, 且 $\lambda_{i_0}(1)$ 在 D 之外. 由定理 8.4, $\lambda_{i_0}(1)$ 是 A 的特征值, 因而必在 A 的另外一个连通区域 E 之中. 一条连续曲线 $\lambda_{i_0}(u)$ 的起点在 D 中, 而终点在 E 中. 因此, 这条曲线必一定有一部分既不在 D 中, 又不在 E 中, 也不在 A 的其他连通部分之中, 也就是说, 存在 $u_0\in(0,1)$, 使得 $\lambda_{i_0}(u_0)$ 不在 A 的所有盖尔圆

$$|z-a_{ii}|\leqslant R_i\quad(i=1,2,\cdots,n)$$

的并集之中. 但因 $\lambda_{i_0}(u_0)$ 是 $A(u_0)$ 的特征值, 由定理 8.4, 它必在盖尔圆

$$|z-a_{ii}| \leqslant \sum_{j\neq i} |u_0 a_{ij}| = u_0 R_i \quad (i=1,2,\cdots,n)$$

的并集之中. 又由 $|z-a_{ii}| \leqslant u_0 R_i$ 包含于 $|z-a_{ii}| \leqslant R_i$, 产生矛盾. 由此表明: A 在 D 中的特征值个数不可能少于 k, 同样可证, A 在 D 中的特征值个数也不能多于 k. 因此, A 在 D 中的特征值个数恰好等于 k.

推论 8.1 若方阵 $A \in \mathbb{C}^{n\times n}$ 的 n 个盖尔圆两两互不相交; 则 A 有 n 个互异的特征值.

这里指出, 由两个或两个以上的盖尔圆构成的连通部分, 可能在其中的一个盖尔圆中有两个或两个以上的特征值, 而在另外的一个或几个盖尔圆中没有特征值, 特征值也有可能落在盖尔圆的边界上.

推论 8.2 如果方阵 $A \in \mathbb{R}^{n\times n}$ 的 n 个盖尔圆两两互不相交, 则 A 的特征值为 n 个互异实数.

证 由于 $A \in \mathbb{R}^{n\times n}$, 故 A 的特征多项式 $f(\lambda)$ 是实系数的 n 次多项式, 从而 A 的特征值要么是实数, 要么是成对出现的共轭复数. 因此, 只要证明共轭复数根不存在即可. 用反证法, 设 A 有某一对共轭复数 a 及 $\overline{a}$ 作为其特征值, 设 a 位于上半平面, 则 $\overline{a}$ 位于下半平面, 且 a 与 $\overline{a}$ 关于实轴对称, 由定理 8.5 知 a 落在 A 的某个盖尔圆

$$D_{i_0}(A) = \{z : |z - a_{i_0 i_0}| \leqslant R_{i_0}\}$$

上. 因 A 为实矩阵, 故 $a_{i_0 i_0}$ 为实数, 即 $D_{i_0}(A)$ 的圆心为实数, 即实轴为 $D_{i_0}(A)$ 的对称轴, 这表明 $\overline{a}$ 也落在 $D_{i_0}(A)$ 中, 即 $D_{i_0}(A)$ 中有 A 的两个特征值 a 与 $\overline{a}$, 矛盾.

例 8.3 设 n 阶方阵 A 满足对角强优条件 (也称“严格对角占优”条件)

$$|a_{ii}| > \sum_{j\neq i} |a_{ij}|, \quad i=1,2,\cdots,n.$$

则 A 非奇异.

证 只需证明 A 的特征值全部不为 0, 设 λ 是 A 的一个特征值, 则由圆盘定

理, 它必然落在某个圆盘之内, 即存在 k, 使得 $|\lambda - a_{kk}| \leqslant \sum\limits_{j \neq k} |a_{kj}|$, 若 $\lambda = 0$, 则有 $|a_{kk}| \leqslant \sum\limits_{j \neq k} |a_{kj}|$, 矛盾!

结论获证.

例 8.4 证明矩阵 A 至少有两个实特征值, 其中

$$A = \begin{pmatrix} 7 & 1 & 2 & -1 \\ 0 & 8 & 1 & 1 \\ -1 & 0 & 5 & 0 \\ 1 & 0 & 0 & 1 \end{pmatrix}.$$

证 A 的四个盖尔圆为

$$D_1 = \{z : |z-7| \leqslant 4\}, \quad D_2 = \{z : |z-8| \leqslant 2\},$$

$$D_3 = \{z : |z-5| \leqslant 1\}, \quad D_4 = \{z : |z-1| \leqslant 1\}.$$

直接验证得四个圆构成两个连通部分, 分别为 $G_1 = D_1 \cup D_2 \cup D_3$ 与 $G_2 = D_4$.

因此, G_2 包含唯一的特征值, 该特征值只能与自己共轭, 故为实数. 因此, 含在 G_1 中的三个特征值必有一个是实数, 从而 A 至少有两个实特征值.

利用圆盘定理可以得到矩阵谱半径的如下估计.

定理 8.6 给定 $A = (a_{ij})_{n \times n} \in \mathbb{C}^{n \times n}$, 令 $v = \max\limits_{1 \leqslant k \leqslant n} \sum\limits_{j=1}^{n} |a_{kj}|$, 则 $\rho(A) \leqslant v$.

证 设 λ_0 是 A 的一个特征值, 由圆盘定理知, 一定存在 k 使得 $|\lambda_0 - a_{kk}| \leqslant \sum\limits_{j=1, j \neq k}^{n} |a_{kj}|$ 成立, 所以 $|\lambda_0| \leqslant |a_{kk}| + \sum\limits_{j=1, j \neq k}^{n} |a_{kj}| = \sum\limits_{j=1}^{n} |a_{kj}| \leqslant v$. 由 λ_0 的任意性知 $\rho(A) \leqslant v$.

因 A 与 A^{T} 具有相同的特征值, 记 $v' = \max\limits_{1 \leqslant j \leqslant n} \sum\limits_{k=1}^{n} |a_{kj}|$, 对 A^{T} 使用定理 8.6得

定理 8.7 给定 $A \in \mathbb{C}^{n \times n}$, 则 $\rho(A) \leqslant \min\{v, v'\}$.

盖尔定理是最简便的特征值估计方法, 自 1931 年发表以来, 又涌现出了众多新的拓展方法, 这里我们简要介绍其中两种.

类似于去心绝对行和, 定义 A 的去心绝对列和如下:

$$C_i(A) = \sum_{j \neq i} |a_{ji}|, \quad 1 \leqslant i \leqslant n.$$

定理 8.8 (Ostrowski 圆盘定理) 设 λ 是 n 阶方阵 A 的一个特征值, $0 \leqslant \alpha \leqslant 1$ 是实数, 则存在 $1 \leqslant i \leqslant n$ 使得

$$|\lambda - a_{ii}| \leqslant R_i(A)^{\alpha} C_i(A)^{1-\alpha}.$$

上述定理中的圆盘称为第 i 个 Ostrowski 圆盘.

定理 8.9 (Brauer 定理) 设 λ 是方阵 A 的一个特征值, 则存在 $1 \leqslant i \neq j \leqslant n$, 使得

$$|\lambda - a_{ii}|\,|\lambda - a_{jj}| \leqslant R_i\,(A)\,R_j\,(A)\,.$$

上式表述的几何图形称为 Cassini 卵形.

如下定理进一步改善了圆盘定理估计特征值的精确性.

定理 8.10 设 A 是 n 阶方阵, $b_1, b_2, \cdots, b_n$ 是一组正数, 记

$$r_i = \sum_{\substack{j=1 \\ j\neq i}}^{n} |a_{ij}|\,\frac{b_j}{b_i},$$

$$G_i = \{z : |z - a_{ii}| \leqslant r_i\} \quad (i = 1, 2, \cdots, n)\,.$$

则 A 的特征值都在并集 $\bigcup\limits_{i=1}^{n} G_i$ 中.

证 记 $B = \mathrm{diag}\,(b_1, b_2, \cdots, b_n)$, 因 $b_i > 0 (i = 1, 2, \cdots, n)$, 故 B 是可逆矩阵, 且

$$D = B^{-1}AB = \begin{pmatrix} b_1^{-1} & & & \\ & b_2^{-1} & & \\ & & \ddots & \\ & & & b_n^{-1} \end{pmatrix} \begin{pmatrix} a_{11} & a_{12} & \cdots & a_{1n} \\ a_{21} & a_{22} & \cdots & a_{2n} \\ \vdots & \vdots & & \vdots \\ a_{n1} & a_{n2} & \cdots & a_{nn} \end{pmatrix} \begin{pmatrix} b_1 & & & \\ & b_2 & & \\ & & \ddots & \\ & & & b_n \end{pmatrix}$$

$$= \begin{pmatrix} a_{11} & a_{12}\dfrac{b_2}{b_1} & \cdots & a_{n1}\dfrac{b_n}{b_1} \\ a_{21}\dfrac{b_1}{b_2} & a_{22} & \cdots & a_{2n}\dfrac{b_n}{b_2} \\ \vdots & \vdots & & \\ a_{n1}\dfrac{b_1}{b_n} & a_{n2}\dfrac{b_2}{b_n} & \cdots & a_{nn} \end{pmatrix}.$$

因 D 与 A 相似, 故有相同的特征值, 而由定理 8.4 知 D 的特征值都在并集 $\bigcup\limits_{i=1}^{n} G_n$中.

习 题 8

1. $D_1 = \{z = |z - \mathrm{i}| \leqslant 0.43\}$, $D_2 = \{z = |z - 0| \leqslant 1.02\}$, $D_3 = \{z = |z - 2| \leqslant 0.051\}$.

2. 盖尔圆是 $D_1 = \left\{z = \left|z - \dfrac{1}{4}\right| \leqslant \dfrac{3}{4}\right\}$, $D_2 = \left\{z = \left|z - \dfrac{2}{5}\right| \leqslant \dfrac{3}{5}\right\}$, $D_3 = \left\{z = \left|z - \dfrac{3}{6}\right| \leqslant \dfrac{3}{6}\right\}$, $D_4 = \left\{z = \left|z - \dfrac{3}{7}\right| \leqslant \dfrac{3}{7}\right\}$. 总之 $|z| \leqslant 1$, 所以 $\rho(A) \leqslant 1$. 选取正数 $b_1 = b_2 = b_3 = 1, b_4 = \dfrac{1}{1.1}$, 则

$$\begin{pmatrix} \dfrac{1}{4} & \dfrac{1}{4} & \dfrac{1}{4} & \dfrac{1}{4.4} \\ \dfrac{1}{5} & \dfrac{2}{5} & \dfrac{1}{5} & \dfrac{1}{5.5} \\ \dfrac{1}{6} & \dfrac{1}{6} & \dfrac{3}{6} & \dfrac{1}{6.6} \\ \dfrac{1.1}{7} & \dfrac{1.1}{7} & \dfrac{1.1}{7} & \dfrac{3}{7} \end{pmatrix},$$

可得 $|z| < 1$, 从而 $\rho(A) < 1$.

3. 在由两个外切圆构成的连通部分里, 矩阵 A 有且具有两个特征值, 如果在每个圆上有两个特征值, 则在连通部分里, A 至少有 3 个特征值, 这与前述结论矛盾.

本书习题参考答案

参考文献

戴华. 2003. 矩阵论 [M]. 北京: 科学出版社.

方开泰, 陈敏. 2013. 统计学中的矩阵代数 [M]. 北京: 高等教育出版社.

张凯院, 徐仲. 2017. 矩阵论 [M]. 西安: 西北工业大学出版社.

张贤达. 2013. 矩阵分析与应用 [M]. 北京: 清华大学出版社.

张跃辉. 2016. 矩阵理论与应用 [M]. 北京: 科学出版社.

周杰. 2008. 矩阵分析及应用 [M]. 成都: 四川大学出版社.

Horn R A, Johnson C R. 2012. Matrix Analysis. Cambridge: Cambridge University Press.

Leon S J. 2015. Linear Algebra with Applications. New Jersey: Pearson Education.